深层重磁电联合反演方法与应用

杨　辉　胡祖志　文百红　等编著

石油工业出版社

内 容 提 要

本书以地震数据为核心的多种地球物理资料联合反演，不同物性之间的重磁电约束与联合反演，人工源与天然源相结合的同类物性之间的联合反演，重磁资料的逐层优化下延成像，大幅降低了地震资料解释的多解性。其中，重磁电联合反演方法最新进展属国家深地专项“超深层重磁电震勘探技术研究”（2016YFC0601100）项目第四课题“重磁电震约束与联合反演技术”（2016YFC0601104）的主要研究内容。

本书为油气勘探开发决策提供有效的物性资料和技术支持，可供从事重磁电联合等领域工作的科研人员及相关院校师生阅读参考。

图书在版编目（CIP）数据

深层重磁电联合反演方法与应用 / 杨辉等编著. — 北京：石油工业出版社，2022. 1

ISBN 978-7-5183-4874-9

Ⅰ. ①深… Ⅱ. ①杨… Ⅲ. ①重力勘探②磁法勘探 Ⅳ. ①P631

中国版本图书馆 CIP 数据核字（2021）第 189278 号

出版发行：石油工业出版社
（北京安定门外安华里 2 区 1 号　100011）
网　址：www. petropub. com
编辑部：（010）64523707
图书营销中心：（010）64523633
经　销：全国新华书店
印　刷：北京中石油彩色印刷有限责任公司

2022 年 1 月第 1 版　2022 年 1 月第 1 次印刷
787×1092 毫米　开本：1/16　印张：13
字数：310 千字

定价：120. 00 元
（如出现印装质量问题，我社图书营销中心负责调换）

《深层重磁电联合反演方法与应用》编写人员

杨　辉　胡祖志　文百红　于　鹏　邓志文

张宇生　彭荣华　毛立峰　雷　达　徐　亚

石艳玲　刘泽彬　赵文举　杨　俊　魏　强

张连群　李　璇

前　　言

众所周知，地震勘探一直是油气勘探的主要方法，但是，在复杂地表和复杂地质构造（双复杂）条件下，仅利用地震勘探推断地下地质构造和描述储层不能得到令人满意的结果。目前我国正在实施深地、深海探测战略，油气资源勘探由浅层向深层、超深层方向发展，这也给利用单一地震勘探方法进行油气勘探的可靠性带来了挑战。每种地球物理方法都只能从某一角度评价地下介质的岩石物理特性，单凭一种地球物理方法很难全面准确勘探地下结构。为了得到更准确全面的地下地质信息，利用多种地球物理方法对同一地下地质体进行综合解释已经成为当今地球物理反演解释技术发展的主要趋势。

目前基于岩石物理关系的联合反演的结果精度较高，但这种联合反演方法依赖于所采用的特定地质条件下的岩石物理关系的代表性和可靠性，因此一旦地质条件变化往往导致联合反演的结果不稳定和不一致，尤其难以应用于岩性变化较快且存在多个岩石物理关系的复杂地质构造区域。基于交叉梯度算子的联合反演方法，不需要显式给定岩石物理关系，已广泛应用于联合反演，取得了一定的效果。但是，在迭代反演过程中，当某一地质体的不同物性空间分布范围不一致时，已有的基于交叉梯度的联合反演方法难以调整反演模型的边界使得不同模型有相似的物性结构；并且常用的反演方法多是基于梯度下降的优化算法，当利用这种优化算法求解联合反演目标函数时，联合反演对于初始模型有较强的依赖性，且反演过程有可能会不收敛。这些都影响得到更加可靠的反演模型，需要进行深入研究。目前国内外还没有成熟的联合反演软件。

此外，在地震勘探程度较差的地区，无法提供有效的初始模型，因此，针对联合反演对初始模型的依赖性，本书介绍了一种仅依赖于重磁资料的独立的下延成像方法技术，可减少对地震资料的依赖程度，提高联合反演物性的可靠性，为油气勘探开发决策提供有效的物性资料和技术支持。

本书所介绍的重磁电联合反演方法最新进展属国家深地专项“超深层重磁电震勘探技术研究”（2016YFC0601100）项目第四课题“重磁电震约束与联合反演技术”（2016YFC0601104）的主要研究内容。

通过近5年的研究（2016—2020年），初步形成了一套在地表和地下不同地质条件下的超深层重磁电约束与联合反演技术系列，包括以地震数据为核心的多种地球物理资料联合反演，不同物性之间的重磁电约束与联合反演，人工源与天然源相结合的同类物性之间的联合反演，重磁资料的逐层优化下延成像，大幅降低了地震资料解释的多解性，提高了深层—超深层构造形态刻画和中—新元古界残留盆地分布预测的分辨率和可靠性。

针对超深层目的层埋深大，重磁电信号弱，分辨率低及超深层上覆地层多且构造、岩性复杂，地面观测的重磁电信号具有严重的叠加干扰，单一地球物理资料多解性强等关键技术问题，通过重磁电震多信息约束与联合反演，大幅降低了资料解释的多解性，提高对深层构造的刻画能力及分辨率。本书内容包括，以地震数据为核心的地球物理资料联合反演，新型结构耦合的重磁电联合反演，广域电磁、三维时频电磁与大地电磁联合反演，二维极低频电磁与大地电磁联合反演，三维广域电磁与大地电磁联合反演，重磁联合反演等。

本书的编写得到了中国石油勘探开发研究院油气地球物理研究所董世泰、徐光成、王春明、晏信飞、赵福利等，中国石油集团东方地球物理勘探有限责任公司首席专家徐礼贵，综合物化探处刘雪军、刘云祥、孙卫斌、杨书江、孟翠贤、王财富、曹杨、赵荔、刘娟、陶德强、宋绍江、贠智能、伍校军、罗召兵等，同济大学王家林、张罗磊、赵崇进等，中国地质大学（武汉）胡祥云、李建慧、韩波、刘亚军等，成都理工大学王绪本、曹辉等，中国科学院地质与地球物理研究所付长民、王若、杨良勇、樊驹等相关研究人员的大力支持，在此表示衷心的感谢！

由于作者水平所限，书中难免存在疏漏之处，敬请读者批评指正。

目　　录

1 重磁电反演技术现状

1.1 重磁反演

近年来，国内外专家和学者在重磁资料解释方法方面做了大量的研究工作，取得了许多重要的发展与创新。总结国内外地球物理资料处理解释技术的研究和应用现状，目前总体可分为三个层次：第一个层次是多种物探方法的同时应用和并列的单独解释。由于在技术上的易于实现，此层次的技术在油气勘探中广泛应用。第二个层次是利用物性参数之间的相互转换，建立统一的物理模型，从而打通物探方法之间的相互联系，据此进行多种信息的综合处理和联合反演。此层次的技术和方法还在发展和完善之中，在油气勘探中已取得一定的地质应用效果。第三个层次是建立多种物探信息统一的数学物理模型，进行多种物探信息统一的数据处理和反演成像。这是集重、磁、电、震和钻井等资料于一体的综合处理解释方法，由于理论问题没有得到很好的解决，至今还没有为大家所认可的、较好的重磁异常三维反演技术（彭国民，刘展，2020）。

目前，针对重磁异常资料的单独解释，主要有快速自动解释技术和定量反演解释技术。

自 20 世纪 70 年代以来，位场自动反演技术（Automatic Inversion）得到了迅速发展和广泛应用，其中具有代表性的方法有解析信号法（Analytic Signal，也可译为总梯度模法）、欧拉反褶积法（Euler Deconvolution）和位场相关成像（Patella，1997）等。这些方法可对大面积的平面网格数据进行自动反演解释，具有较强的适应性和灵活性，近年来成为位场反演方法研究的一个热点（图 1-1、图 1-2）。

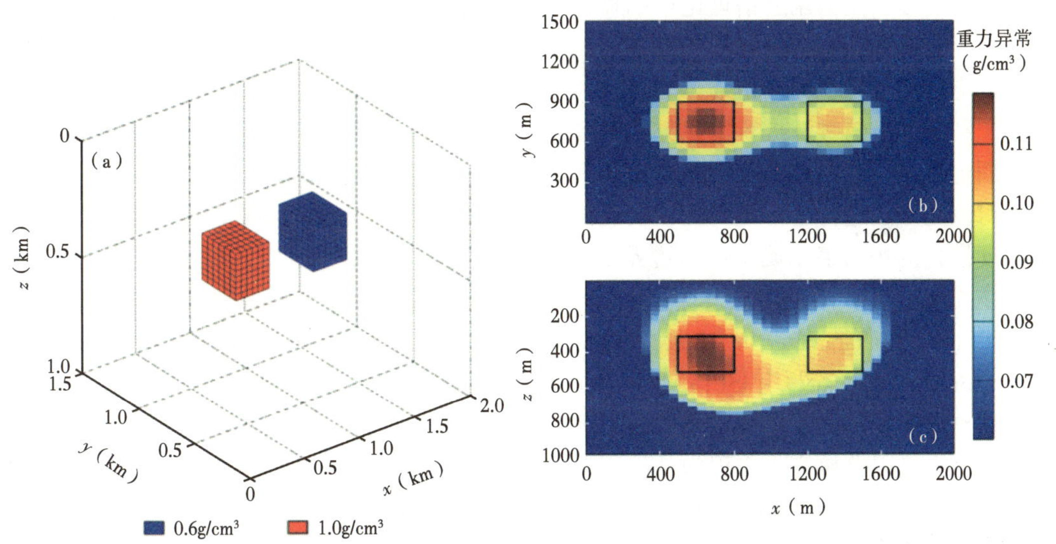

图 1-1 基于柯西分布约束目标函数优化的三维重力反演结果（据彭国民等，2018）

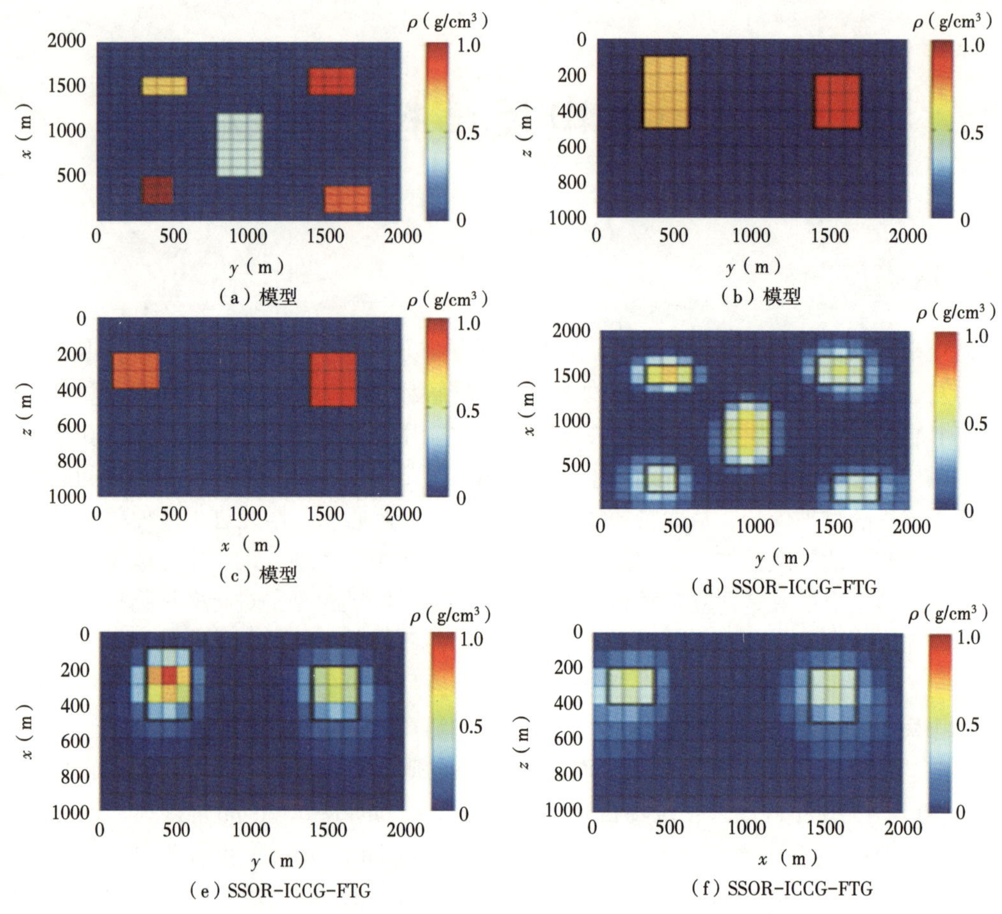

图 1-2 基于改进共轭梯度快速算法的三维重力梯度数据反演结果（据 Wang Tai Han 等，2017）

解析信号法是借用通信理论中的概念。1972 年，国外学者 Nabighian 最早将此方法用到航磁异常解释中，当时仅限于二维剖面磁测资料的解释；1984 年，解析信号法由二维剖面推广应用到三维平面网格（Nabighian 等，2005a，2005b）。之后，不少国外学者又陆续发表了利用解析信号法进行重磁异常解释的文献。例如，利用三维解析信号振幅的极大值直接圈定磁源边界，利用解析信号及其高阶导数的极大值估算磁性体的埋深等方法。许多学者对该类方法进行了应用研究，发现该类方法最主要的功能在于通过解析信号振幅（即总梯度模）的极大值来确定场源边界或中心水平位置，根据振幅曲线来估算磁源的埋藏深度（主要用于二维剖面）。近几年出现的利用磁场及梯度数据进行磁源参数反演的场源参数成像法（Source Parameter Imaging，简写为 SPI）及改进的场源参数成像法（Improved Source Parameter Imaging，简写为 ISPI）实际上是解析信号法应用的延伸和扩展。

欧拉反褶积法是近十几年来发展起来的另一种快速估算场源中心位置的位场反演解释方法。该方法以欧拉齐次方程为基础，运用位场异常及其空间导数和各种地质体具有的特定“构造指数”来确定异常场源的位置。1982 年 Thompson 首先推出了二维欧拉反褶积法，用于剖面磁测资料的解释。1990 年 Reid 等把二维欧拉反褶积法推广到三维情况，使欧拉反褶积法可以对平面网格数据进行快速反演解释，具有较强的适应性和灵活性。

位场相关成像法由 D Patella 于 1997 年首次提出用于自然电场异常的解释，随后推广到大地电磁法（Patella，1997）。2001 年，P Mauriello 和 D Patella 将这种方法推广到重磁领域。其基本思想是将地下半空间剖分成均匀网格，计算每一网格结点（扫描点）单位物性差所产生的异常（称扫描函数）与实测异常在一定窗口范围内的归一化互相关（称场源发生的概率），逐点移动扫描点使其遍历地下半空间所有的网格结点，然后根据网格结点上场源出现的概率勾画出场源的分布情况。2002 年，T Iuliano、P Mauriello 和 D Patella 在任意矢量和标量地球物理场相关成像的基础上，定义了联合相关成像的概念，并利用重磁、重力和自然电位、磁法和自然电位对维苏威火山进行了联合三维相关成像研究，清晰地勾画出了维苏威火山的岩浆通道系统，为维苏威火山活动性的认识提供了重要的三维成像依据。国内利用相关成像方法对自然电场和大地电磁数据进行了研究，取得了一些进展和认识（王绪本等，2004）。

定量反演解释技术的实质是对目标函数的最优化过程。在计算机应用于地学领域的早期阶段，线性反演方法广泛应用于地球物理资料反演。20 世纪 60 年代线性反演理论由巴克斯（Backus）和吉尔伯特（Gilbert）倡导，20 世纪 70 年代由帕克（Parker）和欧登伯格（Oldenburg）等成功应用于地球物理资料反演中。线性化方法根据对未知参数的初始估计，采用局部求导信息，通过迭代改进初始模型。线性反演容易陷入局部极小，强烈地依赖于初始模型。20 世纪 90 年代以来，许多数学优化方法被引入反演理论中，非线性反演方法异军突起，如遗传算法、模拟退火法、神经网络法、小波分析法等。这些方法通过模拟某一自然现象或过程进行全局优化，不依赖于初始模型适用于对被研究区域的初始信息了解较少的情形，可以把其反演的结果作为初始模型进行局部最优图像重建，对于复杂的非线性反演问题效果显著，但是计算速度较慢，相关参数的选取比较困难。随着方法应用研究的深入，还出现了一些混合非线性优化算法。

目前应用比较成熟的定量方法是位场的二度半解释。该方法主要采用二度半体逼近三度体的校正迭代反演技术与实时正演拟合技术，实现重磁人机联做解释。这种人机联做解释可以综合利用各种地质、地球物理信息，充分发挥人的智能作用，提高地质解释效果。重磁异常二度半解释软件简单、直观、实用，已形成商业化的软件，如中国地质大学（北京）姚长利教授开发的 MASK 软件，加拿大 Geosoft 公司开发的 Oasis 数据处理软件，以及澳大利亚 Encom 技术公司开发的 Model Vision Pro 软件等。重磁三维正反演人机交互解释一直是国内外重磁勘探研究的重点，林振民采用人机交互任意形体正演的“橡皮膜法”，在计算机上灵活构制三度体；田黔宁等提出利用三角形多面体几何特征自动反演技术并与可视化技术相结合，实现了任意形状重磁异常三度体人机联作反演技术。由于三维形体可视化的复杂性及三维反演方法的不成熟等因素至今还未形成实用方法。

重磁反演和其他地球物理反演一样是一个病态问题，存在严重得多解性。解决多解性常用方法是进行约束反演。Medeiros 等在反演中加入的紧邻参数估值相似；Li 和 Oldenburg 引入的参数空间导数最小约束，为了避免反演结果中重磁场源集中在地表附近，Li 和 Oldenburg 及 Pilkington 在实际资料的解释中，在相对值约束中还结合了物性深度加权措施（图 1-3）。

目前，重磁反演采取的方法主要还是局部优化，非线性技术在实际中应用效果并不很理想，究其根本原因是普遍存在的计算瓶颈问题。非线性反演方法是要通过巨大的正演计算量来避免导数计算并且实现对解空间的访问搜索的。但在三维反演中，解空间的维数是如此之高，除非对解空间状况要达到相当的了解，否则其访问搜索量之巨是无法承受的。所以，要想从根本上取得突破，只有大幅度降低反演解空间的维数。约束反演就是反演过程中的一种有效降维方式（图 1-4）。

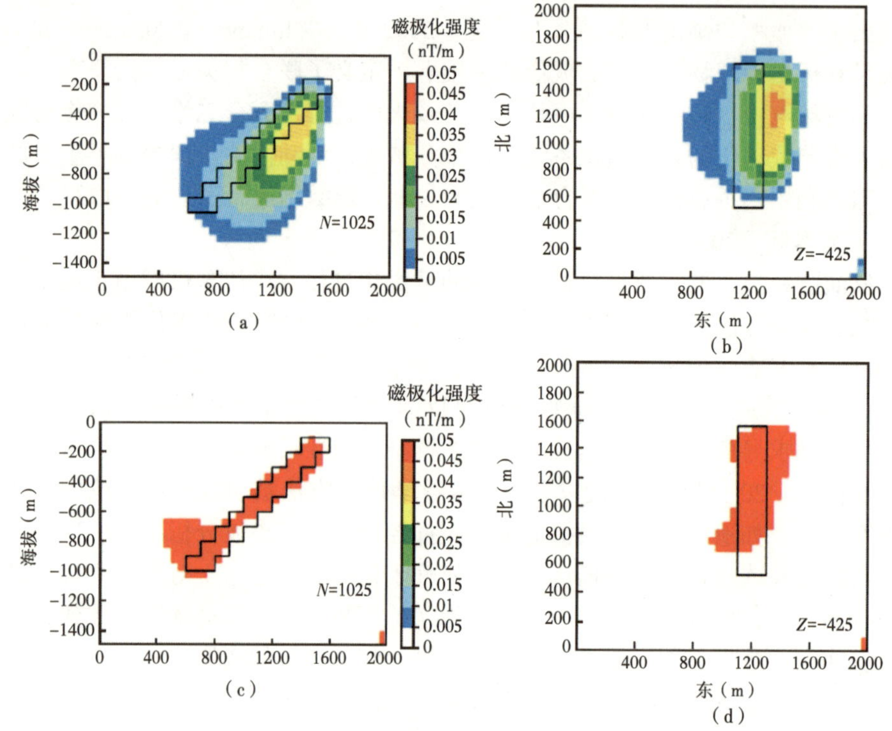

图 1-3　磁异常模量稀疏反演结果（李泽林等，2019）

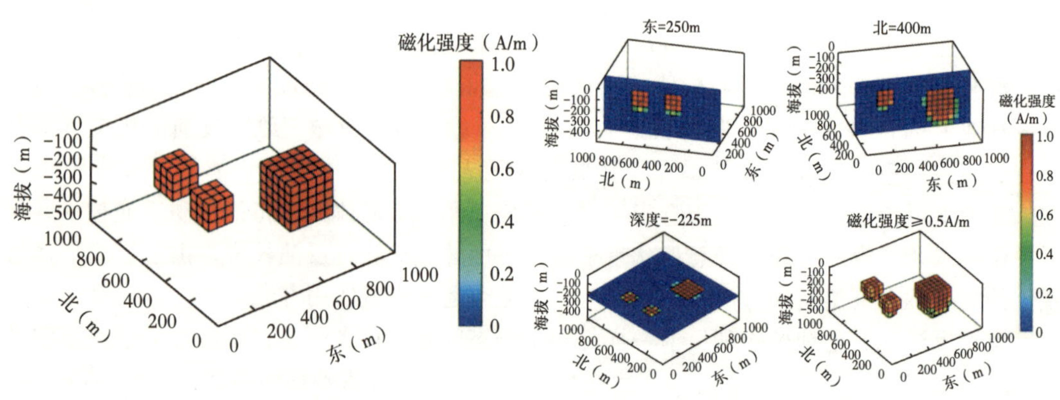

图 1-4　磁梯度张量数据的三维聚焦反演结果（据于鹏等，2019）

重磁资料能相对直观地从平面上反映地质体分布、断裂构造的展布、火成岩位置等信息，同时重磁异常还包含着深度较大、分布较广的场源信息。利用高精度的重磁数据进行视密度、视磁化强度三维反演，可以直接实现三维空间成像。但目前的重磁视密度、视磁化强度三维反演技术，存在严重得多解性，限制了技术的应用和发展。

产生多解性的原因有以下方面。

(1) 场的等效性。位场理论中已经证明，如果不改变包含在引力等位面内物质的总重量，而重新分布其密度，只要使原来的等位面保持其形状和大小不变，则密度的重新分布与这一等位面上和等位面外引力场的分布无关。所以，从数学的角度看，位场反问题的解答不是唯一的。例如：仅仅根据重力异常来解均匀球体的反问题时，只能求得球体的剩余质量和测点与球心的距离，而不能唯一确定球体的剩余密度与半径大小，因为不同剩余密度和不同半径的球体，只要保持剩余质量和球心的埋深不变，它们在地面上引起的异常是完全一样的。

(2) 实测异常总是包含一定的误差。反演理论证明，小的观测误差可以引起求解模型参数很大的变化。

(3) 观测数据是离散的、有限的。场源体在其外空间产生的异常是连续分布的，而研究者只能在空间中某一平面或剖面上采集到场的部分信息，而且还是离散的，这种信息的不足也会给反演结果带来多解性。由于决定磁异常特征的两个主要因素不仅与磁化场的大小、方向有关，还与场源的形态有关，因此，磁异常反演的多解性要比重力更为复杂。引起反演问题不稳定的原因，除了与地球物理反演本身的性质和误差存在因素有关外，还与反演算法有关。

位场反演的多解性由方法本身造成，不可避免，只能通过增加约束予以改善。

1.2 电磁反演

电磁勘探中的电磁信号对高阻的含油气储层比较敏感，因此，电磁勘探在陆地和海上油气等资源勘探中发挥着越来越重要的作用，其中大地电磁（MT）和可控源电磁（CSEM）已广泛应用于油气资源勘探中。

三维电磁数值模拟是电磁反演的引擎，主要是通过数值求解麦克斯韦方程组来模拟电磁场。三维电磁数值模拟的方法主要包括有限差分法（FD）、有限元法（FE）、积分方程法（IE）。这三种方法都有各自的优势和局限。有限差分法由于在数值实现上相对比较简单而受到众多学者的青睐，目前三维电磁反演中广泛应用的是基于 Yee 网格的交错网格有限差分法；该方法的局限是只能基于规则网格剖分待反演区域，且难以模拟较复杂地质目标体和起伏地形。有限元法的一个明显优势是能够精确刻画起伏地形和复杂地质目标体，但是该方法比较耗时。积分方程法近年来研究比较少，主要是因为该方法要求背景模型简单，且异常体数量不能太多、尺寸不能太大，因此，不适合模拟三维复杂地电模型。

对于三维电磁反演，除了正演部分，不同的电磁反演方法的区别主要是反演目标函数的最优化数值求解。目前三维电磁反演中的数值优化求解方法主要是基于梯度下降的迭代算法，包括非线性共轭梯度法（NLCG）、高斯—牛顿法（GN）和拟牛顿法（QN）等。NLCG 算法仅需要计算目标函数的梯度（一阶导数），单次迭代过程计算量和需要的内存空间较少；高斯—牛顿类方法利用了目标函数的二阶导数信息，收敛性好，这使得反演需要的迭代次数少，但是需要的内存空间和计算量大。此外，NLCG、GN 和 QN 这三种方法的具体实现也包含多种不同版本。Occam 反演为 GN 方法的变体，该反演方法比标准的

GN 方法更加稳定，缺点是迭代速度也变慢；有限内存拟牛顿法是 QN 方法的变体，该方法比标准的 QN 法需要的内存空间少且计算速度也快，但是收敛性较差。大规模三维电磁反演比较耗时，为了提高计算效率，可以利用消息传递接口（MPI）等语言将三维电磁反演并行化；目前主要是利用不同频率、不同场源计算的相互独立性将正演代码并行化。

三维电磁反演问题是不适定的，即反演结果具有多解性和不稳定性，需要在反演过程中施加一定的先验信息和不同类型的约束条件，包括光滑约束、模型空间约束机制、聚焦反演，联合反演不同类型电磁数据。此外，多尺度思想也能在一定程度上解决电磁反演问题的多解性和不稳定性（图 1-5 至图 1-9）。师学明等采用多尺度逐次逼近反演思想建立

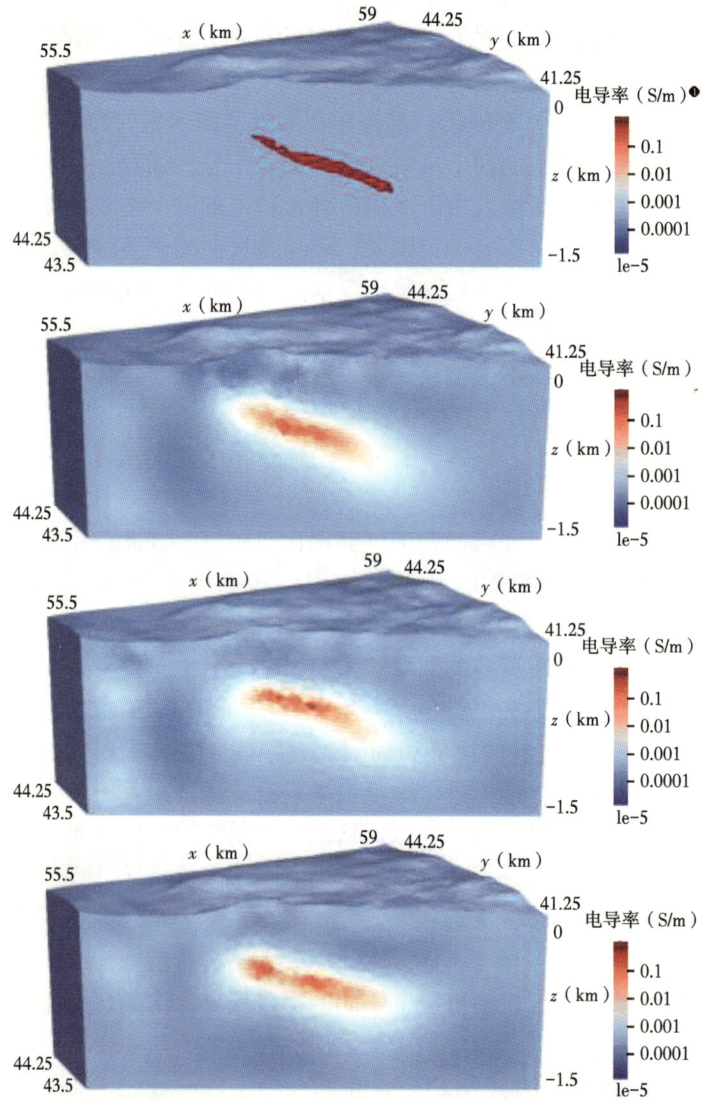

图 1-5　基于非结构化网格三维大地电磁数据最小结构反演模块的反演结果
（据 Jahandari H，Farquharson C G，2017）

❶ $1S/m=1\Omega^{-1}\cdot m^{-1}$

多尺度逐次逼近遗传算法，并应用于大地电磁数据反演中，解决了有效基因丢失及早熟收敛问题。徐义贤和王家映采用小波变换中的多尺度分析思想应用于大地电磁反演中，可降低对初始模型的依赖性，有效增强了反演迭代过程的收敛性，避免陷入局部极小值。因此，前人的多尺度反演思想主要是基于小波变换中的多尺度分析，并没有考虑利用野外采集的电磁数据中的低、中、高频数据进行分频多尺度反演。

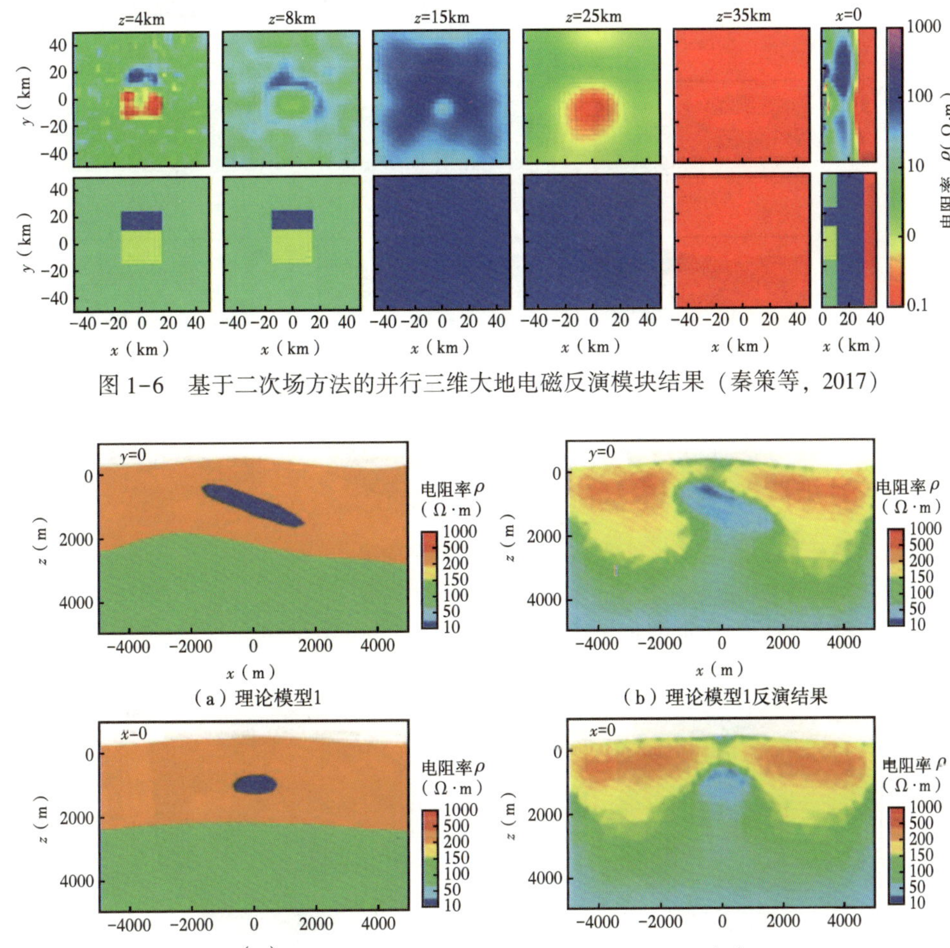

图 1-6　基于二次场方法的并行三维大地电磁反演模块结果（秦策等，2017）

（a）理论模型1　（b）理论模型1反演结果

（c）理论模型2　（d）理论模型2反演结果

图 1-7　基于非结构网格的三维大地电磁法有限内存拟牛顿反演模块反演结果（据 Cao XiaoYue 等，2018）

大地电磁三维反演在理论研究方面已经取得一定的进展，应用于理论合成数据能够得到较好的反演结果，但在实际应用中主要是用于二维测线反演。

实际生产中高密度、多分量、多频点采集使得反演数据急剧增加，再加上反演模型的精细化剖分，使得目前大地电磁三维反演应用于实际资料中仍存在一定的问题，主要表现在：

（1）三维电磁正演方程迭代求解较难收敛；

（2）三维电磁正演计算量大，耗时长；

（3）三维电磁反演需要的内存大；

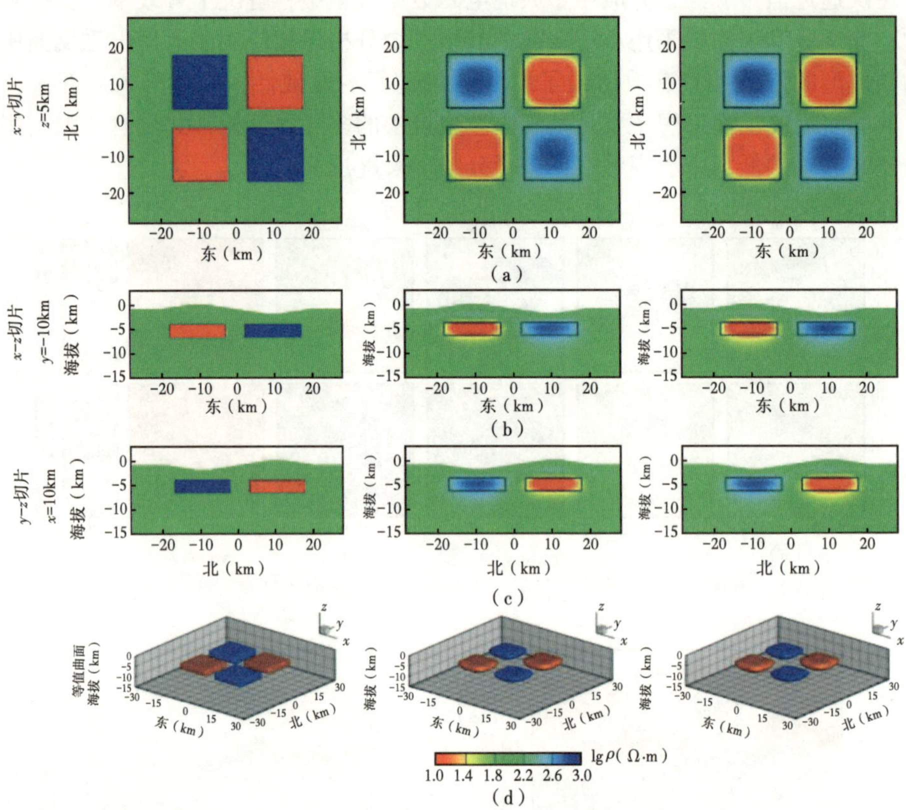

图 1-8　起伏地形下大地电磁 L-BFGS 三维反演模块棋盘模型反演结果（据余辉等，2019）

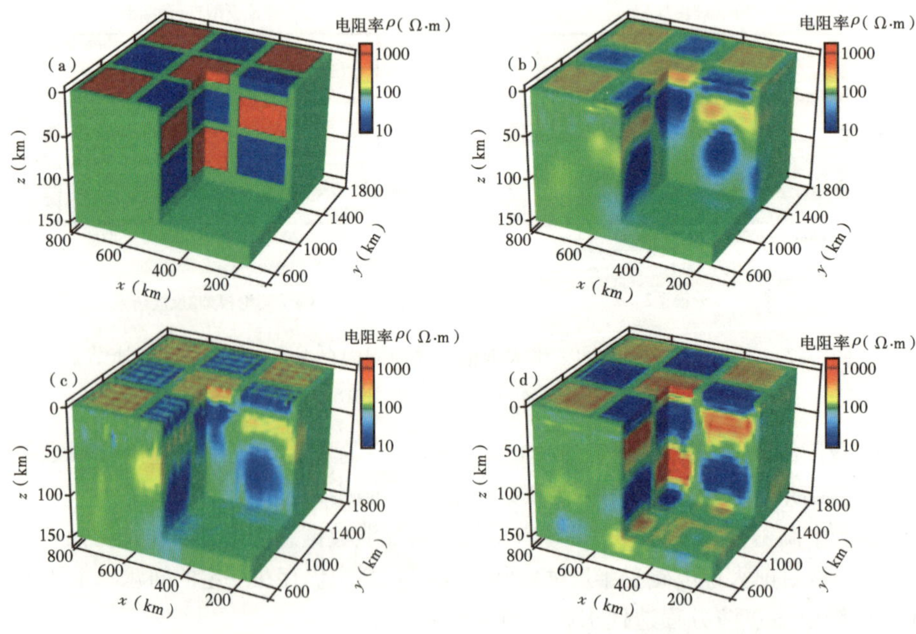

图 1-9　基于模型空间压缩的大地电磁三维反演模块棋盘模型反演结果（据王青等，2019）

（4）三维电磁反演为一非线性反问题，具有内在的多解性。

1.3 重磁电联合反演

20 世纪 70 年代中期，澳大利亚的 Vozoff 和 Jupp 开创了联合反演的先河，用迭代二阶马奎特阻尼最小二乘法实现了一维直流电测深（DC）和大地电磁测深（MT）资料的联合反演。解决了层状介质中的各向异性问题。他们不仅详尽描述了修改的广义逆算法，还叙述了如何利用阻尼因子特征参数及误差范围来分析反演结果的可靠程度。由于 MT 和 DC 均基于岩石的电性差异，物理基础相同，其共同参数为电阻率和层厚度。两种方法的互补性使反演不仅改进了电性参数的分辨率，还减小了单一反演方法的多解性。

进入 20 世纪 80 年代，联合反演得到了迅速发展；Sovino 等利用地震 P 波走时和重力资料联合反演，研究美国华盛顿东部地区地壳上地幔密度、速度结构。由于速度和密度这两种物性间存在着相关的内在联系，故文中以此作为其约束条件，取得了一定的效果。Golizdra 在对模型参数化的基础上将反演的参数化分为 S（Separate），U（Unified）和 M（Mixed）三类模型，在 S（独立）类模型中，没有假设密度和速度差界面的匹配关系。而且，密度差和速度界面是独立的。在 U（综合）类模型中，假设密度和速度的匹配关系及共同的密度、速度界面，Savino 等使用了这类模型。M（混合）类模型为 S 和 U 的混合，并且在密度和速度模型之间，假定存在着某种关系。为了减小重、磁异常反演的多解性问题，在重、磁异常由同一场源引起的情况下，Menichetti 等研究了使用广义反演方法来实现二点五维重、磁联合反演，反演参数为异常体多边形的角点坐标及每一矿体的密度差及磁化率，结果说明这种类型的反演使用广义反演算法是合理的，并且说明了方法的实用性。Gomez-Trevino 等利用电磁（EM）和直流电阻率法来联合反演一维模型情况下的电阻率和地层厚度，效果明显。王一新等利用地震构造图和层速度资料构成重力模型，计算其重力效应并与实测重力值对比，以检验地震构造图的准确性或配合层速度资料研究地下岩性变化。Mottl 等使用非线性规划方法实现了二维重、磁联合反演，取得了一定的效果。杨文采等在地层近似水平的假设条件下，利用阻尼最小二乘法对均方根速度和反射波走时联合反演速度分析道上地层的层速度和反射面的深度。通过数值计算的例子说明联合反演算法的稳定性，实际例子效果良好。Chavez 等在假设重、磁观测数据地响应为同一场源所引起的前提下，通过一个参数比值建立了密度差和磁化强度的关系，使用线性规划方法实现了二维重磁联合反演。通过这个比值参数可推断异常体的岩石类型。Lines 等使用地面地震数据、声波测井，地面重力及井中重力等资料研究了地震、重力同步反演及顺序反演方法，在反演过程中，充分利用了已有的地面地震、井下声波测井、垂直地震剖面（VSP）数据、地面及井下重力数据等资料，从而大大缩小了模型的选择范围，减小了反演问题的多解性，强化了解释过程。通过研究得出了如下结论：完全自动联合反演是非常困难的，也是不需要的，由于顺序反演不要求给出地震、重力贡献明显的先验权系数，因此，顺序反演更容易控制，由于这种原因，同时反演所有数据时，优先选用顺序反演。Sasaki 研究了二维大地电磁测深和偶极—偶极电阻率数据的联合反演，二维正演程序均使用了有限元法，将地下划分为大量的矩形网格，且每个网格内电阻率相同，使用约束圆滑最小二乘法与 Gram-Schmidt 方法联合运用，从而使解稳定，并且避免了不合逻辑的电阻率特征，理论和实际资料表明联合反演优于单种数据的反演。胡建德研究了瞬变电磁测深和直流电磁测深资料的联合反演。众所周知，直流电测深对良导层和高导层都反应灵敏，但对薄层出现的多解性又使问题变的复杂化；瞬变电磁测深对良导层反应灵敏，对高阻层却不敏感。这两种方法联合反演能扬长避短，消除单一方法中存在的某些缺陷，增加重要参数的个数。

到 20 世纪 90 年代，随着计算机技术的发展，联合反演得到了广泛的应用。Dobroka 等对 VSP 走时数据、电法数据，采用基于最大频率值（MFV）的加权最小二乘算法进行了联合反演，与阻尼最小二乘算法相比，该算法具有估计误差小以及初始模型选择对结果影响较小两个特点。用联合反演方法可求取煤层的厚度、电阻率及速度等物性参数。研究结果认为，与单独一种资料的反演相比，基于 MFV 算法的联合反演算法稳定、结果可靠。Rasmussen 等用瞬变电磁测深和重力数据联合反演确定盆地的深度，取得了一定的效果。王西文等利用相对准确的地震勘探结果作为分离重力场的先验信息，然后用分离后的剩余场来反演地震反射不详段界面（剥离法反演），得出了这种重力、地震联合反演的方法有可能比任何一种单一方法的效果都好的结论。Sun 等提出了一个在层析成像反演中多个目标函数的极小化过程，该过程在层析成像反演中是十分有用的，特别是同时做几种类型数据模拟，该过程将分级的优化问题转成为等效约束优化的问题，从而使问题简单化。Zeyen 和 Pous 在具有先验信息的基础上，如密度、磁化率、剩余磁化强度等，对重、磁场的联合反演问题进行了研究，而张贵宾等人以 BG 理论为基础，在重磁异常线性反演中将该理论与吉洪诺夫正则化方法相结合求解地下密度源（或磁源）分布及质心（或磁质心）位置；在重、磁非线性反演中结合应用正则化方法和马奎特思想给出一种确定地下密度（或磁性）界面的稳定迭代算法—正则马奎特法。在此基础上，研究了一种综合重、磁异常联合反演既是磁界面也是密度界面的方法，并由此建立了重、磁广义线性综合反演系统。Alekseev 等定量描述了联合反演问题的解及其一般特征。指出，通过原始数据把各个单独反演问题结合成一个联合反演问题，可降低联合反演在描述参数几何形态、特别是各单独反演问题之间的自由度数，从本质上提高了地球物理调查研究的功效，从理论上给出了联合反演问题比单独一种地球物理资料反演更优越的结论。在重、震联合反演方面，汪宏年等提出了一种利用重力、地震资料联合反演层状介质的层速度、层密度及界面深度的迭代算法，并首次提出层状介质中的双摄动处理方法，以及在双摄动情况下理论波场和重力异常变化的一阶线性解。对理论模型进行重力、地震联合反演的结果表明，该方法不仅可减少未知参数的个数，提高反演的收敛速度，而且可减少反演的不适定性。冯锐等按照地震测深的常用方法，采用二维四边形非块状模型，通过网格节点的密度值来刻画连续性或间断性的物性分布。以此来解决地震、重力联合反演中关于建立一致性模型的问题。张树林等研究井间地震和逆 VSP 联合层析成像，联合反演的效果优于单一的井间地震层析成像，理论模型和实际资料的联合反演获得了令人满意的效果。关小平等研究了传统的重、震联合反演中存在的问题，建议充分利用地震资料作为形体参数进行分场，对分离出的目的层位的重力效应再利用 Parker 公式进行反演，以求出较深的或没有可靠地震资料的界面。在此基础上，利用速度、密度参数之间的关系，进行地震、重力资料联合反演，并给出了两个实例，取得了较好的效果。周辉等利用广义线性反演方法及非线性反演的预条件最速下降法开展了一维地震—大地电磁测深资料反演方法研究。得出了顺序反演的效果优于地震、电磁单独反演的效果，而同时反演的效果最优，以及非线性联合反演方法比广义线性联合反演方法更优越的结论。范兴才等叙述了二维重力、地震资料的联合反演方法，并讨论了反问题解的不唯一性和约束条件的使用。对联合反演进行理论模型和实际资料运算，说明该方法在同时求取深度、速度和密度参数问题上是有效的。Zhao（1995）在红河活动断裂研究中，将重力观测数据和全球定位系统（GPS）观测数据进行联合反演，取得了一定的效果。陈冰等叙述了剥离法进行联合反演的应用条件及关键问题，理论模型及实例说明了其效果。Hering 等提出了一维直流电测深（DC）和地震面波数据的联合反演公式。运用线性规划反演法和最小二乘法得到浅地表（几十米以内）两种数据反演结果，电阻率和面波慢度数据的联合反演得到了更好的参数估计并且减小了平均估计误差。关小平等对重力、地震资料进行了联合反演，取得了一定效果。B Tezkan 利用音频大地电磁法（AMT）和瞬变电测深法（TEM）的联合反演，解决了德国 Cologne 地区某一矿体的底界及边界问题。Maxwell 对一维瞬变电磁测深（TEM）和畸变的大地电磁测深数据进行联合反演，由于 MT 受浅部三维效应的影响较大，而瞬变电磁受浅部三维效应的影响较小。因此，二者的联合反演可以不用对 MT 数据做静校正。该法的实质是回避了受浅部不均匀体影响较大的 MT 视电阻率数据，而用受浅部影响较小的 MT 阻抗相位与 TEM 数据做反演。由于磁异常的反演具有固有的非唯一性，而地面和井中三分量数据包含有场源信息的互补信息。因此，Li 研究了二者的联合反演，理论和实际资料的试算说明了该方法的效果。Vasco 等研究了地震波旅行时和振幅的联合反演方法，用该法推测了 Raymond 附近花岗岩裂缝的速度和品质因子 Q 值，预测结果与独立的测井和地球物理资料相吻合。为了更详细地划分层序边界及层序体，改进地震剖面的分辨率，Du 提出了测井和地震数据的联合反演方法，该法分三步进行：第一步，声波测井统计处理；第二步，井旁声波和地震数据的相互迭代拟合；第三步，地震剖面的宽带约束反演。试验处理表明了该法是最有效的改进地震数据垂向分辨率的方法之一。Misiek 等继 Hering 理论模型研究之后，给出了野外电法（DC）和面波实际数据的联合反演结果。同样，证实联合反演要优于任一种单独资料反演的结论。Grechka 等实现了 P 波和 PS 波旅行时的联合反演，利用该方法可以找到垂直对称平面的方向和所有 9 个介质的弹性参数，取得了好的效果。王西文采用剥离法对重力、地震资料联合反演目的层密度值，进而预测油气藏。该方法利用深度偏移地震剖面解释的地质构造信息为地质模型，利用重力正演公式消除非目的层的密度界面对目的层的影响；然后，将目的层压缩成为一个等效密度界面，再用消除非目的层影响的剩余重力异常反演该界面的视界面密度差，最后，根据目的层反演出的视界面密度差值的相对低值区来预测油气藏的位置。Fu 利用多层反馈神经网络实现声阻抗的联合反演，利用地震和测井数据以井旁可利用的资料训练学习，然后再进行反演，实际例子说明了方法的效果。Aric 等利用地震和大地电磁联合成像，调查最上部（小于 1km 深度）的结晶地壳，以了解传统地质制图方法未能解决的区域构造和构造关系，实例说明该方法可以用来结晶基岩范围内的构造成像。Rossi 等对反射波和折射波的旅行时进行联合反演来产生一个更可信和稳定的三维速度变化及层结构，由联合反演得到的改进速度场进行叠前深度偏移，不仅对浅层而且对深层提供了更好的成像效果。Roth 等利用遗传算法联合反演高分辨率地震数据中的瑞利波和导波，通过瑞利波和导波两者频散特性，而利用它们之中所包含的互补信息。该方法的有效性已用来自实际地震模型的合成数据作了试验和证实。杨振武等采用广义逆方法实现了一维大地电磁和地震数据联合反演，通过岩性或矿体的物性和几何参数之间的相互关系，建立待求的地球物理模型。杨辉以地震资料解释的三维构造图作为先验信息，用重力三维正演剥离基底及基底以上界面所产生的重力效应，然后对分离后的基底岩性异常用稳健的SVD算法来线性反演基底密度差。最后，利用重、磁、电、震、地面地质、钻井等资料综合解释了盆地的基底时代及岩性，取得了令人满意的地质效果。Anderson 等用顺序法对地震和重力资料联合反演速度和密度资料，为深度偏移成像提供准确的速度模型，减少了深度偏移成像的迭代次数，改进了深度偏移成像的效果，预示了该方法的前景。过仲阳等改进了遗传算法，并用于联合反演地震资料和大地电磁资料，认为在一维情况下采用同步反演较顺序反演合理，在二维情况下采用顺序反演较同步反演合理和有效，实际资料的反演说明了方法的有效性。Vladimir 等实现了 P 波和 PS 波旅行时的联合反演，对于正交模型，P 波和 PS 波的反射旅行时的结合，使得纯剪切模型的重建成为可能，并且能够得到由 P 波数据不能单独确定的各向异性参数，实验室物理模型数据的联合反演展示了其效果。Yang 等用直流电测深（DC）及瞬变电磁测深（TEM）数据进行联合反演以确定淡水和盐水的界面的纵、横向分布，得出 DC 和 TEM 在不同深度上资料的结合可以给出比使用单一种方法更好的界面图像的结论。王斌贝等采用遗传算法解决重、磁、电资料的联合反演，得出了随机联合反演同单独反演相比有优势的结论。Sharma 等用最优化和 VFSA 联合反演评价一维电磁和直流电阻率法中的等效性的抑制问题，研究表明全局最优化的单独数据的反应不能解决内在等效性，而联合反应非常好地克服了等校性。Wang 应用反射地震的旅行时和振幅同时反演模型几何形状和弹性参数，使用该方法可能改善传统的振幅随炮检距变化（AVO）分析中对地下弹性参数的估计，通过北海实际数据应用证明这种反演方法。刘崇兵等应用广义线性反演方法研究了地震面波和重力资料联合反演地壳上地幔三维密度结构的反演问题，模型研究表明，联合反演在分辨率和方差两个方面均较单一面波反演有所改善，当加入扰动重力数据时，在 0~300km 深度范围内联合反演的结果明显好于单一面波反演的结果。Chunduru 等采用双地壳模型利用最小二乘法对随钻测量的多传播电阻率数据（一维）及测井电缆的高精度感应测井数据（二维）进行联合反演，理论模型和墨西哥湾的实际数据证实了其效果。Jorgensen 等基于矢量和张量重磁数据研究了一个非常稳定的联合反演算法，利用地震及钻井数据提供的浅层地质界面及物性资料进行位场剥离或约束条件反演成像得到深层物性分布，根据物性模型作为二维或三维地震深度偏移初始模型，改进地震叠前深度偏移效果，这个算法已用于墨西哥湾深水盐下成像。由于测井数据的纵向分辨率较地震数据高，Gao 使用非线性波动方程反演及神经网络反演对水平连续的地震数据和高垂向分辨率的测井数据进行联合反演来估计井中及井间高精度波阻抗参数。Abubakar 等使用对比场源法对电极和感应测井数据进行顺序和同步联合反演重建三维电导率，理论模型表明如果数据有噪声，同步反演比顺序反演更稳定。Bosch 等（2001）在岩性约束下进行重磁数据的联合反演，通过地面地质及钻孔等资料组成岩性模型，联合模型同时描述岩性、密度、磁化率，理论模型及实例均说明了联合反演的效果。

根据不同的分类标准，联合反演方法可以分为多种（王家林，吴健生，1995；杨辉，1998；杨辉等，2002a，2002b）。联合反演的目的是要共享每种地球物理数据含有的相互补充的信息，基于联合反演过程中不同物性模型之间的信息交换方式，将联合反演方法总结归纳为模型融合、顺序联合反演、同步联合反演三类。

模型融合方法是基于不同的物性模型进行对比解释。首先单独反演不同类型的地球物理数据，然后比较单独反演得到的不同物性模型进行地质—地球物理解释。主要用于复杂地表复杂地下构造条件下（例如准噶尔盆地石炭系火成岩地层），地震资料信噪比低、品质差，得不到令人满意的地震反演情况下，利用电磁反演得到的电阻率模型作为补充手段进行综合解释（图 1-10）。

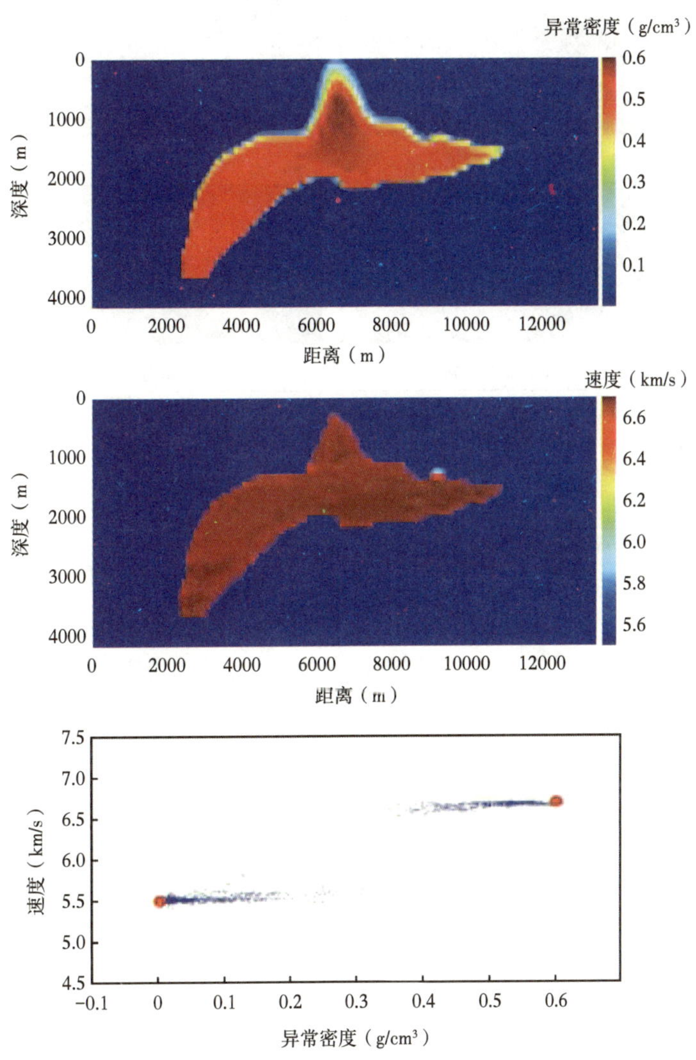

图 1-10 基于 FCM 聚类的重震联合反演 SEG 模型结果（据 J Sun，Y Li，2016）

顺序联合反演方法首先对地震或电磁进行单一反演，然后通过岩石物理关系把地震或电磁物性反演结果转为电磁或地震物性数据，作为电磁或地震单一反演的约束条件或参考模型，再利用岩石物理关系转回到地震或电磁物性数据，进行多次迭代反演直到满足给定的迭代终止条件（图 1-11）。

同步联合反演方法利用各种物性参数之间的岩石物理关系或结构上的相似性，将各种

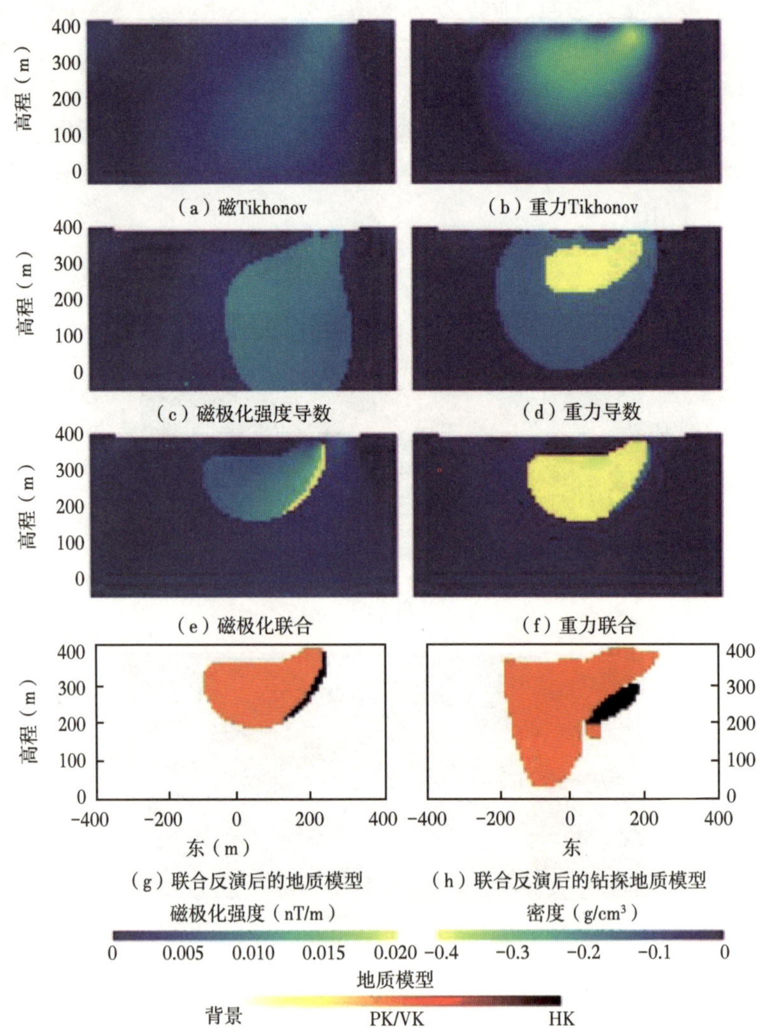

图 1-11　基于高斯混合模型的岩石物理约束重磁联合反演结果
（据 Astic T，Oldenburg D W，2018）

物性参数融入一个目标函数中。该方法不仅极小化各种地球物理观测数据和模型正演响应值之间的拟合误差，同时还极小化由不同物性参数之间的几何结构关系或岩石物理关系建立的相似性。最简单的同步联合反演是基于相同物性的联合反演，如海洋可控源电磁和大地电磁数据联合反演，而基于不同物性的联合反演是利用物理机制不相同的两种数据，例如地震和海洋可控源电磁数据（图 1-12）。

国内外学者、专家对多物性方法多物性参数的联合反演方法进行了广泛的研究，其中包括不同物性参数之间通过经验关系式进行参数耦合，比如建立电阻率和速度之间的关系函数，2000 年 Tillmann 和 St Cker（2000）；Jones 等（2009）开展了地震波速度和电阻率联合反演研究；（HeinCkean Hobbs D，2006）和（Colombo 等，2007）利用密度、电阻率和速度之间的先验经验函数关系，实现了电磁法、重力和地震数据的二维联合反演，但是该方法具有一定的局限性，在地下复杂的地区，很难找到正确的岩石物理关系式，因此，

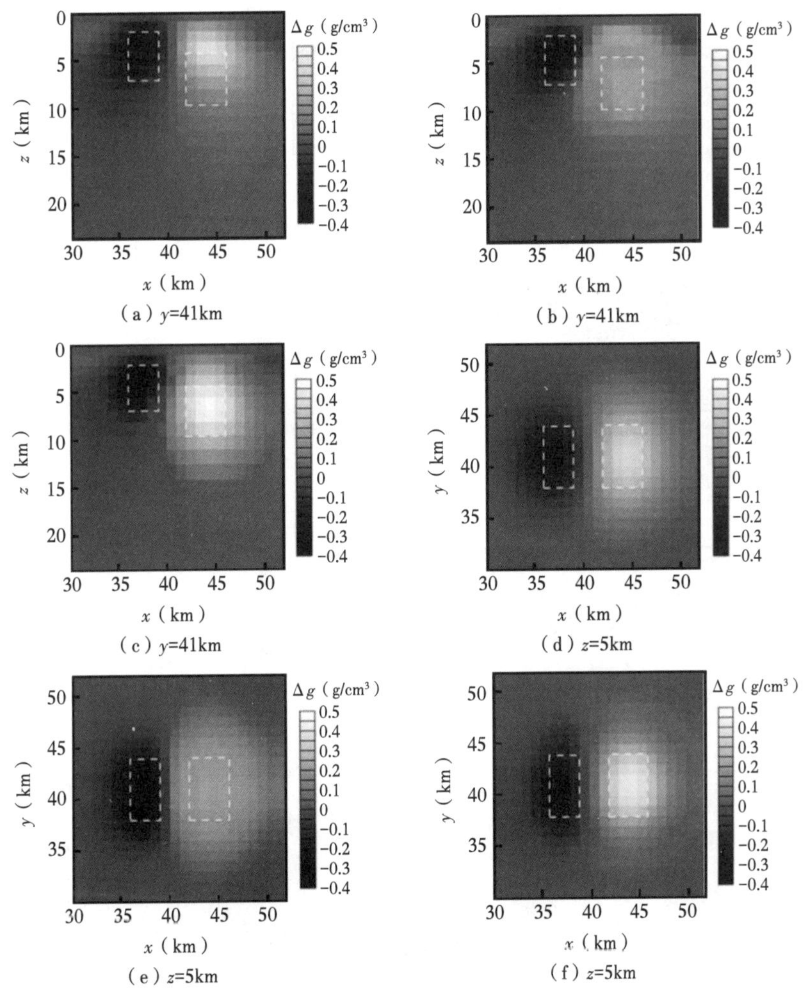

图 1-12　基于局部相关性约束的三维大地电磁数据和重力数据的联合反演结果

（切片分别位于 y=41km 和 z=5km）（据殷长春等，2018）

（a）、（d）单一反演；（b）、（e）交叉梯度反演；（c）、（f）相关性约束反演

基于岩石物性经验关系的联合反演存在的缺陷，制约了联合反演的发展（图 1-13）。

同时，近年来采用几何空间结构耦合的联合反演方法已经成为国际上的趋势（Moorkamp 等，2007；于鹏等，2009；彭淼等，2013；王俊等，2013；Bennington，2015；李桐林等，2016）。该方法是以不同物性在地下的岩石结构和岩石边界保持完全相同或者部分相同为前提的联合反演方法，依靠不同物性模型的空间结构相似性来耦合参数，不依赖于岩石物性关系。Gallardo 和 Meju（2003，2004）首先提出了交叉梯度函数，通过对不同物性梯度之间叉乘来识别结构边界，并开展了地震走时数据和直流电阻率的二维交叉梯度联合反演研究；随后，又将交叉梯度约束加入大地电磁和地震走时数据联合反演当中（Gallardo，Meju，2007），以上研究中交叉梯度函数只针对两种物性参数进行约束，因此被限制在两种物理量之间的分析研究中，而在地球物理勘探中，同一地区需要进行多种物性参数的测量，综合分析研究，最终给出综合地质解释，所以基于交叉梯度的结构耦合不

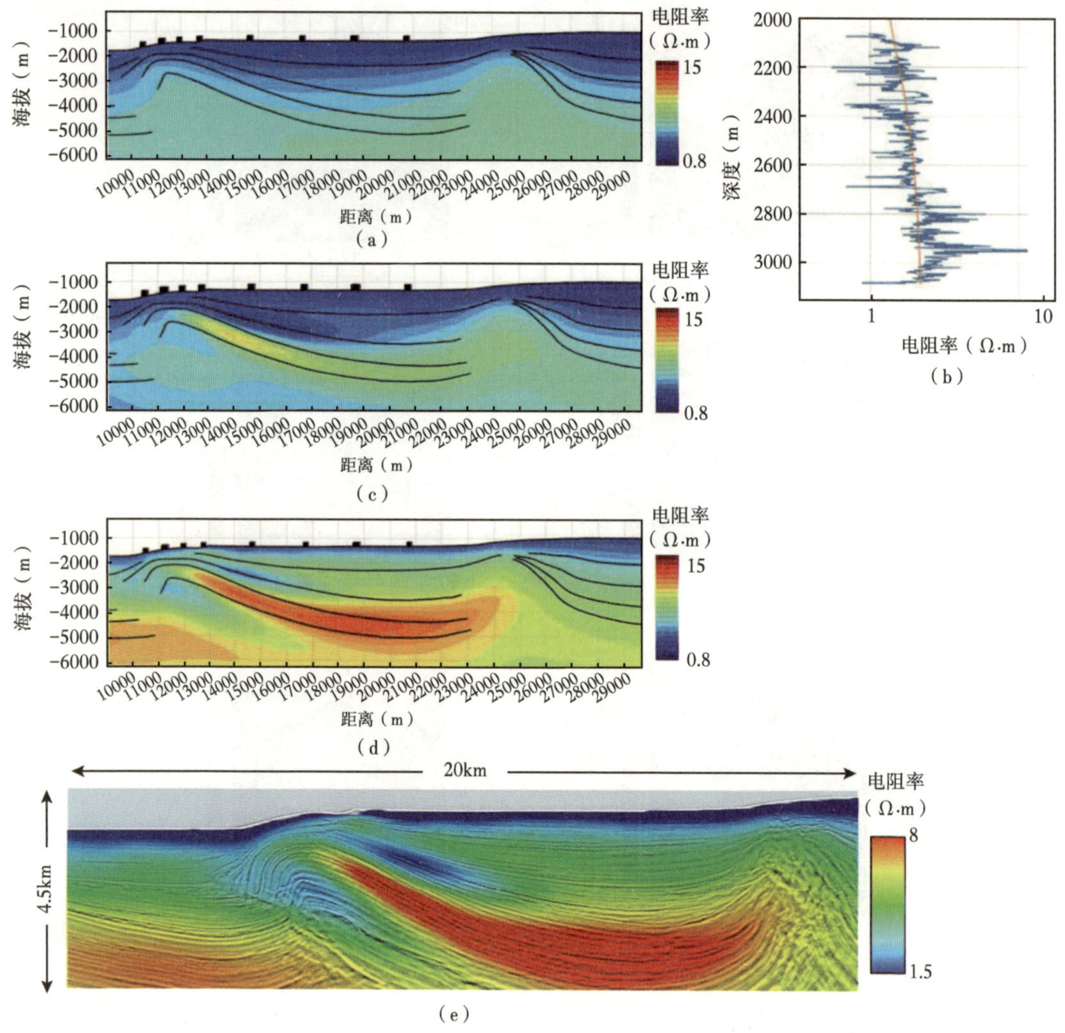

图 1-13 地震图像引导的 MT 电阻率反演结果（据 Mackie 等，2019）

（a）显示的是地震图像引导的 MT 电阻率反演；（b）与测井数据的比较；（c）各向异性 CSEM 反演水平电阻率（ρ_h）截面；（d）垂直电阻率 ρ_v 截面；（e）反演结果与地震剖面的渲染图

应该局限于两种物性参数，应该发展多种物性参数之间的相互约束。Gallardo 等（2007）首次对墨西哥某一地区进行了地震初至 P 波和 S 波、直流电测深和磁法实测数据的多物性交叉梯度联合反演研究；Gallardo 等（2012）对巴西某地区长剖面上的海洋地震反射、海洋大地电磁、重力和磁法实测数据进行了多物性交叉梯度联合反演研究。

其他形式的耦合机制主要有格莱姆约束、区域余弦相似度耦合和局部相关性约束，这些耦合机制是最近几年由国内外学者提出的，有些已经在实际资料应用中取得了较好的反演效果。

初步实践表明，目前联合反演方法技术还存在下列制约其发展和应用的问题。

（1）基于岩石物理关系的联合反演的反演结果精度较高，但是，这种联合反演方法对所使用的岩石物理关系的可靠性要求比较高，难以应用于岩性变化较快且存在多个岩石物理关系的复杂地质构造区域。

（2）基于交叉梯度算子的联合反演方法，不需要显式给定岩石物理关系式，已广泛应用于联合反演实际数据，取得了一定的效果。但是，已有的基于交叉梯度的联合反演仍存在一定的问题：在迭代反演过程中当某一地质体的不同物性空间分布范围不一致时，已有的基于交叉梯度的联合反演难以调整反演模型的边界使得不同模型有相似的物性结构。

（3）目前最常用的反演方法多是基于梯度下降的优化算法，但当利用基于梯度下降的优化算法求解联合反演目标函数的时候，联合反演对于初始模型有较强的依赖性，且反演过程有可能会不收敛，这些都影响着得到更加可靠的反演模型，需要进行进一步研究。

针对联合反演存在的问题，需要进一步展开联合反演方法研究，减少单一反演的多解性，提高成像精度，为油气勘探开发决策提供可靠的物性资料，同时也能够为我国正在实施的深地、深海探测战略提供有效的技术支持。

2 重磁电联合反演新方法

2.1 新型结构耦合的重磁电联合反演

多物理参数联合反演方法是重磁电联合反演解释的基础。在对多物理联合反演机制分析研究的基础上提出了基于区域模型矢量点积约束的联合反演新型结构耦合方式，并在二维重磁震联合反演研究基础上将新型结构耦合联合反演集成推广到三维条件；发展并改进完善了重磁电单一地球物理方法的三维反演技术，研究了单一反演与联合反演框架的匹配和结合问题；通过三维重磁电联合反演理论模型的试验和实际资料初步验证了联合反演方法的特点和优势。

研究如何通过引入新的模型构造约束耦合方式、如何在反演过程中同步耦合重磁电信息以外的地震等先验约束信息，来实现重磁电三维的联合反演。

研究的核心内容是多物性参数耦合的联合方式、联合反演优化方案与算法实现、实用化等。可以聚焦为以下两个问题：如何构建联合反演新的结构耦合方式，如何实现结构耦合的多方法联合反演。

2.1.1 新型结构耦合方式的联合反演

两种地球物理方法之间联合反演的目标函数一般可表示为：

$$P^{\alpha}(\boldsymbol{m}_1,\ \boldsymbol{m}_2)=\gamma_1\phi_1(\boldsymbol{m}_1)+\gamma_2\phi_2(\boldsymbol{m}_2)+\alpha_1 s_1(\boldsymbol{m}_1)+\alpha_2 s_2(\boldsymbol{m}_2)+\lambda\tau(\boldsymbol{m}_1,\ \boldsymbol{m}_2) \tag{2-1}$$

提出的不同模型空间基于余弦相似度结构耦合约束新形式：

$$\tau(\boldsymbol{m}_1,\ \boldsymbol{m}_2)=\int_V(1-\cos^2\theta_{12})\mathrm{d}v \tag{2-2}$$

以归一化无量纲的模型矢量点积得到的余弦大小为构造变化方向相似性的约束控制，使其作为一种更合适和更合理的结构耦合约束，且可推广到三维多方法的联合反演。

$$\cos\theta_{12}=\frac{\boldsymbol{M}^{(1)}\cdot\boldsymbol{M}^{(2)}}{|\boldsymbol{M}^{(1)}||\boldsymbol{M}^{(2)}|},\ \boldsymbol{M}=(m_1-m_1^{apr},\ m_2-m_2^{apr},\ \cdots,\ m_n-m_n^{apr}) \tag{2-3}$$

对于模型存在变化的区域，它可以约束两类物性变化不一致即矢量夹角大的区域向相似构造即模型变化一致的方向进行修正，即耦合项将约束（$1-\cos^2\theta_{12}$）$\to 0$，从而达到突出两种物性构造相似性的目的，提高了对地质体结构反演的准确性，减少了多解性。这种适用于多方法的模型矢量方式的新型耦合方式，可克服目前依赖物性转换关系存在不确定性、交叉梯度约束计算复杂、梯度点积约束存在需先验指定物性变化方向等一系列问题；

新耦合方式从原理上更容易处理且方便灵活，也容易推广到三维条件，可使联合由“形”到“神”。

提出在联合反演过程中同步耦合重磁电信息以外的地震等先验约束信息的方法，重磁电三种方法联合反演的目标函数形式：

$$P^{\alpha}(\boldsymbol{m}_1,\boldsymbol{m}_2,\boldsymbol{m}_3)=\gamma_1\varphi_1(\boldsymbol{m}_1)+\gamma_2\varphi_2(\boldsymbol{m}_2)+\gamma_3\varphi_3(\boldsymbol{m}_3)+\alpha_1 s_1(\boldsymbol{m}_1)+\alpha_2 s_2(\boldsymbol{m}_2)+\alpha_3 s_3(\boldsymbol{m}_3)+\lambda_1\tau(\boldsymbol{m}_r,\boldsymbol{m}_1)+\lambda_2\tau(\boldsymbol{m}_r,\boldsymbol{m}_2)+\lambda_3\tau(\boldsymbol{m}_r,\boldsymbol{m}_3)+\lambda_4\tau(\boldsymbol{m}_1,\boldsymbol{m}_2)+\lambda_5\tau(\boldsymbol{m}_1,\boldsymbol{m}_2)+\lambda_6\tau(\boldsymbol{m}_2,\boldsymbol{m}_3) \tag{2-4}$$

式中，$\boldsymbol{m}_r$为公共参考模型矢量；λ_i（i=1，2，…，6）为不同模型矢量耦合项的权重因子；$\boldsymbol{m}_i$（i=1，2，3）表示重磁电的模型参数矢量。公共参考模型矢量 $\boldsymbol{m}_r$ 的引入可有效减少多解性。它可来自地震速度模型和钻井等先验模型信息，使其与重磁电物性模型逐一耦合，这样在同步反演中就增加了耦合的可参考模型的约束信息；由于作为被耦合对象的某种物性若在模型空间某些区域不存在变化或与公共参考模型无相似性结构，该耦合不起约束作用，所以其构建存在合理性；同时，由于要对其做余弦相似度的归一化处理，所以融合的该无量纲信息可以与联合反演的其他物性参与耦合和共享。

采用交替耦合的方式进行重磁电三维联合反演目标函数优化，即将目标函数按各方法分为多个交替进行的子反演系统，各方法相对独立地进行目标函数优化，也与各地球物理方法的模型构建方式适配：

$$\begin{cases}P_n^{\alpha}(\boldsymbol{m}_1,\ \boldsymbol{m}_2^{n-1},\ \boldsymbol{m}_3^{n-1})=\varphi_1^n(\boldsymbol{m}_1)+\alpha_1^n s_1^n(\boldsymbol{m}_1)+\lambda_1^n\tau(\boldsymbol{m}_r^{n-1},\boldsymbol{m}_1)+\lambda_4^n\tau(\boldsymbol{m}_1,\ \boldsymbol{m}_2^{n-1})+\lambda_5^n\tau(\boldsymbol{m}_1,\ \boldsymbol{m}_3^{n-1})\\ P_n^{\alpha}(\boldsymbol{m}_1^{n-1},\ \boldsymbol{m}_2,\boldsymbol{m}_3^{n-1})=\varphi_2^n(\boldsymbol{m}_2)+\alpha_2^n s_2^n(\boldsymbol{m}_2)+\lambda_2^n\tau(\boldsymbol{m}_r^{n-1},\ \boldsymbol{m}_2)+\lambda_4^n\tau(\boldsymbol{m}_1^{n-1},\ \boldsymbol{m}_2)+\lambda_6^n\tau(\boldsymbol{m}_2,\boldsymbol{m}_3^{n-1})\\ P_n^{\alpha}(\boldsymbol{m}_1^{n-1},\ \boldsymbol{m}_2^{n-1},\boldsymbol{m}_3)=\varphi_3^n(\boldsymbol{m}_3)+\alpha_3^n s_3^n(\boldsymbol{m}_3)+\lambda_3^n\tau(\boldsymbol{m}_r^{n-1},\boldsymbol{m}_3)+\lambda_5^n\tau(\boldsymbol{m}_1^{n-1},\ \boldsymbol{m}_3)+\lambda_6^n\tau(\boldsymbol{m}_2^{n-1},\ \boldsymbol{m}_3)\end{cases} \tag{2-5}$$

该优化方案是使各方法的数据误差拟合项和模型稳定泛函项相对独立，而模型耦合项则是在多方法之间交替同步进行计算，即各方法的初始模型或第 n-1 次模型参数需要依次输入到各自的子反演系统进行基于结构耦合的反演优化以更新第 n 次的新模型，然后按收敛条件判断是否满足迭代结束条件，若满足则输出结果，若不满足则返回更新。

该优化方式的特点是避免了整体优化过程的复杂性和不确定性，每个反演子系统对不同方法可以选取不同的权重因子，这样更适合各方法按自身的反演能力反映其对整体反演的贡献影响，在具体实施联合反演过程中也容易操作和实现。

重点研究单一反演与联合反演框架的匹配和结合问题，为联合反演奠定基础。对现有的方法技术进行了改进，形成了适用的重磁二维、重磁三维正则化反演系列，大地电磁二维、大地电磁三维正则化反演系列，提高算法的精度、稳定性和实用性。

结合已有研究基础，特别是对重磁电最优化反演和正则化反演的研究积累，对重磁的二维反演和三维反演及大地电磁二维反演构建为统一形式下的正则化反演目标泛函：

$$P(m)^{\alpha}=\|A(m)-d\|^2+\alpha\|\boldsymbol{W}_m\|^2=[\boldsymbol{W}_d A(m)-\boldsymbol{W}_d d]^{\mathrm{T}}[\boldsymbol{W}_d A(m)-\boldsymbol{W}_d d]+\alpha(\boldsymbol{W}_e\boldsymbol{W}_m m-\boldsymbol{W}_e\boldsymbol{W}_m m_{apr})^{\mathrm{T}}(\boldsymbol{W}_e\boldsymbol{W}_m m-\boldsymbol{W}_e\boldsymbol{W}_m m_{apr}) \tag{2-6}$$

式中，$\boldsymbol{W}_d$、$\boldsymbol{W}_m$ 分别为数据和模型加权矩阵；A（m）为正演模型的算子；d 为观测数据；

m_{apr}为先验约束信息；α 为正则化因子；W_e 为模型约束稳定泛函矩阵。

在统一的反演框架下，实现多种模型稳定泛函约束下的正则化反演，包括最小模型、最平缓模型、最光滑模型、突出尖锐边界的最小支撑、最小梯度支撑模型约束泛函等，以及新研发的最小支撑梯度和聚焦类稳定器等，提高反演的精度。结合特深层的物性和地质物理模型的特点进行算法改进，为联合反演提供基础。

大地电磁三维正则化反演是研究的重点，主要研究的内容包括以下几点：(1) 将基于修正迭代耗散方法的三维大地电磁积分方程法运用于正演模拟，使用广义双共轭梯度法迭代求解修正迭代耗散方法中的诺依曼序列，同时通过改进格林函数的求取方法，实现了三维大地电磁积分方程法正演模拟，保证了计算精度并提高了计算效率。(2) 三维的建模方法。(3) 应用最小梯度支撑泛函突出对电性界面的刻画能力。(4) 采用拟牛顿法优化目标函数，通过 BFGS 更新简化计算 Hessian 矩阵，在保证计算的稳定性和收敛性的情况下，减少正演次数，提高反演效率。(5) 使用自适应算法来选择最优的正则化因子，以更好地适应反演算法。(6) 结合特深层的物性和地质物理模型的特点进行算法改进，体现有效性和实用性。

2.1.2 基于新型结构耦合二维联合反演模型试验

2.1.2.1 单块体模型试验

单块体模型试验主要是为了对不同耦合方式的联合反演结果进行对比，从耦合效果、拟合情况和模型还原度角度证明新型结构耦合方式的优势（图 2-1）。

重力异常与地震反射走时联合反演模型试验，针对不同耦合方式的联合反演结果对比：首先设计一个单块体模型，模型如图 2-1a、图 2-1b 所示。目标区域为 8km×2km（横向为 8km，纵向为 2km），网格个数为 80×20，横纵向网格间距相同均为 100m，该块体的密度为 $1g/cm^3$，背景密度为 0，速度为 3km/s，背景速度为 2km/s。

然后分别进行了单一方法的反演试验，其反演结果如图 2-1c、图 2-1d 所示；基于交叉梯度的联合反演，其结果如图 2-1e、图 2-1f 所示；基于梯度点积的联合反演结果如图 2-1g、图 2-1h 所示；基于新型结构耦合方式的联合反演，其反演结果如图 2-1i、图 2-1j 所示。从图 2-2 可以看出重震的数据拟合均已达到理想效果。图 2-3 画出了不同耦合方式的梯度点积图、交叉梯度图及模型还原度图。并在表 2-1 中统计不同耦合方式的数据 RMS 和模型 RMS。从结果对比可以看出基于新型结构耦合方式的联合反演结果更加接近真实模型。

表 2-1 不同反演类型的数据拟合 RMS 和模型还原度 RMS

反演类型	数据拟合 RMS	模型还原度 RMS
单一重力反演	1. 169	0. 0697
基于交叉梯度约束的联合反演重力结果	1. 240	0. 0723
基于局部模型梯度点积约束的联合反演重力结果	1. 178	0. 0644
基于新型结构耦合联合反演重力结果	1. 030	0. 0535
单一地震结果	1. 83ms	0. 0366
基于交叉梯度约束的联合反演地震结果	1. 83ms	0. 0366
基于局部模型梯度点积约束的联合反演地震结果	1. 83ms	0. 0366
基于新型结构耦合联合反演地震结果	1. 70ms	0. 0349

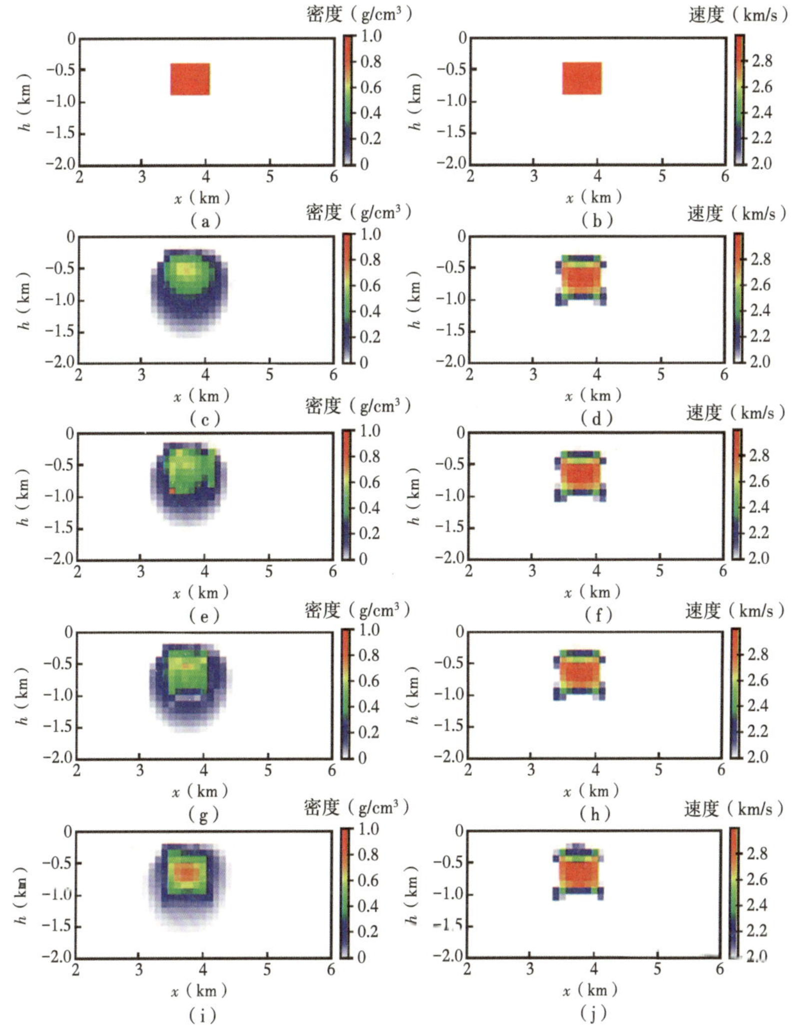

图 2-1　单块体模型及不同耦合方式的反演结果

（a）密度真实模型；（b）速度真实模型；（c）单一反演密度结果；（d）单一反演速度结果；（e）基于交叉梯度联合反演的密度结果；（f）基于交叉梯度联合反演速度结果；（g）基于梯度点积联合反演的密度结果；（h）基于梯度点积联合反演的速度结果；（i）基于新型结构耦合联合反演密度结果；（j）基于新型结构耦合联合反演速度结果

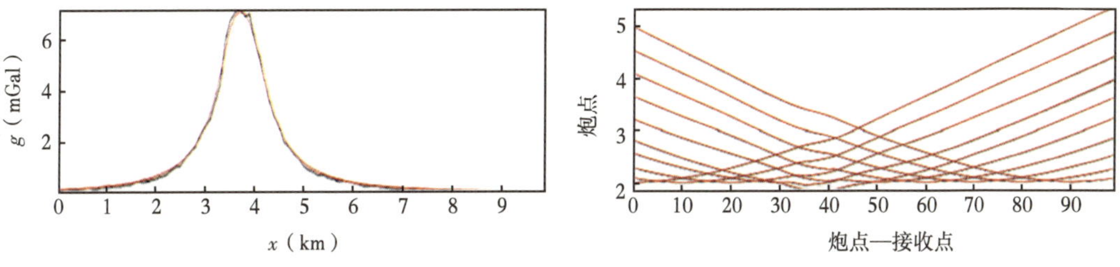

图 2-2　基于新型结构耦合模型矢量方式联合反演的重力异常和反射走时拟合结果
（红色为计算数据，黑色为理论数据）

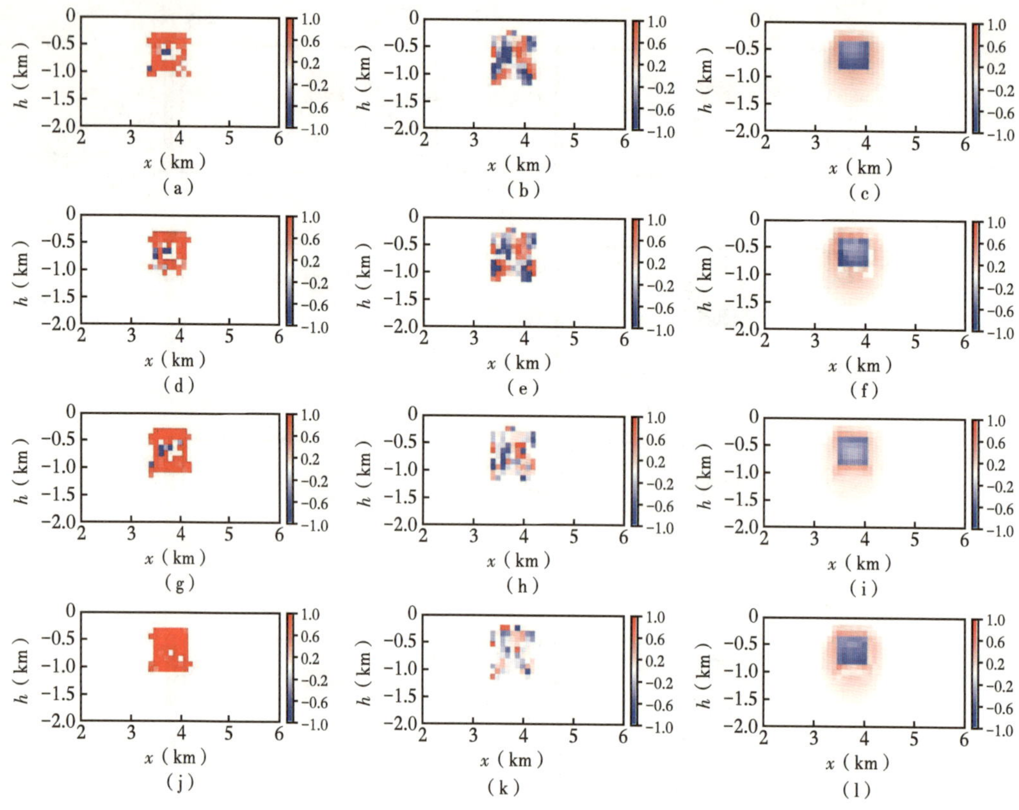

图 2-3　不同耦合方式反演结果的梯度点积、交叉梯度及模型还原图（a、d、g、j）为对应的梯度点积图；（b、e、h、k）为对应交叉梯度图；（c、f、i、l）为对应模型还原图

2.1.2.2　Γ 形体模型试验

该模型主要是说明提出的方法适用于速度约束条件下的联合反演，新型结构耦合较其他方式体现了优势，提高了反演精度。

重力异常与地震反射走时联合反演模型试验：为了对比各种不同构造耦合方式的特点体现新型结构耦合方式的优势，设计了一个 Γ 形体模型（图 2-4a、图 2-4b）：该模型的密度为 $1g/cm^3$、速度为 3km/s，背景密度为 0、背景速度为 2km/s。

分别进行单一方法的反演试验，其反演结果如图 2-4c、图 2-4d 所示；基于交叉梯度的联合反演，其结果如图 2-4e、图 2-4f 所示；基于梯度点积的联合反演结果如图 2-4g、图 2-4h 所示；基于新型结构耦合方式的联合反演，其反演结果如图 2-4i、图 2-4j 所示（这里重力反演的目标区域是无限半空间，而速度的反演区域只在速度模型值为 3km/s 的区域）。并在表 2-2 中统计不同耦合方式的数据 RMS 和模型 RMS。从结果对比可以看出基于新型结构耦合方式的联合反演结果更加接近真实模型，且该方式对在无约束的重力反演中对边界的刻画更加准确。

2.1.2.3　双块体模型试验

该模型主要是为了说明提出的联合反演方式适用于同源物性分布条件且物性差异较大的情况。

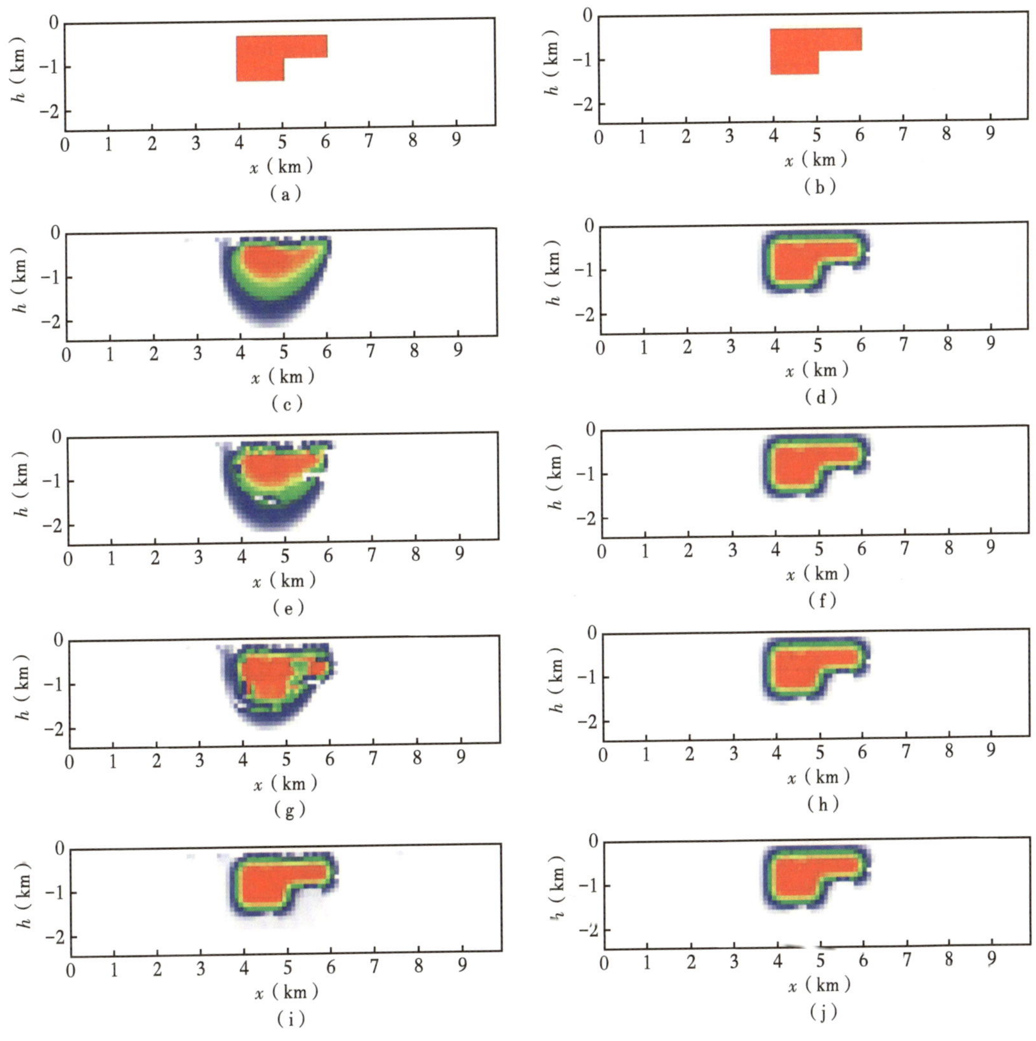

图 2-4 Γ 形体模型及不同耦合方式的反演结果

(a) 密度真实模型；(b) 速度真实模型；(c) 单一反演密度结果；(d) 单一反演速度结果；(e) 基于交叉梯度联合反演的密度结果；(f) 基于交叉梯度联合反演速度结果；(g) 基于梯度点积联合反演的密度结果；(h) 基于梯度点积联合反演的速度结果；(i) 基于新型结构耦合联合反演密度结果；(j) 基于新型结构耦合联合反演速度结果

重力异常与地震反射走时联合反演模型试验：考虑对于物性差异较大的情况，该耦合方式是否也有效果。两个块体模型，图 2-5a 块体的密度为 1g/cm^3，速度为 3km/s；图 2-5b 块体的密度为 0.1g/cm^3，速度为 2.1km/s；两块体的背景密度均为 0，背景速度均为 2km/s。单一方法的反演结果如图 2-5c、图 2-5d 所示；基于新型结构耦合方式的联合反演的结果如图 2-5e、图 2-5f 所示。同样统计了各个方法的模型还原度（表 2-3）。可以发现，在双块体模型下，得到了 Γ 形体模型试验相似的结论，即联合反演结果较单一反演结果有较大的改善。

表 2-2　不同反演类型的数据拟合 RMS 和模型还原度 RMS

反演类型	数据拟合 RMS	模型还原度 RMS
单一重力反演	1. 104	0. 1277
基于交叉梯度约束的联合反演重力结果	1. 260	0. 1296
基于局部模型梯度点积约束联合反演重力结果	1. 161	0. 1095
基于新型结构耦合联合反演重力结果	1. 001	0. 0820
单一地震结果	8. 369ms	0. 0827
基于交叉梯度约束的联合反演地震结果	8. 369ms	0. 0827
基于局部模型梯度点积约束联合反演地震结果	8. 369ms	0. 0827
基于新型结构耦合联合反演地震结果	8. 371ms	0. 0827

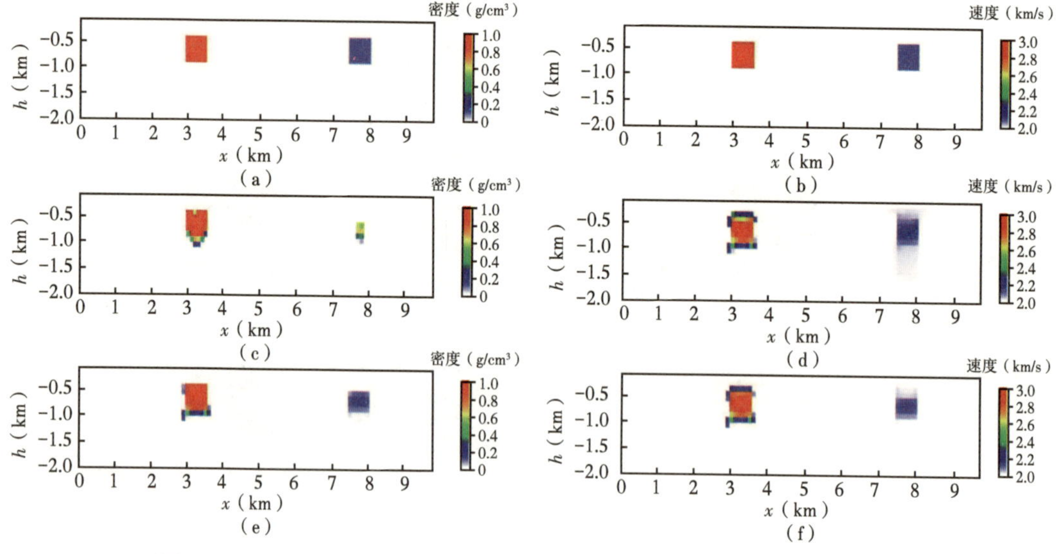

图 2-5　双块体模型、单一反演结果及基于新型结构耦合方式的反演结果

(a) 密度真实模型；(b) 速度真实模型；(c) 单一反演密度结果；(d) 单一反演速度结果；(e) 基于新型结构耦合联合反演密度结果；(f) 基于新型结构耦合联合反演速度结果

表 2-3　不同反演类型的模型还原度 RMS

反演类型	重力	地震
单一反演方法	0. 0383	0. 0321
基于新型结构耦合联合反演	0. 0215	0. 0266

2. 1. 3　基于新型结构耦合三维联合反演模型试验

目前已经在前期二维重磁震联合反演研究基础上，将提出的多地球物理方法基于模型矢量余弦相似度新型耦合的方式推广到了三维条件。

前面已经就二维重磁震联合反演的模型试验结果进行了说明，以下主要说明三维重磁电联合反演的模型试验效果。

2.1.3.1　模型试验 1

模型 1 重力、磁法、MT 反演结果进行交叉耦合的三维联合反演的单一块体模型，块体的密度为 1g/cm^3，磁化率为 1；背景密度为 0，背景磁化率为 0，如图 2-6a 所示。电阻率模型是 10Ω · m 背景中一 100Ω · m 的同源块体，其反演结果如图 2-6b 所示。单一方法的反演结果如图 2-6c、图 2-6d 所示；三维联合反演结果如图 2-6e、图 2-6f 所示。笔者统计了各个方法的模型还原度（表 2-4）。可以发现，联合反演结果较单一反演结果有较大的改善。

该模型试验结果验证了模型空间新型耦合的效果，同时也为将来耦合先验地震速度模型提供了借鉴。

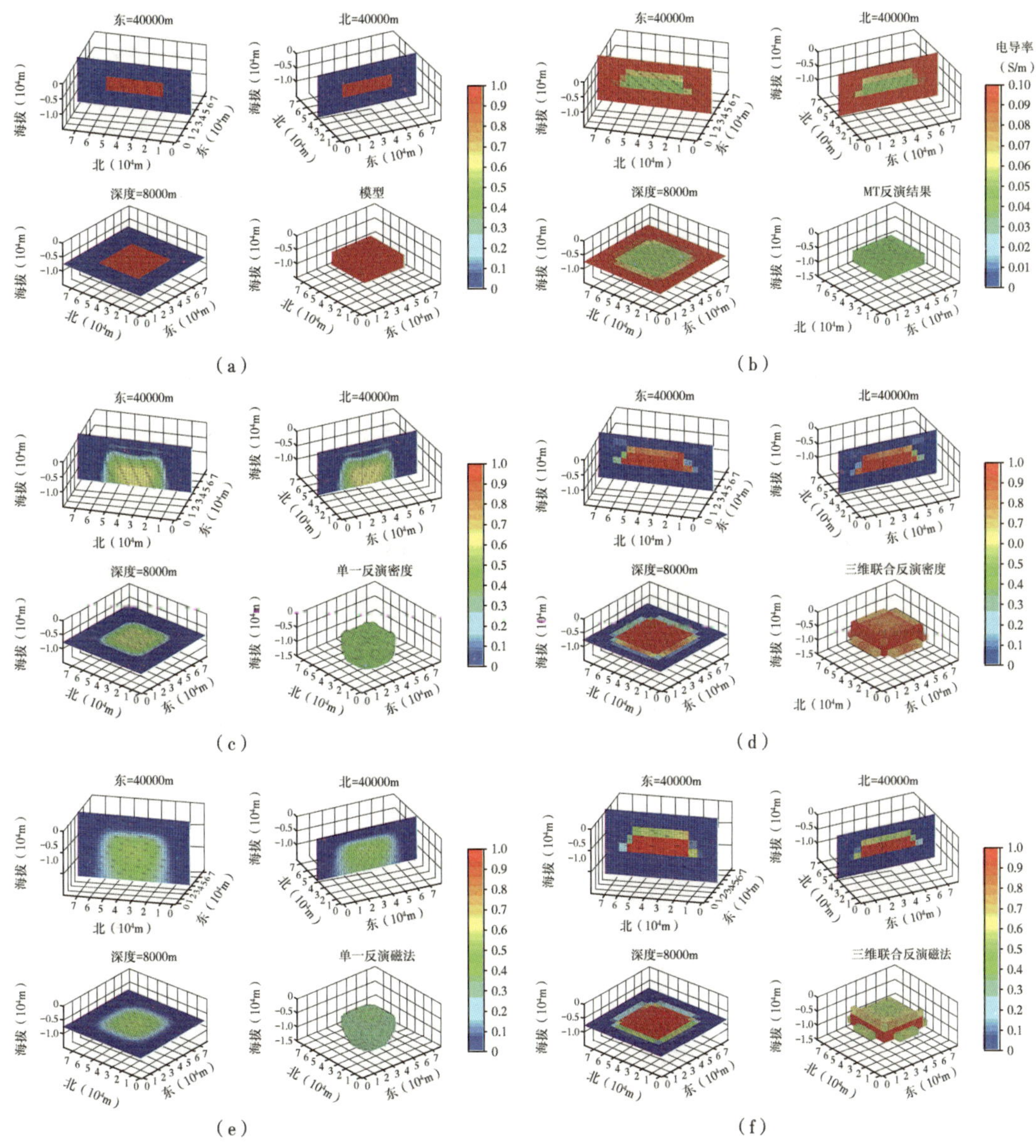

图 2-6　单块体模型单一反演结果与三维联合反演结果

（a）密度和磁化率理论模型；（b）MT 反演结果；（c）单一反演密度结果；（d）三维联合反演密度结果；（e）单一反演磁法结果；（f）三维联合反演磁法结果

表 2-4　不同反演类型的模型还原度 RMS

反演方法	重力模型还原误差 RMS	磁法模型还原误差 RMS
单一方法	0.2198	0.2074
联合反演结果	0.2194	0.1681

2.1.3.2　模型试验 2

模型 2 是重力、磁法、MT 反演结果进行交叉耦合三维联合反演的一双块体模型，电阻率模型是与密度和磁化率同源的块体。x 方向 20~40km，y 方向 20~60km，z 方向 0~10km，密度为-1g/cm^3，磁化率为-1，电阻率为 1Ω · m；x 方向 40~60km，y 方向 20~60km，z 方向 0~6km，密度为 1g/cm^3，磁化率为 1，电阻率为 100Ω · m；x 方向 40~60km，y 方向 20~60km，z 方向 6~10km，密度为-1g/cm^3，磁化率为-1，电阻率为 1Ω · m；背景密度为 0，背景磁化率为 0，背景电阻率为 10Ω · m，密度和磁化率模型如图 2-7a 所示，电阻率反演结果

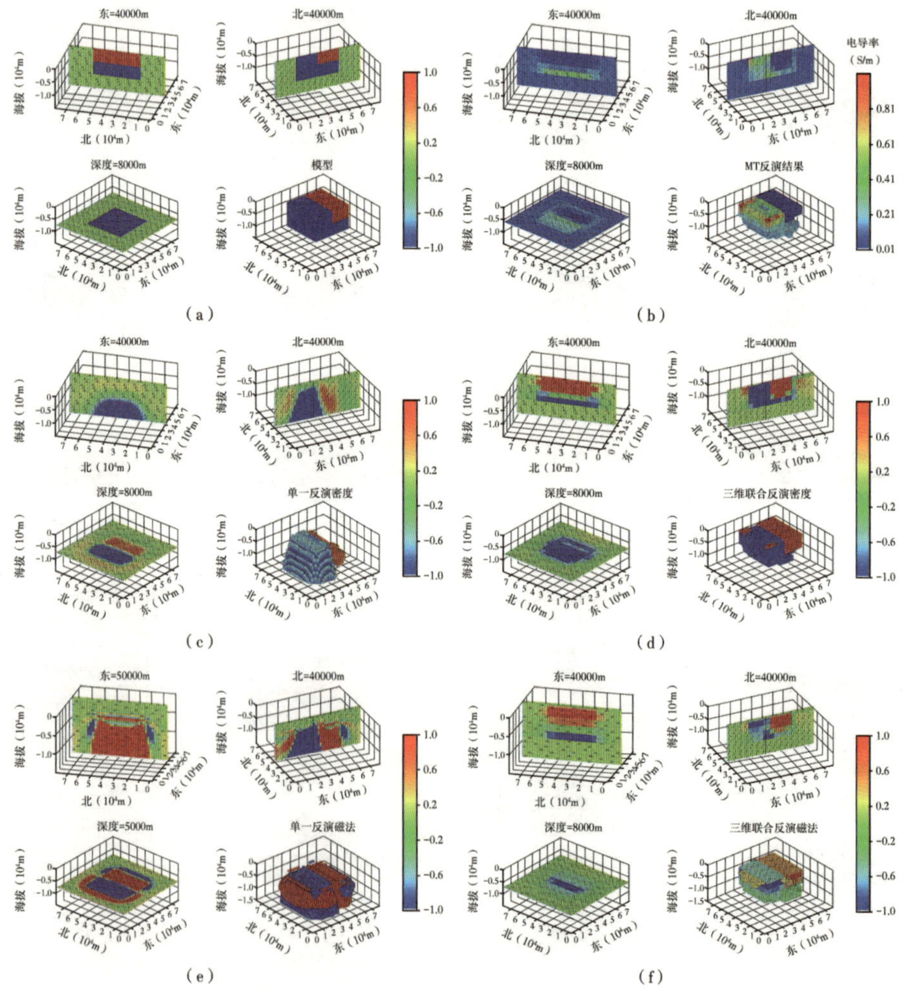

图 2-7　双块体模型单一反演结果与三维联合反演结果

（a）密度和磁化率真实模型；（b）MT 反演结果；（c）单一反演密度结果；（d）三维联合反演密度结果；（e）单一反演磁法结果；（f）三维联合反演磁法结果

如图 2-7b 所示。单一方法的反演结果如图 2-7c、图 2-7d 所示；三维联合反演结果如图 2-7e、图 2-7f 所示。笔者统计了各个方法的模型还原度（表 2-5）。可以发现，联合反演结果较单一反演结果有较大的改善，基本还原了设计模型的物性和分布。

表 2-5 不同反演类型的模型还原度 RMS

反演方法	重力模型还原误差 RMS	磁法模型还原误差 RMS
单一方法	0.4626	0.6152
联合反演结果	0.2963	0.2437

2.1.3.3 模型试验 3（超深层模型）

模型 3 是课题设计的一个二维深层模型（图 2-8a），将其分解为密度，电阻率与速度三个同源模型，如图 2-8b 至图 2-8d 所示。对密度和电阻率模型进行单一反演可得到如

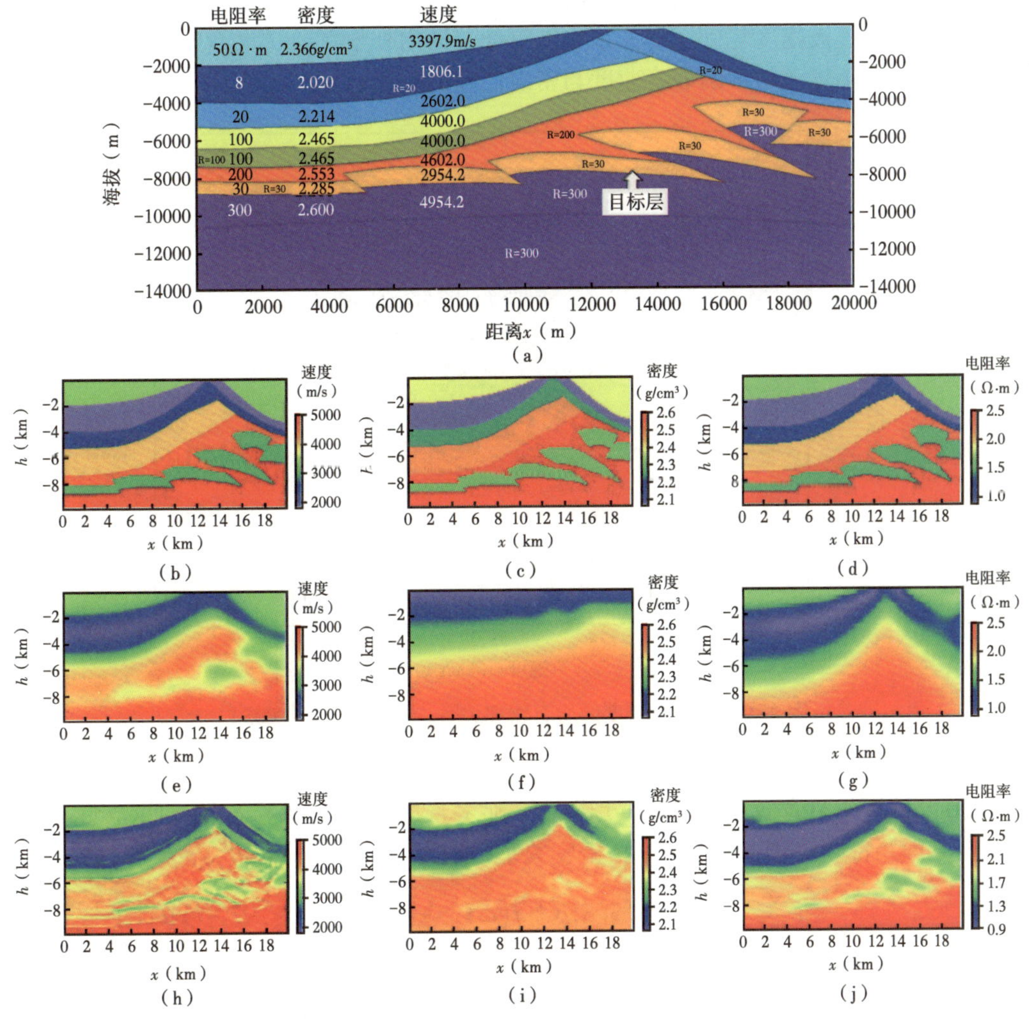

图 2-8 模型 3 单一反演结果与三维联合反演结果

(a) BCP 设计模型；(b) 速度模型；(c) 密度模型；(d) 电阻率模型；(e) 速度反演初始模型；(f) 密度单一反演结果；(g) 电阻率单一反演结果；(h) 频率域声波全波形速度反演结果；(i) 密度联合反演结果；(j) 电阻率联合反演结果

图 2-8f、图 2-8g 的反演结果，而利用速度全波形反演（初始模型为图 2-8d 所示）及联合反演技术则能够得到如图 2-8h 至图 2-8j 的反演结果。可见，利用联合反演技术及速度全波形反演后，深部目标层的信息在密度和电阻率模型中有比较明显的改善，而在单一反演中深部目标层是完全没有反映的。该模型的反演结果体现了联合反演的耦合效果，密度和电阻率反演在可靠速度信息的约束下，有助于揭示速度结构不清楚的深层目标体。

2.2 以地震数据为核心的地球物理资料联合反演

2.2.1 岩石物性关系统计分析

2.2.1.1 密度与速度关系

岩石密度和地震波速与岩性、孔隙度和压力等因素相关，介质速度一般也会随密度的变化而改变。地震波速度与密度的关系非常复杂，国内外学者通过大量的岩石实验观测数据，提出了多种不同条件下的岩石速度与密度之间的关系。

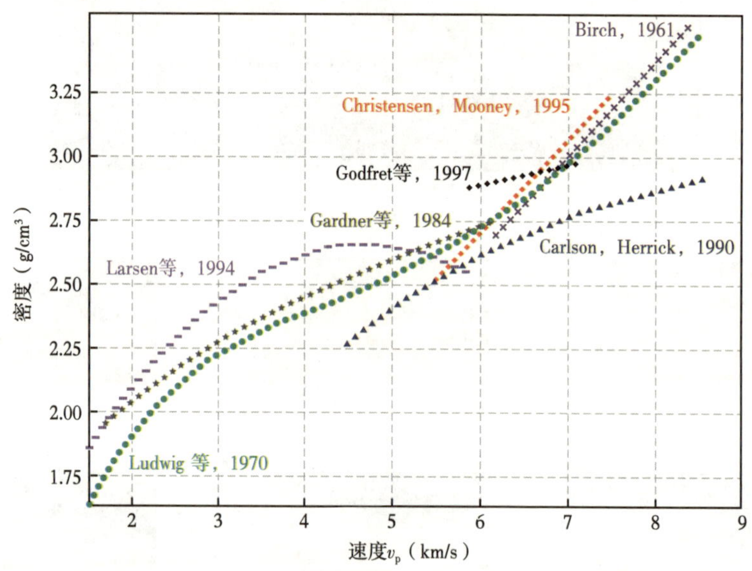

图 2-9　速度与密度的岩石物理关系（据 Brocher，2005）

2.2.1.1.1　线性关系

在对大量岩石样品实验和结果分析的基础上，提出了速度和密度之间线性联系的 Birch 定律，并将硅酸盐岩石中速度—密度关系归纳为经验关系式：

$$v_p = [3.31\rho + f(\omega)] \pm 0.28 \tag{2-7}$$

式中，v_p 表示纵波速度，km/s；ρ 表示密度，g/cm^3；ω 表示岩石的平均原子量。

Christensen 和 Mooney（1995）分析了不同深度和温压条件下的岩石样品，提出了适于地壳的岩石密度 ρ 和纵波速度 v_p 的线性关系式：

$$\rho = 0.541 + 0.3601 v_p \tag{2-8}$$

2.2.1.1.2 指数关系

无测井资料初始密度建模方法中需要利用加德纳（Gardner）速度—密度关系公式，将速度资料转换为密度资料。1974 年，Gardner 统计出沉积岩中 v_p 与 ρ 的关系式，即有名的 Gardner 公式：

$$\rho = a(v_p)^b,\ a = 0.31,\ b = 1/4 \tag{2-9}$$

式中，ρ 表示密度，g/cm^3；v_p 表示纵波速度，m/s。在实际应用中，需要根据收集的数据拟合出最优的系数 a 和 b。

2.2.1.1.3 分段线性关系

国际上比较常用的纵波速度 v_p 与密度 ρ 的关系为 Nafe-Drake 经验关系，其表达式如下：

$$\begin{cases} \rho = 2.78 + 0.27(v_p - 6) & v_p \leqslant 7 \\ \rho = 3.05 + 0.33(v_p - 7) & 7 < v_p \leqslant 7.8 \\ \rho = 3.05 + 0.33(v_p - 7) - 0.1v_p & v_p > 7.8 \end{cases} \tag{2-10}$$

式中，v_p 表示纵波速度，km/s；ρ 表示密度，g/cm^3。

冯锐等（1987）提出华北地区的密度与速度转换关系：

$$\rho = \begin{cases} 2.78 + 0.27 \times (v_p - 6), & v_p < 5.5 \\ 2.78 + 0.56 \times (v_p - 6), & 5.5 \leqslant v_p \leqslant 6 \\ 3.07 + 0.27 \times (v_p - 7), & 6 \leqslant v_p \leqslant 7.5 \\ 3.22 + 0.20 \times (v_p - 7.5), & 7.5 \leqslant v_p \leqslant 8.5 \end{cases} \tag{2-11}$$

2.2.1.1.4 多项式关系

Ludwig（1970）对 Nafe-Drake 速度—密度关系曲线中密度值和纵波速度值再次手动拾取，并进行多项式拟合后给出相应的多项式关系：

$$\rho = 1.6612v_p - 0.4721v_p^2 + 0.0671v_p^3 - 0.0043v_p^4 + 0.000106v_p^5 \tag{2-12}$$

式中，v_p 表示纵波速度，km/s；ρ 表示密度，g/cm^3。

现有的速度—密度都是统计或者经验关系，具体使用时要根据实际情况选择合适的系数，特别是利用已知的密度和速度资料进行统计分析，建立适合研究区域的岩石物理关系。

2.2.1.2 电阻率与速度关系

Faust 于 1953 年提出了著名的速度—电阻率经验公式：

$$v_p = a(hR)^b,\ a = 2 \times 10^3,\ b = 1/6 \tag{2-13}$$

式中，h 为地层深度，m；v_p 为地层纵波速度，m/s；R 为地层电阻率，Ω · m。在实际应用中，需要根据收集的数据计算出最优的系数 a 和 b。

Gallardo 和 Meju（2003）建立了沉积环境下的电阻率—速度经验公式：

$$\log_{10}v_p = m\lg R + c \tag{2-14}$$

式中，R 为电阻率，$\Omega \cdot m$；v_p 为纵波速度，m/s；系数 m 和 c 通过已知数据进行拟合求取，不同地区求取的参数也不同。

2.2.1.3 饱和度与速度关系

阿尔奇（Archie）于 1942 年发现地层的电导率 σ、孔隙度 ϕ 和含水饱和度 S_w 存在以下的关系：

$$\sigma = \frac{1}{a}\sigma_w \phi^m S_w^n \tag{2-15}$$

式中，a 为曲折因子，m 为孔隙度/胶结指数，n 为饱和度指数，σ_w 为地层盐水电导率。阿尔奇公式适用于比较纯净的砂层。随着阿尔奇公式的发展，其他的变化形式已被引入来解释岩石中黏土含量的电导，如 Waxman-Smits 方程（Waxman，Smits，1968）。阿尔奇公式及它的各种变式已经成为电磁勘探中计算含烃饱和度的重要工具。

流体替换模型（Gassmann，1951）将地震波速度与储层参数连接起来，如孔隙度（ϕ），含水饱和度（S_w），和含油饱和度（S_o）或者含气饱和度（S_g）。在流体饱和的岩石中，P 波速度 v_p 和剪切波速度 v_s 表示如下：

$$v_p = \sqrt{\frac{K_{sat} + \frac{4}{3}m_{sat}}{\rho_{sat}}}, \quad v_s = \sqrt{\frac{\mu_{sat}}{\rho_{sat}}} \tag{2-16}$$

其中，

$$K_{sat} = (1 - \beta)K_{ma} + \beta^2 M \tag{2-17}$$

$$\mu_{sat} = (1 - \beta)\mu_{ma} \tag{2-18}$$

$$M = \left(\frac{\beta - \phi}{K_{ma}} + \frac{\phi}{K_f}\right)^{-1} \tag{2-19}$$

$$K_f = \left(c_w \frac{S_w}{K_w} + c_o \frac{S_o}{K_o} + c_g \frac{S_g}{K_g}\right)^{-1} \tag{2-20}$$

$$\rho_{sat} = (1 - \phi)\rho_{ma} + \phi(S_w \rho_w + S_o \rho_o + S_g \rho_g) \tag{2-21}$$

式中，K_{sat}、μ_{sat} 和 ρ_{sat} 分别是体积弹性模量、剪切模量和饱和流体岩石的容积密度；K_f 是空隙流体的体积弹性模量；K_{ma}、μ_{ma} 和 ρ_{ma} 分别是体积弹性模量、剪切模量和矩阵密度（固体或颗粒）；K_w、K_o 和 K_g 分别是水、油和气的体积弹性模量；ρ_w、ρ_o 和 ρ_g 分别是水、油和气的密度；c_w、c_o 和 c_g 分别是水、油和气的校正项。

在公式（2-17）至公式（2-19）中，β 是 Biot 系数，一般来说是孔隙度的函数。β 可以采用 1992 年 Nur 的临界孔隙度模型：

$$\beta = \begin{cases} \phi/\phi_c, & 0 \leqslant \phi \leqslant \phi_c \\ 0, & \phi > \phi_c \end{cases} \tag{2-22}$$

式中，ϕ_c 为临界孔隙度，在这之上固体就会变成悬浮物。

2.2.2 叠前纵横波二维地震正反演模拟

2.2.2.1 叠前纵横波二维地震正演

地震波场模拟中，Zoeppritz 方程的纵波和转换波反射系数近似表达为（Aki，Richards，1980）：

$$R_{PP}(\theta) \approx (\frac{1+\tan^2\theta}{2})\frac{\Delta I}{I} - 4\frac{\beta^2}{\alpha^2}\sin^2\theta\frac{\Delta J}{J} - (\frac{1}{2}\tan^2\theta - 2\frac{\beta^2}{\alpha^2}\sin^2\theta)\frac{\Delta\rho}{\rho} \tag{2-23}$$

$$R_{PS}(\theta, \varphi) \approx \frac{-\alpha\tan\varphi}{2\beta}\left[\left(1+\frac{2\beta^2}{\alpha^2}\sin^2\theta - \frac{2\beta}{\alpha}\cos\theta\cos\varphi\right)\frac{\Delta\rho}{\rho} - \left(\frac{4\beta^2}{\alpha^2}\sin^2\theta - \frac{4\beta}{\alpha}\cos\theta\cos\varphi\right)\frac{\Delta J}{J}\right] \tag{2-24}$$

式中，$\frac{\Delta I}{I}=(\frac{\Delta\alpha}{\alpha}+\frac{\Delta\rho}{\rho})$，$\frac{\Delta J}{J}=(\frac{\Delta\beta}{\beta}+\frac{\Delta\rho}{\rho})$；$\alpha$、$\beta$、$\rho$ 分别为通过界面的纵波平均速度、横波平均速度及平均密度；$\Delta\alpha$、$\Delta\beta$、$\Delta\rho$ 分别为通过界面的纵波和横波速度及密度的变化量；θ 和 φ 为通过界面的纵波的平均反射和透射角；I 和 J 分别为纵波阻抗和横波阻抗。

公式（2-23）、公式（2-24）在较小入射角和较小的弹性参数变化情况下，是准确的。

从测井资料中可以得到纵波速度、横波速度及密度等资料，根据公式（2-23）和公式（2-24）可以计算反射系数。同时，从地震及测井资料中可以提取子波，由此根据下式（2-25）可合成理论数据：

$$d_{syn} = g[r(\boldsymbol{m})] = w \otimes r + n \tag{2-25}$$

式中，d_{syn}为合成地震数据；r 为反射系数；w 为子波；n 为噪声；$\boldsymbol{m}$ 为模型向量；$\otimes$为卷积符号。

2.2.2.2 叠前纵横波二维地震反演

在统计规律（Bayes 理论）的框架下，求取误差函数。

Bayes 理论公式：

$$\sigma(\boldsymbol{m}\,|\,d_{obs}) = \frac{p(\boldsymbol{m})l(d_{obs}\,|\boldsymbol{m})}{p(d_{obs})} \tag{2-26}$$

也可以表示为：

$$\sigma(\boldsymbol{m}\,|\,d_{obs}) \propto p(\boldsymbol{m})l(d_{obs}\,|\boldsymbol{m}) \tag{2-27}$$

$$l(d_{obs}\,|\boldsymbol{m}) \propto \exp[-E(\boldsymbol{m})] \tag{2-28}$$

$$E(\boldsymbol{m}) = \{[d_{obs} - g(\boldsymbol{m})]/2\}^{\mathrm{T}}C_D^{-1}[d_{obs} - g(\boldsymbol{m})] \tag{2-29}$$

$$p(\boldsymbol{m}) \propto \exp\{-[(\boldsymbol{m}_{prior} - \boldsymbol{m})/2]^{\mathrm{T}}C_m^{-1}(\boldsymbol{m}_{prior} - \boldsymbol{m})\} \tag{2-30}$$

$$\sigma(\boldsymbol{m}\,|\,d_{obs}) \propto \exp(-\{[d_{obs} - g(\boldsymbol{m})]/2\}^{\mathrm{T}}C_D^{-1}[d_{obs} - g(\boldsymbol{m})] - [(\boldsymbol{m}_{prior} - \boldsymbol{m})/2]^{\mathrm{T}}C_m^{-1}(\boldsymbol{m}_{prior} - \boldsymbol{m})) \tag{2-31}$$

由此误差函数为：

$$E(\boldsymbol{m}) = \{[d_{obs} - g(\boldsymbol{m})]/2\}^{\mathrm{T}}C_D^{-1}[d_{obs} - g(\boldsymbol{m})] + [(\boldsymbol{m}_{prior} - \boldsymbol{m})/2]^{\mathrm{T}}C_m^{-1}(\boldsymbol{m}_{prior} - \boldsymbol{m}\} \tag{2-32}$$

在反演中需要求解式（2-32）中的模型向量，使误差函数最小。求解式（2-32）的解其实是一个求优的问题。采用内点算法求解，对于约束问题：

$$\min\ t\phi_0(x)-\phi(x)$$
$$\text{subject to } Ax=b$$

其中，

$$\phi(x)=-\sum_{i=1}^{m}\lg[-f_i(x)],\quad \mathrm{dom}\phi=x\,|f_i(x)<0 \tag{2-33}$$

即为对数障碍函数。

t 的作用是控制问题的逼近程度，每给定一个 t 求解一次等式约束问题会得到目标函数的当前最优值 $p^*(t)$ 和一个当前最优解 $x^*(t)$，不断增大 t，则当前最优值 $p^*(t)$ 和一个当前最优解 $x^*(t)$ 会不断逼近全局最优值 p^* 和全局最优解 x^*，这时增大 t 的过程在达到设定的收敛准则时停止。当前最优值 $p^*(t)$ 和全局最优值 p^* 之间的逼近程度常被泛称为次优性，数值上则称之为对偶间隙。可以得到对偶最有值 $d^*(t)$ 与最优值 $p^*(t)$ 之间的关系为：

$$d^*(t)=p^*(t)-m/t \tag{2-34}$$

由于强对偶条件达到时有 $p^*=d^*$，因此对于每一个 t，可以看到对偶间隙正好为 m/t，t 越大，则对偶间隙越小。每升级一次 t 被称为一次外循环，每一次外循环内求解当前最优解 $x^*(t)$ 的过程称为内循环。每一内循环都相当于在当前边界上寻找最优，而当前最优是在距离实际最优值 m/t 的位置上，实际上始终处于内部，因此被称为内点法。而每增大一次 t 便将当前边界向前推至更接近于实际边界，因而每一次外循环在内部留下一个当前最优解 $x^*(t)$，这个点会逐渐达到实际最优 x^*，将所有 $x^*(t)$ 作为一个集合来看待，则成为一条曲线，称为中心路径。

对于地震反演中的目标函数：

$$\min\|r\|_1+\frac{1}{2}\|Dr\|^2+\frac{\lambda}{2}\|Ar-b\|^2 \tag{2-35}$$

利用上述内点算法，可以求解该目标函数。

引入 $X_p\geqslant0$，$X_n\geqslant0$，将反射系数分解为：

$$r=X_p-X_n \tag{2-36}$$

引入变量 Z_p，Z_n 满足：

$$X_pZ_p=\mu e,\ X_n\quad Z_n=\mu e \tag{2-37}$$

则式（2-37）的目标函数可以转换为矩阵表示：

$$\begin{pmatrix} D^2+\lambda A^TA+X_p^{-1}Z_p & -\lambda A^TA \\ -\lambda A^TA & D^2+\lambda A^TA+X_n^{-1}Z_n \end{pmatrix}\begin{pmatrix}\Delta X_p \\ \Delta X_n\end{pmatrix}=\begin{pmatrix}r_1\\ r_2\end{pmatrix} \tag{2-38}$$

由此可以求解式（2-38）线性方程组，得到模型向量 X 的解。

2.2.2.3 地震合成数据反演试验

合成数据模型是一组背景为泥岩的楔状模型，该组模型包括三种不同的 AVO 类型砂体，模型中砂体从上至下依次为：一类 AVO、二类 AVO、三类 AVO，每套砂体分别包括气、油、水三种流体类型（每套砂体中从上至下依次为：气层、油层、水层），模型纵波速度、横波速度及密度数据如图 2-10 所示，图 2-11 为构建的纵波阻抗（图 2-11a）、横波阻抗（图 2-11b）及密度模型（图 2-11c）。

层数	纵波速度（m/s）	横波速度（m/s）	密度（kg/m^3）
1	2164	1082	2150
2	1283	856	1650
3	1902	783	1970
4	2103	768	2042
5	2164	1082	2150
6	1811	1207	1710
7	2249	1116	2010
8	2393	1097	2083
9	2164	1082	2150
10	2886	1923	1810
11	3051	1798	2080
12	3109	1771	2144
13	2164	1082	2150

图 2-10　模型数据地球物理参数

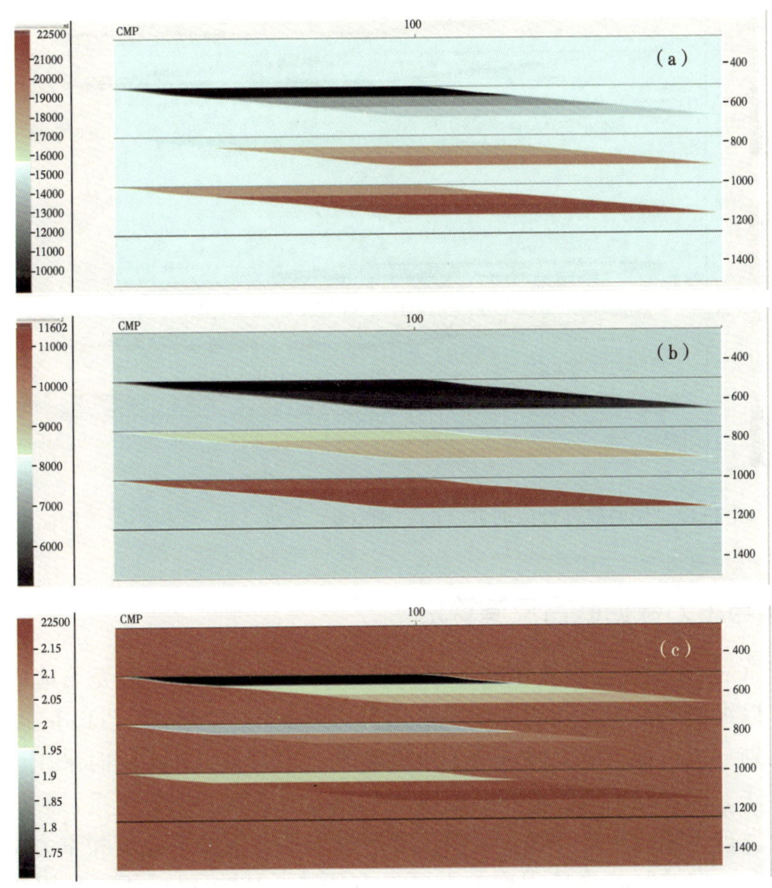

图 2-11　构建的纵波阻抗（a）、横波阻抗（b）及密度模型（c）

图 2-12 为图 2-11 模型数据合成的近（a）、中（b）及远（c）炮检距叠加剖面。图 2-13 为图 2-12 合成模型数据反演结果的对比分析，图 2-13a、图 2-13d、图 2-13h 为模型，图 2-13b、图 2-13e、图 2-13i 为新开发的随机反演软件反演的结果，图 2-13c、图 2-13f、图 2-13j 为 Jason 反演软件反演的结果。从图中可以看出，两个反演软件反演的砂体结构基本一致，但是随机反演的密度剖面比 Jason 反演的精度高。

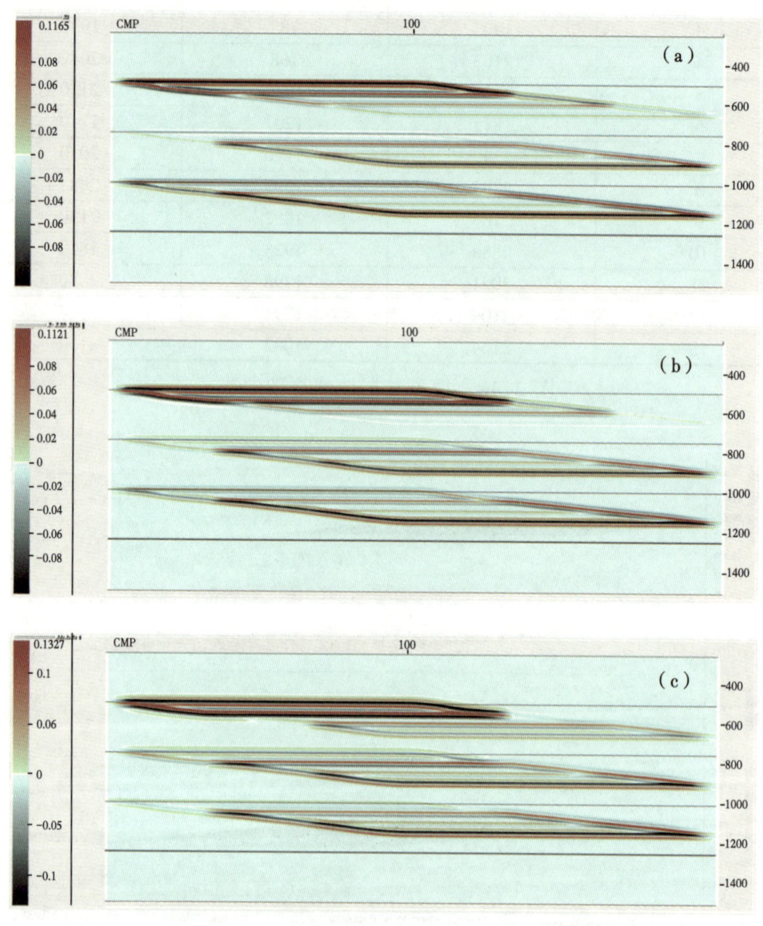

图 2-12　模型数据合成的近（a）、中（b）及远（c）炮检距叠加剖面

2.2.3　地震与重力数据联合反演算法

1980 年 Sovino 采用地震纵波和重力数据进行联合反演，探寻地壳上地幔的密度和纵波速度分布，以纵波和密度之间的内在联系作为约束条件。1980 年 Golizdra 将反演的密度和速度差界面划分为三种类型，并进行了模型实验。1987 年 Lines 同时采用最小二乘反演和正演模拟方法，综合利用地面地震、声波测井和重力资料，进行了重、震同步反演和顺序反演。对比发现，相对于自动联合反演，顺序反演不要求给出地震和重力贡献明显的先验权系数，因此，在控制的难易程度方面更具有优势。1991 年王西文利用相对准确的地震勘探结果作为分离重力场的先验信息，然后反演地震反射不清楚的界面，研究发现，联

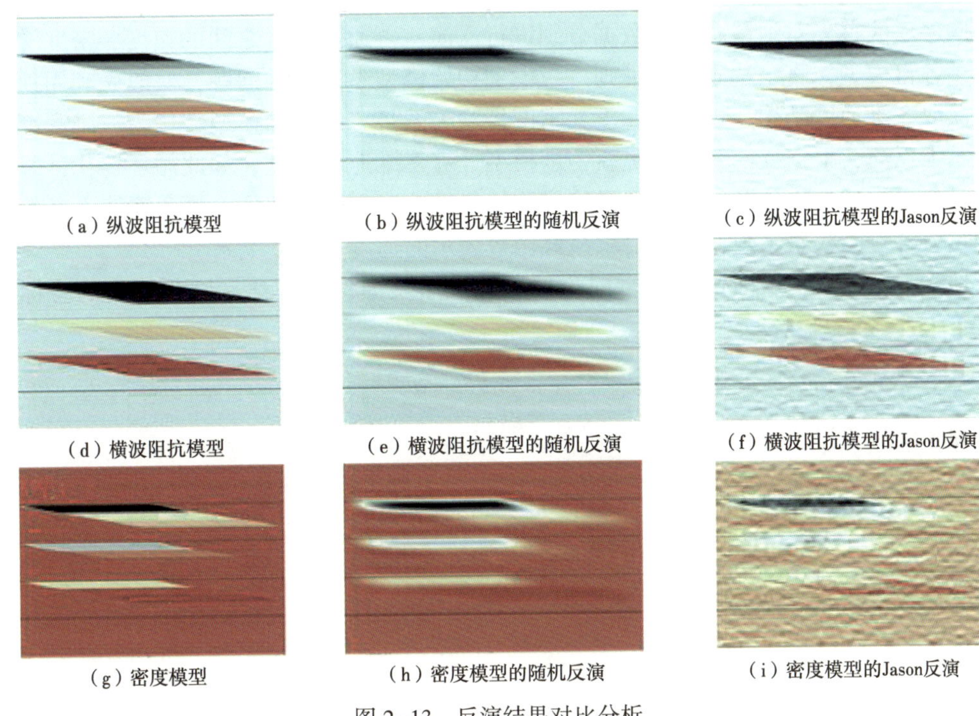

图 2-13 反演结果对比分析

合反演的效果优于单一方法反演。1993 年汪宏年提出了一种利用重力和地震资料联合反演层状介质的层速度、层密度及界面深度的迭代算法，并首次提出层状介质中的双摄动处理方法，以及在双摄动情况下的理论波场和重力异常变化的一阶线性解。研究发现，该方法不仅可减少未知参数的个数和提高反演的收敛速度，同时还能够降低反演的不适定性。1993 年冯锐采用二维四边形非块状模型，通过网格节点的密度值刻画了连续性或间断性的物性分布，分析了在地震和重力联合反演中建立一致性模型的问题。1994 年关小平针对传统重震联合反演中存在的问题，建议充分利用地震资料作为形体参数进行场分离，对分离出的目的层位的重力效应再利用 Parker 公式进行反演，以求出较深的或没有可靠地震资料的界面，在此基础上利用速度和密度参数之间的关系，进行联合反演，取得了不错效果。

1995 年范兴才分析了二维重力和地震资料联合反演解的非唯一性和约束条件的使用，研究发现，该方法可有效同时求取深度、速度和密度参数问题。1995 年陈冰分析了利用剥离法进行联合反演的应用条件及关键问题。1997 年王西文利用剥离法对重力和地震资料联合反演目的层的密度值进行处理，进而根据反演出的视界面密度差值的相对低值区预测了油气藏。

1998 年和 2004 年杨辉以地震资料解释的三维构造图作为先验信息，利用重力三维正演剥离基底及基底以上界面所产生的重力效应，用 SVD 算法对分离后的基底异常线性反演基底密度差，进而综合解释盆地的基底时代及岩性。1998 年 Anderson 利用顺序法对地震和重力资料联合反演速度和密度，为深度偏移成像提供了准确的速度模型，减少了深度偏移成像的迭代次数，改进了偏移成像的效果。利用地震和重力联合反演，获得的速度和密度信息综合开展储层评价，提高解释的准确性。

顺序反演首先对地震和重力数据分别进行反演，再通过两者之间的速度—密度转换关系调整各自模型，直至达到收敛准则。考虑到初始模型参数化的问题，一般先利用地震反演以获取三维速度结构，再利用速度—密度经验关系将三维速度模型转化为三维密度模型进行重力反演，根据反演得到的更新密度模型计算三维速度模型，如此循环迭代计算，直至满足各自模型的收敛条件，获得最终优化的三维速度和密度结构。顺序反演不必给出地震和重力各自的权重系数，也不要求显式函数表示的速度—密度关系。

地震与重力联合反演可以进行同步反演和顺序反演两种方法。同步反演的目标函数如下：

$$E(m)=\omega_{\mathrm{s}}\|d_{\mathrm{s}}^{obs}-d_{\mathrm{s}}^{syth}\|_{p}+\omega_{\mathrm{g}}\|d_{\mathrm{g}}^{obs}-d_{\mathrm{g}}^{syth}\|_{\mathrm{p}}+\mu\|m^{\mathrm{pri}}-m^{\mathrm{new}}\|_{\mathrm{L}} \tag{2-39}$$

顺序反演的目标函数如下：

$$E_{\mathrm{g}}(m)=\omega_{\mathrm{g}}\|d_{\mathrm{g}}^{obs}-d_{\mathrm{g}}^{syth}\|_{\mathrm{p}}+\mu\|m_{\mathrm{g}}^{\mathrm{pri}}-m_{\mathrm{g}}^{\mathrm{new}}\|_{\mathrm{L}} \tag{2-40}$$

$$E_{\mathrm{s}}(m)=\omega_{\mathrm{s}}\|d_{\mathrm{s}}^{obs}-d_{\mathrm{s}}^{syth}\|_{\mathrm{p}}+\lambda\|m_{\mathrm{s}}^{\mathrm{pri}}-m_{\mathrm{s}}^{\mathrm{new}}\|_{\mathrm{L}} \tag{2-41}$$

联合反演的技术路线如图 2-14 所示。

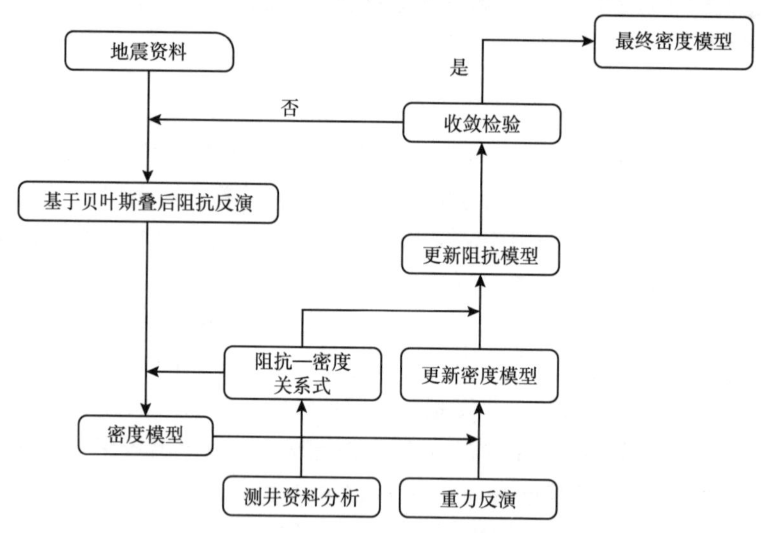

图 2-14　地震与重力数据联合反演流程图

2.2.4　地震与重力数据联合反演模型试验

建立中间一层为高密度、低速度的模型，它在地震响应中不能体现出来（图 2-15）。根据统计关系，阻抗和密度的岩石物理关系式为：$y=4.207\times10^{-5}x+1872$。重力正演响应如图 2-16 所示。

地震正演响应如图 2-17 所示，发现从地震响应中不能体现出中间异常层。地震单独反演的波阻抗结果如图 2-18 所示，然后根据波阻抗和密度的岩石物理关系式，将其转为密度结果，还是无法识别中间的异常层。图 2-19 为重力单独反演结果，可以看出异常层有明显响应，但是整体构造不如地震反演结果。

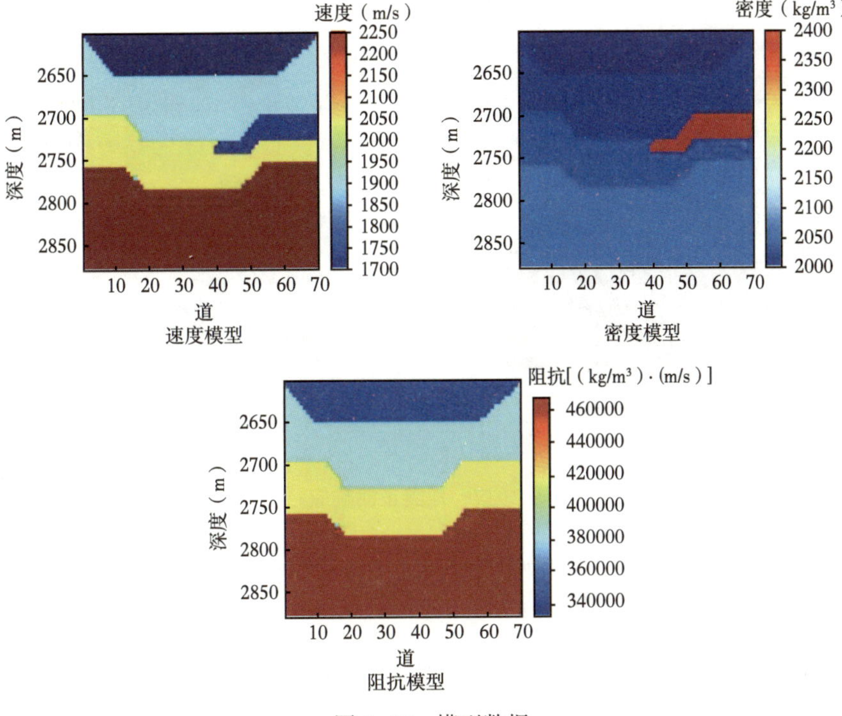

图 2-15 模型数据

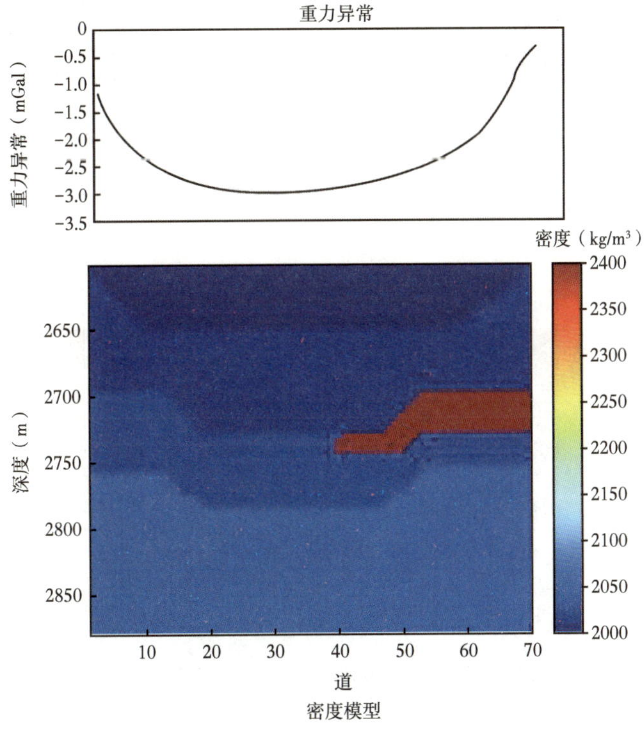

图 2-16 模型重力异常

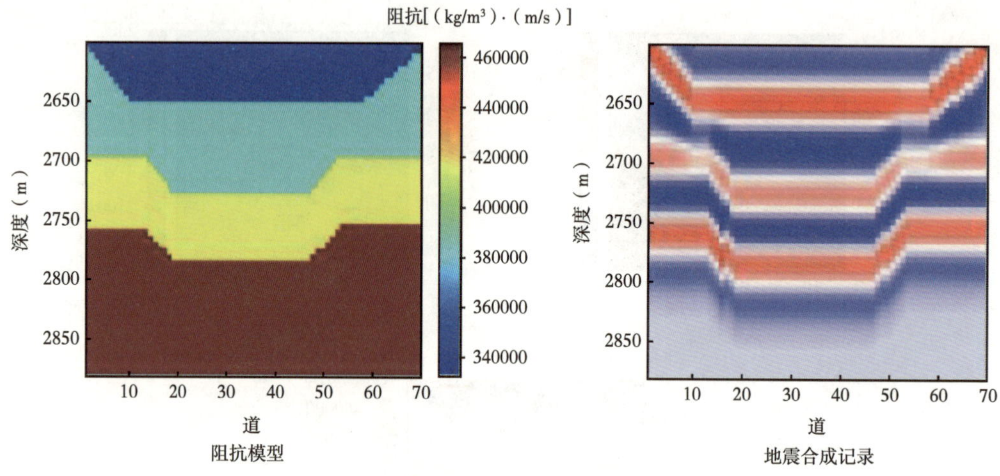

图 2-17　地震正演响应

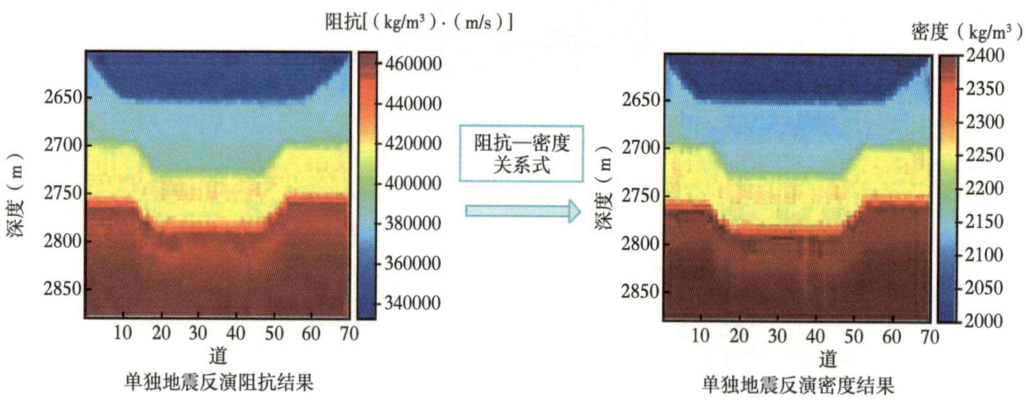

图 2-18　单独地震反演结果

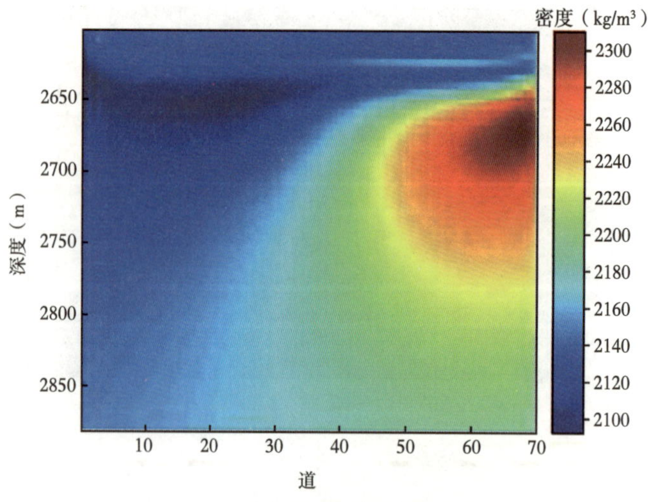

图 2-19　单独重力反演密度结果

图 2-20 为重震联合反演密度结果，可以从联合反演结果中看出异常层的存在，整体构造清晰，验证了重震联合反演方法的可行性。

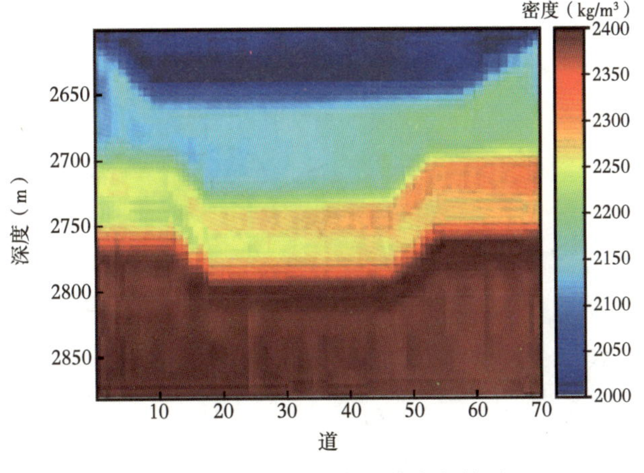

图 2-20 重震联合反演密度结果

2.2.5 华北泗村店实测数据测试

图 2-21 为华北泗村店工区底图，其中绿色框为地震数据范围，紫色框为重力数据范围，从两类数据的重叠区域抽一条过井线（蓝色线）进行联合反演。图 2-22 为过井线地震数据。

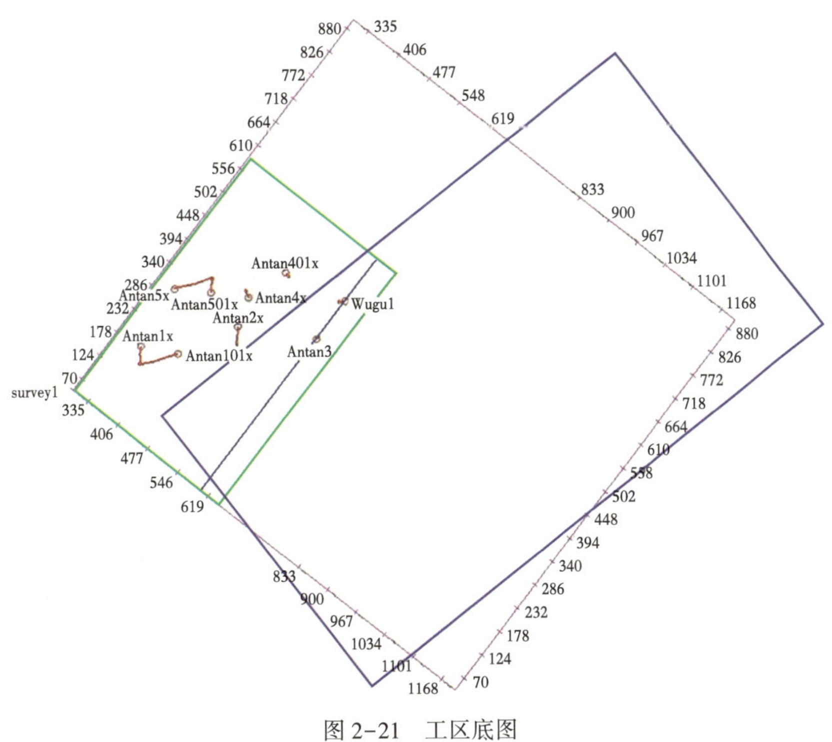

图 2-21 工区底图

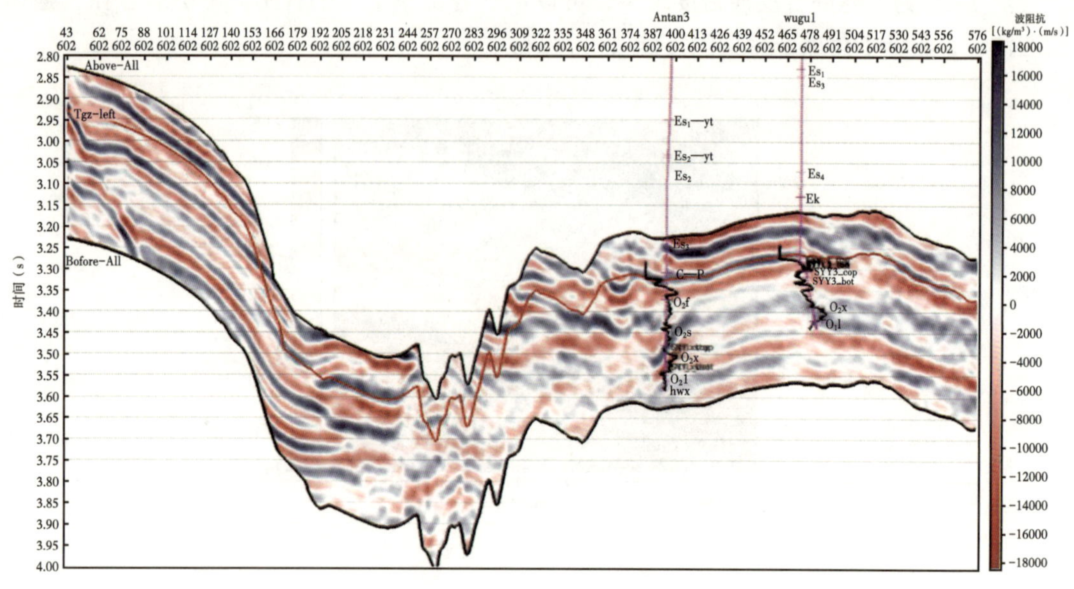

图 2-22　过井线地震数据

根据该工区井数据进行岩石物理分析，拟合出适用于该工区的阻抗—密度的关系式（图 2-23）：

$$\rho = c_4 \cdot p^4 + c_3 \cdot p^3 + c_2 \cdot p^2 + c_1 \cdot p + c_0 \tag{2-42}$$

式中，ρ 为密度，kg/m³；p 为波阻抗，[(kg/m³)·(m/s)]；$c_0 = 1791.67$；$c_1 = -0.000225$；$c_2 = 4.3757 \times 10^{-11}$；$c_3 = -2.2685 \times 10^{-18}$；$c_4 = 3.88191 \times 10^{-26}$。

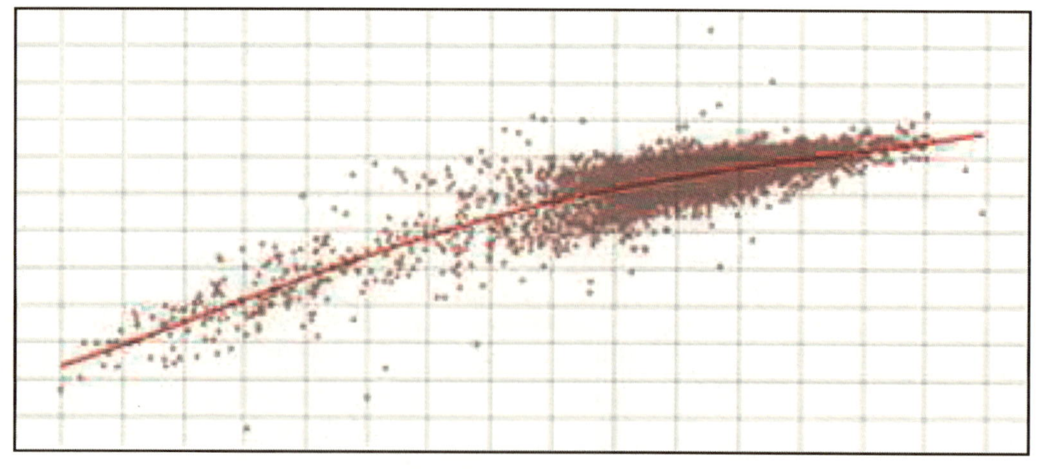

图 2-23　基于岩石物理分析的阻抗—密度关系

图 2-24 为单独地震反演结果，在有井控制的区域反演结果与井匹配较好，但在没井控制的区域，整体构造不明显。图 2-25 为重力异常曲线，图 2-26 为单独重力反演结果。众所周知，观测重力异常是地下各种结构产生异常的叠加，在横向上能较好区分地质体，

但纵向分辨率较差，从反演结果也可以看出，单独的重力反演结果纵向分辨率差，但能反映横向上密度变化趋势。

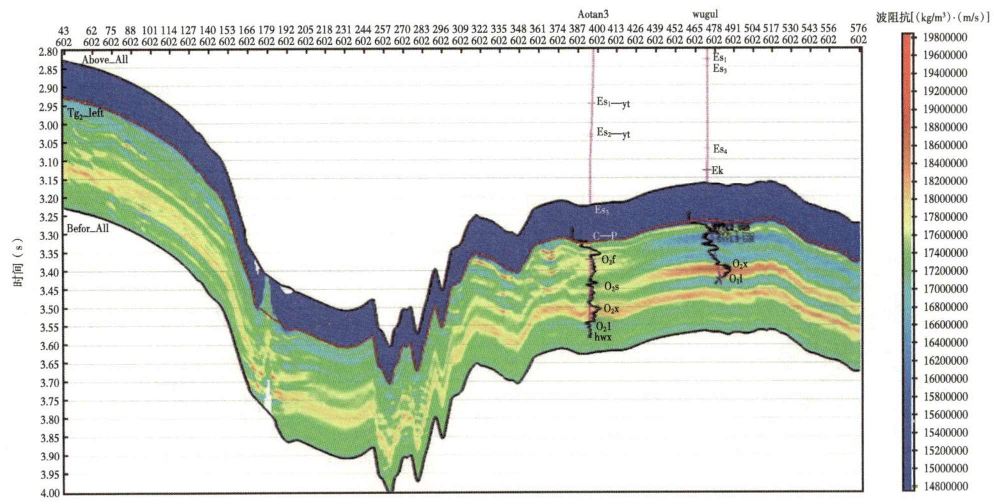

图 2-24 单独地震反演结果

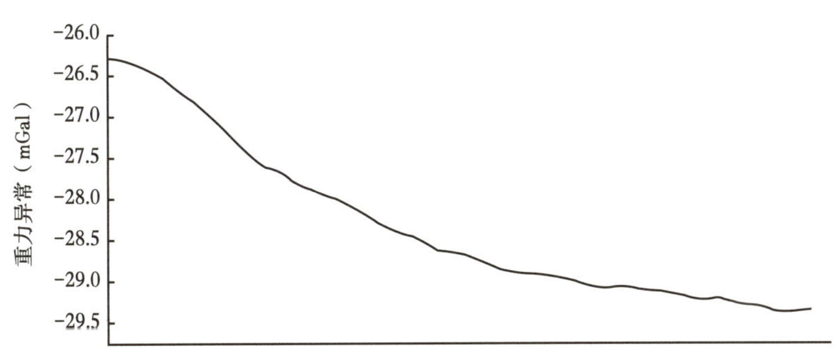

图 2-25 重力异常曲线

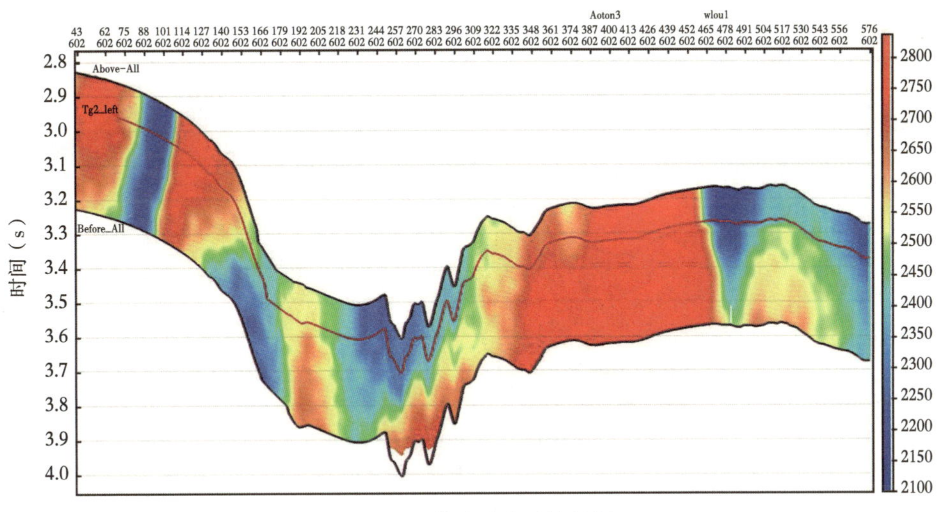

图 2-26 单独重力反演结果

将单独地震反演结果根据阻抗—密度的关系式转换成密度模型，将其作为重力反演的初始模型，图 2-27 为更新密度模型后的重力反演结果，相比于单独的重力反演，连续性较好，构造趋势较为清晰。

图 2-28 为重震联合反演结果，可以看出反演结果与井匹配较好，构造相比于单独反演更为清晰，能够看到横向地质体的变化，能看到断块分布，在没井控制区域，反演结果的整体构造也较为清晰。

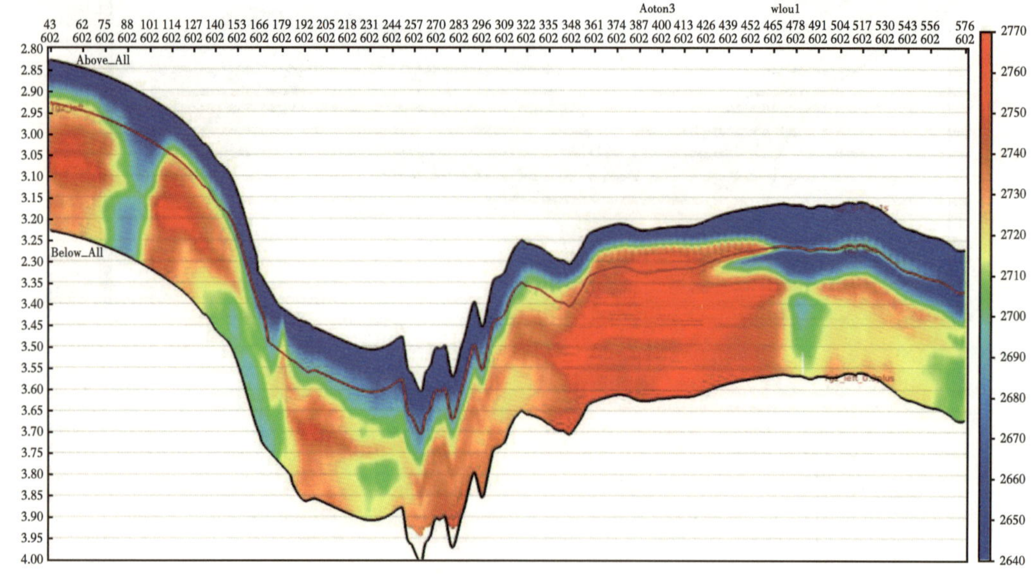

图 2-27　更新密度模型后的重力反演结果

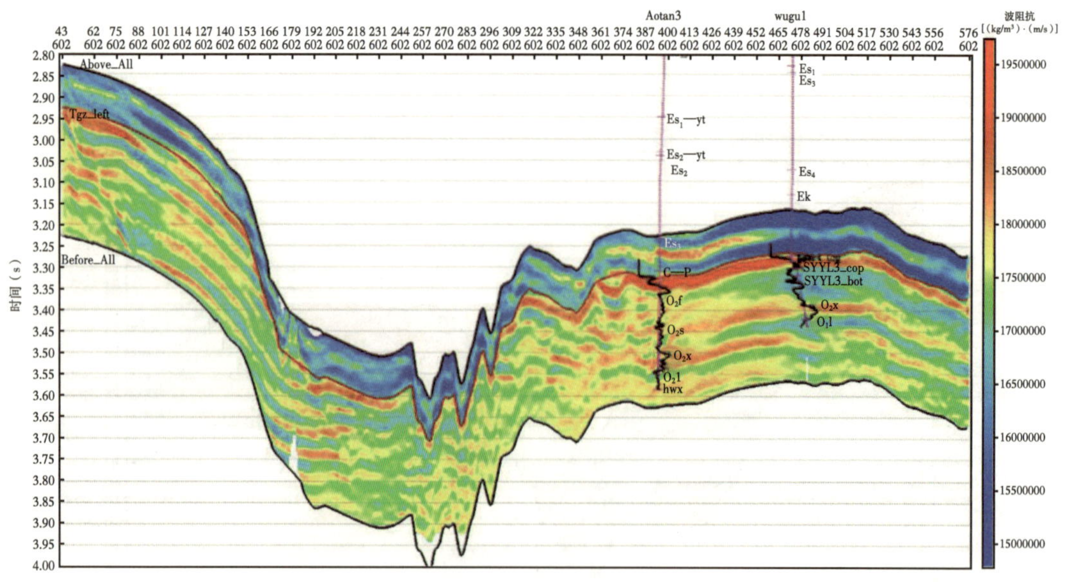

图 2-28　重震联合反演结果

2.3 井震约束的重力—大地电磁联合反演

随着大地电磁（MT）法在油气勘探、地热田的调查、矿产普查和勘探、地壳和上地幔电性结构的研究、海洋地球物理、环境地球物理研究和地质工程等领域的应用（王家映，2002；何展翔等，2002；Sandberg，1982；Wei 等，2001；Constable 等，1998；李德春等，2012），MT 资料的反演方法研究也一直备受关注。从 20 世纪 60 年代开始，各种线性反演方法如马奎特法、广义逆反演法、高斯—牛顿法、连续介质反演法等研究日趋成熟并得到广泛的应用。但由于大地电磁的反演问题是非线性的，并且这些线性方法容易陷入局部极小（胡祖志等，2006），因此在 20 世纪 90 年代后期，国内外学者将反演研究的方向转到非线性方法，相继引入并提出了模拟退火、多尺度、遗传算法、人工神经网络、量子遗传、量子路径积分、原子跃迁等多种非线性反演方法（徐义贤等，1998；罗红明等，2007，2009；师学明等，1998，2000，2007；刘云峰等，1997；胡祖志等，2010；杨辉等，2002；杨文采，1997），这些方法通过模拟或者揭示某些自然现象或者物理过程而得到发展，为解决地球物理中复杂的反问题提供了新的思路和手段（杨文采，1997，2002）。最近十年以来，随着人工智能和人工生命的兴起，出现了一些新型的仿生算法，如蚁群算法、粒子群算法等，也逐渐地被引入到解决地球物理的反演问题当中（王书明等，2009；严哲等，2009），而同属于仿生算法的人工鱼群算法（明圆圆等，2012）在大地电磁反演的研究还未见到相关的文献报道。

人工鱼群算法是由李晓磊于 2002 年首次提出，其基本思想是：在一片水域中，鱼生存数目最多的地方一般就是该水域中富含营养物质最多的地方，根据这个特点来模仿鱼群的觅食行为、聚群行为和追尾行为，从而实现全局寻优。相对于大多数基于梯度的反演方法不同，人工鱼群方法是不需要了解问题的特殊信息，只需要对问题进行优劣的比较，与梯度方法以及传统的演化算法相比，具有简单性、鲁棒性、并行性、收敛速度较快等特点（江铭炎，袁东风，2012）。人工鱼群算法易于实现，算法中仅仅涉及各种基本的数学运算和必要的正演计算，数据处理过程对计算机的 CPU 和内存的要求不高，只需要计算目标函数的输出值而不需要计算梯度信息。因此，随着人们对该算法的不断了解和研究，应用人工鱼群算法解决实际工程优化问题的案例也越来越多（李晓磊，2003，2004；张红霞等，2007；张亚平等，2010；程永明等，2009；廖煜雷等，2013）。

尽管当前二维大地电磁反演算法已经非常成熟（胡祖志等，2005；韩波等，2012），三维大地电磁反演技术也逐步得到发展和推广（谭捍东等，2003；胡祖志等，2005；Lin 等，2008，2009；林昌洪等，2011；胡祥云等，2012；He 等，2010；Sun 等，2012），但将一种新颖的人工鱼群算法应用到地球物理数据的一维、二维甚至三维反演，仍然具有现实意义。该项研究将人工鱼群算法引入到重力和大地电磁的反演之中，完成了基于井震约束的并行二维和三维大地电磁—重力人工鱼群反演。

2.3.1 并行二维大地电磁正演

目前大地电磁的二维正演主要采用有限元法（FE）和有限差分（FD）两种算法。由于三角单元剖分对地形和复杂异常体模拟的适应性强，单元内选择二次函数插值的计算精度比线性插值高等优点，用三角单元剖分的有限元法进行大地电磁模拟最为普遍。理论模型研究表明，只要有限差分方法剖分网格合适，也能获得较高精度的模拟复杂异常体响应，同时计算时间要比常规的有限元法大幅缩短。因此，该项研究选取有限差分方法进行二维 MT 正演，同时采用并行正演，提高计算效率。

2.3.1.1 有限差分正演

大地电磁场可以近似看作是在地球表面垂直入射的平面波。在二维介质模型情况下，令 z 轴垂直向下，y 轴水平向右，x 轴为走向，如图 2-29 所示，时间因子为 $e^{i\omega t}$，麦克斯韦方程可写为：

$$\begin{cases}\nabla E = i\omega\mu_0 H \\ \nabla H = \sigma E \\ \nabla H = 0 \\ \nabla E = 0\end{cases} \tag{2-43}$$

式中，E 为电场；H 为磁场；ω 为圆频率；μ_0 与 σ 分别是介质真空中磁导率和电导率。因为 x 轴为走向，则有 $\frac{\partial}{\partial x}=0$，展开式（2-43）可得 E_x 型和 H_x 型偏振波方程：

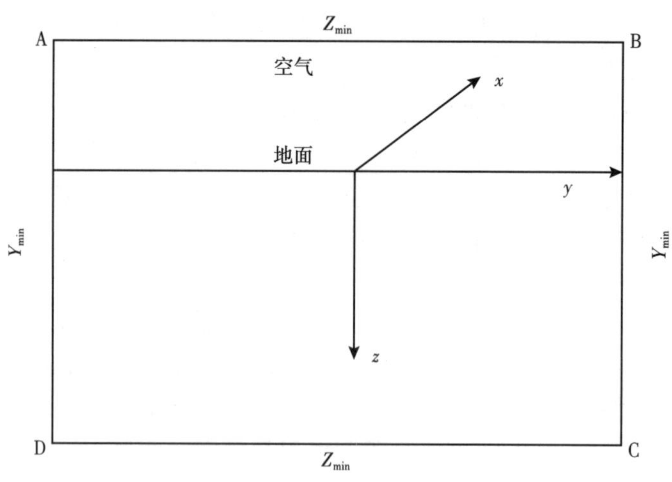

图 2-29 计算区域

$$\begin{cases}\dfrac{\partial H_z}{\partial y} - \dfrac{\partial H_y}{\partial z} = \sigma E_x \\ \dfrac{\partial E_x}{\partial z} = i\omega\mu H_y \\ \dfrac{\partial E_x}{\partial y} = - i\omega\mu H_z\end{cases} \tag{2-44}$$

$$\begin{cases}\dfrac{\partial E_z}{\partial y}-\dfrac{\partial E_y}{\partial z}=\mathrm{i}\omega\mu H_x\\[2mm] \dfrac{\partial H_x}{\partial z}=\sigma E_y\\[2mm] \dfrac{\partial H_x}{\partial y}=-\sigma E_z\end{cases} \tag{2-45}$$

利用传输面对比法，把公式（2-44）和公式（2-45）统一为一种形式：

$$\begin{cases}\dfrac{\partial\left(\dfrac{1}{\eta}\dfrac{\partial u}{\partial y}\right)}{\partial y}+\dfrac{\partial\left(\dfrac{1}{\eta}\dfrac{\partial u}{\partial z}\right)}{\partial z}=\lambda u\\[2mm] \dfrac{1}{\eta}\dfrac{\partial u}{\partial n}+\alpha u=\beta\end{cases} \tag{2-46}$$

其中对于 E_x 型偏振波（TE 模式）：$u=E_x$，$\eta=-\mathrm{i}\omega\mu$，$\lambda=\sigma$；对于 H_x 型偏振波（TM 模式）：$u=H_x$，$\eta=\sigma$，$\lambda=-\mathrm{i}\omega\mu$。

从上面的讨论可看出，大地电磁二维正演问题实际上是解偏微分公式（2-46），而要得到偏微分方程的定解，还必须给定所涉及问题的边界条件。

如图 2-29 所示，将计算区域 Ω 取为足够大的矩形区域。对于垂直入射的平面电磁波场源，取上边界 AB（$Z=Z_{\min}$）处的 u 为常数，一般可以取 1；左右两边界 BC（$Y=Y_{\max}$）及 DA（$Y=Y_{\min}$）处满足场的法向偏导数为零，即$\dfrac{\partial u}{\partial n}=0$；下边界 CD（$Z=Z_{\max}$）处，取为第三类边界条件，即$\dfrac{\partial u}{\partial z}=\dfrac{\partial u}{\partial n}=-ku$，其中 $k=\sqrt{-i\omega\mu\sigma_n}$ 为复波数，σ_n 为深度 $Z_{\max}$ 以下介质的电导率。

将上述边界条件写成统一形式后，便可求解公式（2-46）。其中 α 和 β 的取值见表 2-6，其中 $Z_n=\sqrt{-i\omega\mu/\sigma_n}$ 为下边界面上的表面阻抗。

求解方程（2-46）的解析解非常困难，通常求解其数值解。该项研究采用有限差分法，将微分方程离散化，最终可写为如下格式的线性方程组：

$$\boldsymbol{K}\boldsymbol{u}=\boldsymbol{P} \tag{2-47}$$

式中，$\boldsymbol{K}$ 为对称的稀疏复系数矩阵；$\boldsymbol{u}$ 为网格采样点的 E_x 或 H_x 组成的列向量；右端向量 $\boldsymbol{P}$ 为与频率和网格单元电阻率有关的向量。

求解公式(2-47)后，分别根据公式(2-44)和公式(2-45)中的第二式便能求出 H_y 和 E_y。

表 2-6　边界条件

边界	TE 模式	TM 模式
AB($Z=Z_{\min}$)	$\alpha=0$, $\beta=-1$	$\alpha=\beta=10^{20}$
CD($Z=Z_{\max}$)	$\alpha=\dfrac{1}{Z_n}$, $\beta=0$	$\alpha=Z_n$, $\beta=0$
DA($Y=Y_{\min}$)	$\alpha=0$, $\beta=0$	$\alpha=0$, $\beta=0$
BC($X=X_{\max}$)	$\alpha=0$, $\beta=0$	$\alpha=0$, $\beta=0$

根据求得的场值，即可求出在地表观测点处的视电阻率和相位。TE 和 TM 极化模式的视电阻率和相位分别为：

$$\begin{cases}\rho_{TE}=\dfrac{1}{\omega\mu_0}\left|\dfrac{E_x}{H_y}\right|^2,\ \theta_{TE}=Arg\left(\dfrac{E_x}{H_y}\right)\\ \rho_{TM}=\dfrac{1}{\omega\mu_0}\left|\dfrac{E_y}{H_x}\right|^2,\ \theta_{TM}=Arg\left(\dfrac{E_y}{H_x}\right)\end{cases} \tag{2-48}$$

2.3.1.2 并行正演基本思路

尽管有限差分方法计算速度比有限元快，但其计算效率仍然具有提高的空间，并行设计就是提高计算效率的方法之一。

二维有限差分正演的主要计算过程是：对于某一频率，形成公式（2-47），采用有限差分方法进行求解。由于大地电磁二维正演是对每一个频率分别进行计算，每个频率对应的电磁场值间是相互独立，所以适合采用并行算法实现。

编程采用主从模式，分主进程和子进程。主进程负责任务的分配、数据的派发、计算结果的回收与输出，子进程负责分配任务的计算和数据回传给主进程。二维正演并行的主要步骤如下：（1）MPI 参数的初始化；（2）主进程读入二维电阻率模型文件、网格数据、频率数据等参数；（3）主进程将所有读入参数广播到各个子进程，按频点数分配各个子进程的计算任务；（4）各个子进程接收计算任务并进行正演计算，返回计算结果到主进程；（5）主进程接收各个子进程的计算结果，输出视电阻率、相位数据。图 2-30 给出了二维有限差分正演并行计算流程图。

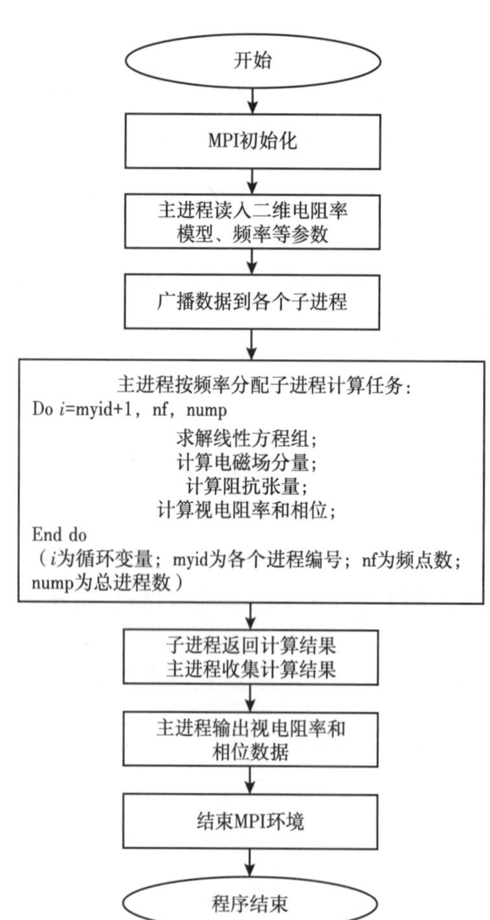

图 2-30 大地电磁二维正演并行计算流程图

2.3.1.3 并行正演验证与对比

为了验证二维大地电磁有限差分正演并行程序的正确性，采用该程序计算了背景电阻率为 100Ω · m 的均匀半空间模型响应。剖分网格为 59×79，点距为 200m，正演频率选择为 0.001~320Hz 对数域均匀分布的 40 个频点。图 2-31 为均匀半空间 TE 模式和 TM 模式的视电阻率相对误差百分比，图 2-32 为均匀半空间 TE 模式和 TM 模式的相位相对误差百分比。其中，视电阻率相对最大误差小于±0.4%，相位相对最大误差小于±0.1%。

为了与有限元方法计算结果和计算时间进行对比，根据地质模型做了一个复杂的二维地电模型，如图 2-33 所示。模型剖面长度为 19600m，深度为 13600m，模拟的测点间距

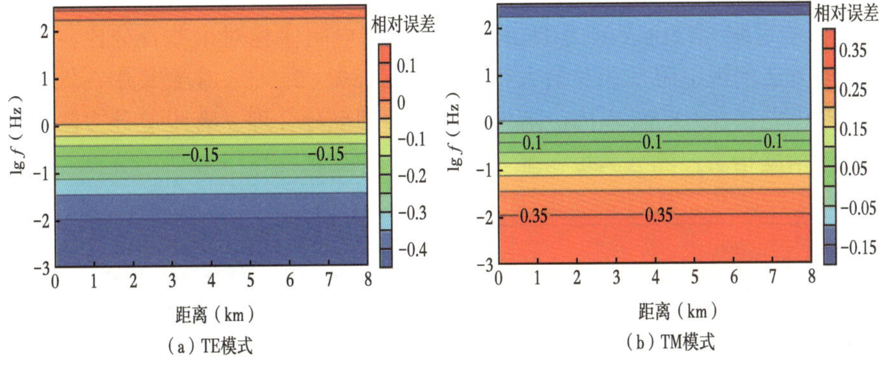

图 2-31 均匀半空间视电阻率相对误差百分比

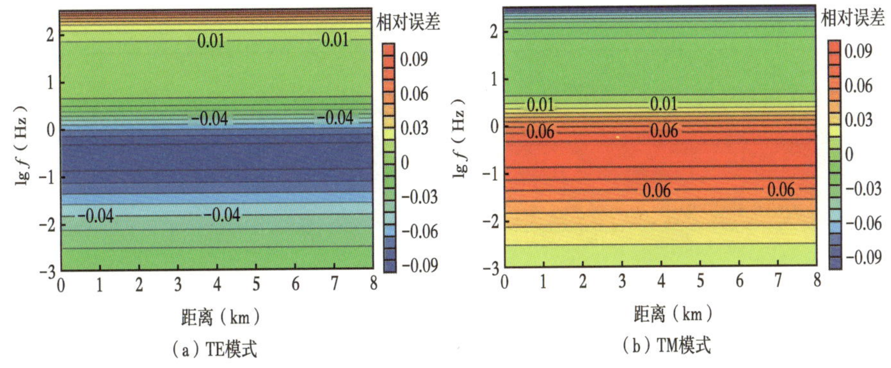

图 2-32 均匀半空间相位相对误差百分比

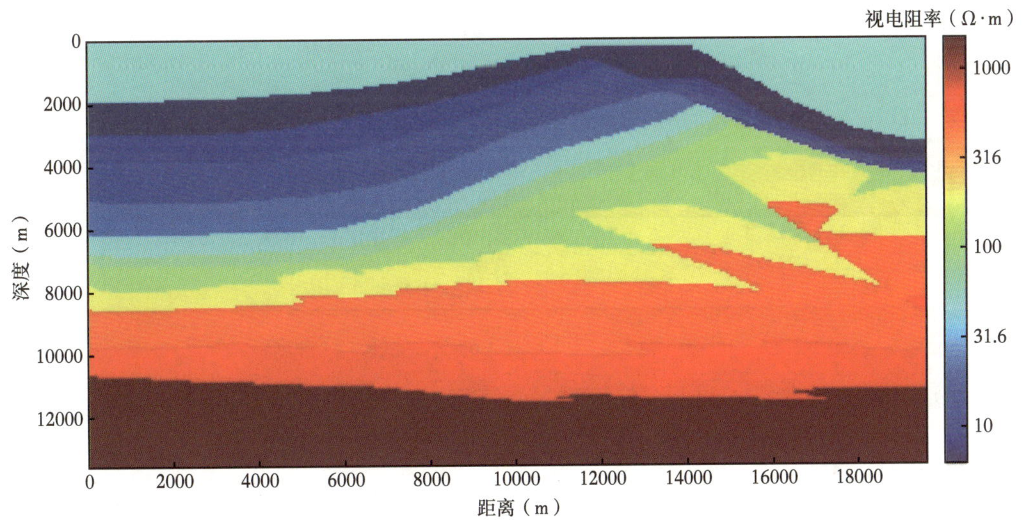

图 2-33 复杂二维地电模型

为 100m，正演计算的网格剖分为 220×134，纵向采用逐渐加密方式剖分，正演频率选择为 0.001~320Hz 对数域均匀分布的 40 个频点。两种正演方法采用相同的模拟参数，在 16 核 32 个线程、主频为 3.1GHz 工作站上，分别采用 1、5、10 和 20 线程并行正演。图 2-34

和图 2-35 分别是有限差分和有限元方法正演的 TE 和 TM 模式视电阻率剖面对比。图 2-36 为有限差分与有限元二维正演的 TE 和 TM 模式视电阻率相对误差百分比，从中可以看出，两种正演方法的视电阻率相对最大相对误差在-3%~2.5%，主要集中在低频段，大部分频段的相对误差都在±0.5%以内。这说明只要模型剖分合理，有限差分方法的正演精度基本与有限元精度相当，能够满足二维 MT 的正反演需求。

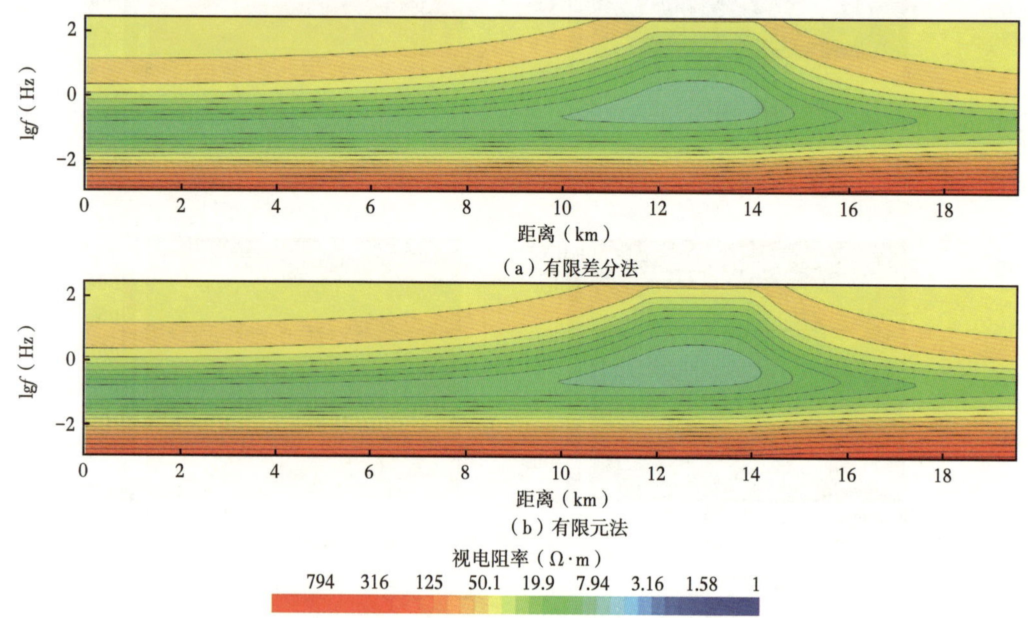

图 2-34　不同方法正演的 TE 模式视电阻率剖面对比

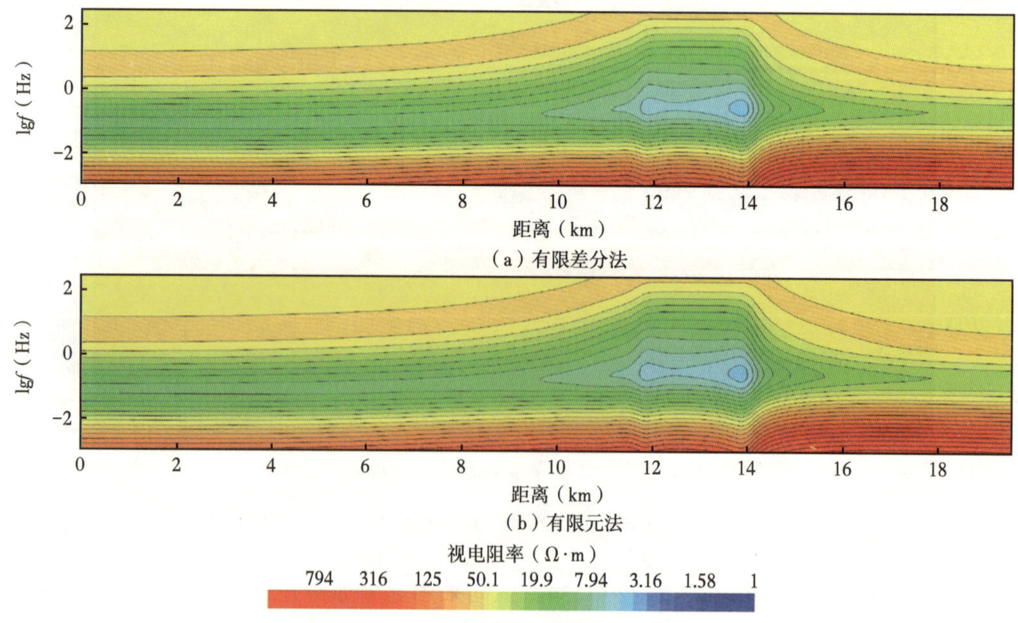

图 2-35　不同方法正演的 TM 模式视电阻率剖面对比

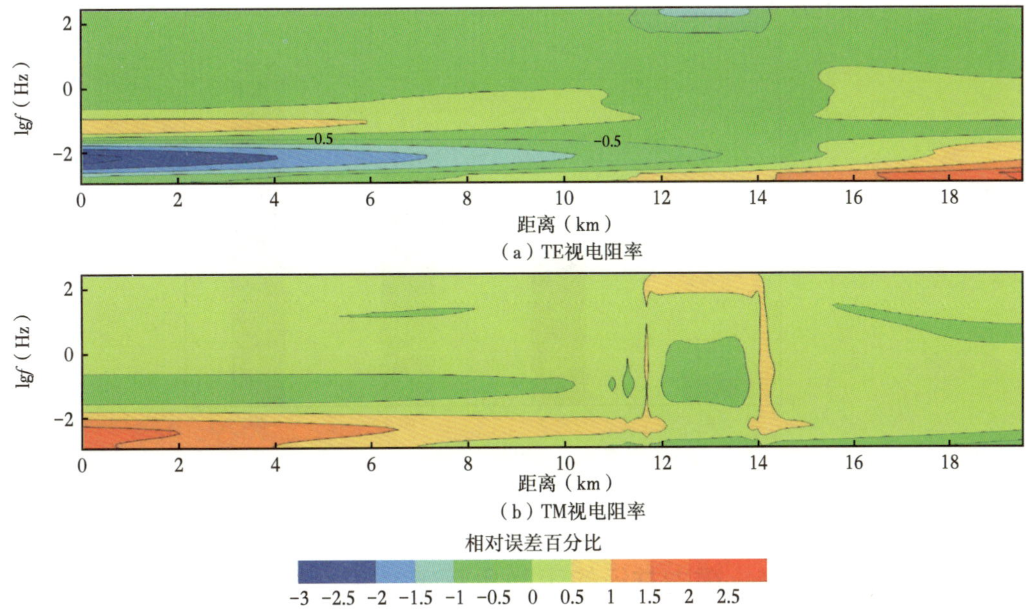

图 2-36 有限差分与有限元二维正演的视电阻率相对误差百分比

对模型 2-33，正演的网格剖分为 220×134，频点为 40 个，采用完全相同的参数进行不同 CPU 的有限差分和有限元正演，图 2-37 为并行计算时间对比图。从中可以看出，当采用有限元法串行计算时，所用的时间为 666.9s，而用有限差分法串行计算时，所用时间为 44.9s，在相同条件下，有限差分的计算速度比有限元快了近 15 倍。当采用 20 个 CPU 进行并行后，有限元和有限差分的计算时间分别缩短到 52.1s 和 4.5s，并行加速比分别达到 12.8 和 9.98，如图 2-38 所示。采用有限差分法及并行处理，使一个复杂模型正演计算时间由几百秒降低到几秒，速度提高了近几十上百倍，为非线性 MT 反演提供了良好基础。

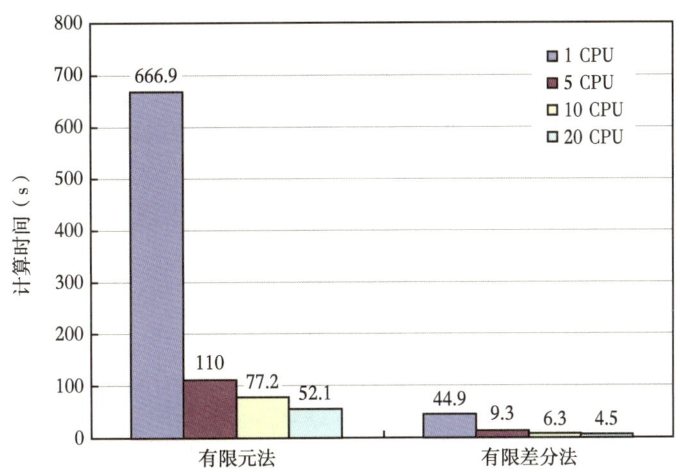

图 2-37 不同 CPU 的有限差分与有限元二维正演并行计算时间对比

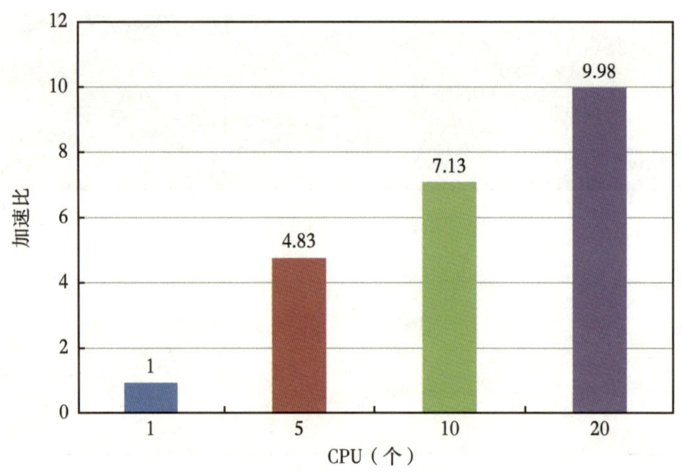

图 2-38 有限差分正演并行计算加速比

2.3.2 二维大地电磁—重力并行约束联合反演

在重磁电震联合反演技术研究方面，多集中在联合反演的方式。目前比较代表性的有两种方式：岩石物理法和几何结构法。岩石物理法主要是以岩石物性为桥梁，建立两种或者多种物性之间的经验关系式，实现不同勘探方法的联合反演；几何结构法主要是以不同物性具有相同或者相似的空间分布，以交叉梯度和梯度点积构造约束等为代表的联合反演研究，并利用该函数作为约束因子，进行不同地球物理数据间的联合反演，并取得了较好的效果。

前面几节介绍了一维、二维大地电磁和二维重力的并行反演，并且理论模型反演结果表明，利用人工鱼群进行约束反演能够得到较好的结果，该方法是切实可行的。由于在没有已知先验信息条件下，重力反演的多解性强，但在横向上对地质体密度变化异常反应灵敏，大地电磁的反演在纵向的电性分层方面精度比较高，因此开展大地电磁—重力联合反演，以弥补单项地球物理信息的局限性，使得多种信息互补。该项研究的联合反演主要基于两种物性之间的关系，同时利用已知的测井数据、地震解释剖面、地质解释剖面等先验信息建模约束，采用人工鱼群智能反演算法和 MPI 并行设计，实现基于井震约束的大地电磁—重力并行联合反演，提高电磁和重力的分辨率，增强解决深层问题的能力。

2.3.2.1 二维并行联合反演策略

人工鱼群二维大地电磁和重力联合反演，与单项方法反演不同之处主要是目标函数，写为如下形式：

$$\Delta E_{\text{joint}} = \alpha \Delta E_m + \beta \Delta E_g \tag{2-49}$$

$$\begin{aligned}\Delta E_m = &\sum_{j=1}^{MS}\sum_{i=1}^{NS}\left[\left(1-\rho_{ij}^{\text{TE}cal}/\rho_{ij}^{\text{TE}obs}\right)^2+\left(1-\varphi_{ij}^{\text{TE}cal}/\phi_{ij}^{\text{TE}obs}\right)^2\right]\\&+\sum_{j=1}^{MS}\sum_{i=1}^{NS}\left[\left(1-\rho_{ij}^{\text{TM}cal}/\rho_{ij}^{\text{TM}obs}\right)^2+\left(1-\varphi_{ij}^{\text{TM}cal}/\varphi_{ij}^{\text{TM}obs}\right)^2\right]\end{aligned}$$

$$\Delta E_g = \sum_{j=1}^{MS}\left[\left(1-g_j^{cal}/g_j^{obs}\right)^2\right] \tag{2-50}$$

$$\Delta E_g = \sum_{j=1}^{MS} [(1 - g_j^{cal}/g_j^{obs})^2] \tag{2-51}$$

式中，ΔE_{joint}为联合反演的目标函数；α 和 β 分别为大地电磁和重力反演目标函数的加权因子。

通过统计各个地层的密度、电阻率变化范围，建立层密度—电阻率之间的物性关系，在迭代反演过程中再相互转换，分别计算大地电磁和重力的目标函数以及各自的加权因子 α 和 β，获得联合反演的拟合差，再不断地进行人工鱼群迭代反演，使目标函数达到期望值。在联合反演过程中，要多次调用二维大地电磁和二维重力的正演计算，利用前面介绍的 MPI 并行设计方法，分别对二维大地电磁和二维重力的正演模块进行并行计算，提高反演效率。图 2-39 为二维大地电磁—重力联合并行反演流程图。

2.3.2.2 复杂异常体模型试算

图 2-40 是根据地震解释剖面设计的一个复杂二维电阻率—密度模型。二维模型剖面长度为 19600m，深度为 12000m，每个层位的电阻率如图 2-40a 所示，剩余密度剖面如图 2-40b 所示。该模型反演的目的层为电阻率为 400Ω · m、剩余密度为-0.024g/cm^3，埋深在-8000～-3000m，以检验约束联合反演对埋藏深、深度变化范围大的层位是否能够有效地识别。

二维 MT 和重力模拟的点距为 200m，测点为 99 个，MT 和重力的正演剖分网格同为 115×111，MT 采用二维有限差分正演，重力采用经典的二度体多边形正演。

对模拟的大地电磁和重力数据分别进行二维单独反演和二维并行联合反演，同样约束异常体的形态，反演异常体的电阻率和剩余密度。反演的模型空间变化范围为真实模型参数的±30%，最大迭代次数为 30，人工鱼群数 10 个，觅食最大试探次数为 2，感知距离 10，拥挤度因子 0.1，初始觅食步长为 1，目标函数拟合终止条件是 $\Delta E<0.000001$，大地电磁和重力二维反演的模型剖分与正演相同，都为 115×111。经过 30 次迭代反演之后，程序都到达最大迭代次数而正常结束，其中二维大地电磁单独反演用时 3432s，三维重力单独反演用时 1416s，三维联合反演用时 13876s。由于正演网格比前面两个模型都密，所以正反演时间也相对增加。

图 2-41 为二维大地电磁单独反演与联合反演的电阻率剖面，两种方法都较好得恢复了模型的真实值。图 2-42 为二维大地电磁单独反演与联合反演的异常体电阻率分布柱状图，从中可以看出，联合反演的柱状图异常体的中心更为集中，并且中心值对应的最大数量大于 300，单独反演的数量在 200 附近，说明联合反演结果更接近与真实值中心，反演的效果更好。图 2-43 为二维重力单独反演与联合反演的剩余密度剖面，图 2-44 二维重力单独反演与联合反演异常体剩余密度分布柱状图。联合反演的异常体剩余密度值中心集中得更为明显。

图 2-45 为不同方法反演的迭代误差曲线，随着迭代次数增加，不同反演方法的拟合差都逐渐减小，由于反演接近于真实值，在迭代后期拟合差下降得都非常慢。

从理论模型结果可以看出，对于二维大地电磁与重力并行联合反演，联合反演的电阻率值和密度值集中度明显高于二维大地电磁和重力分别单独反演的结果，说明二维大地电磁—重力的联合反演结果优于单方法的反演，能有效地提高二维单方法的反演精度。

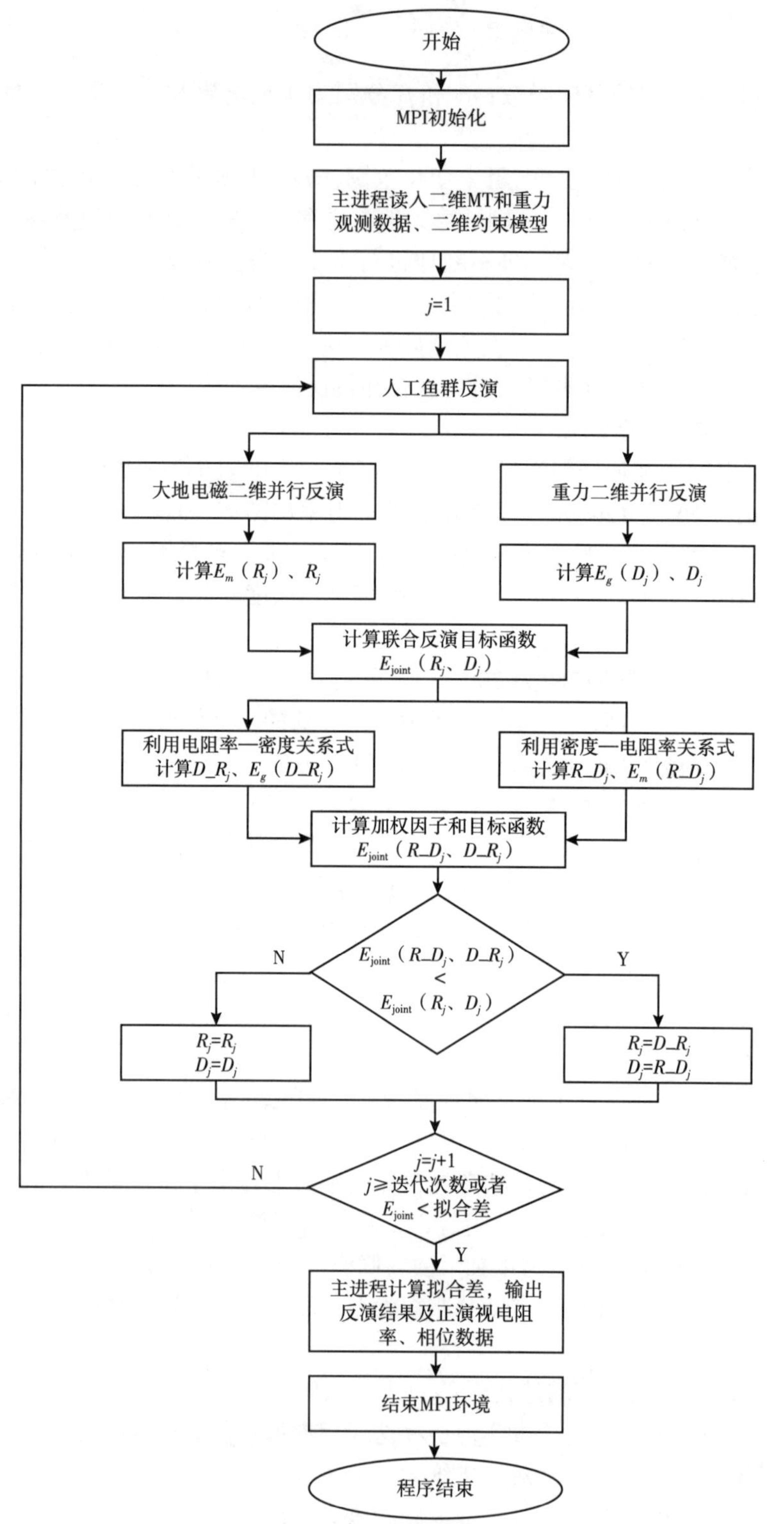

图 2-39　二维电磁—重力联合反演流程图

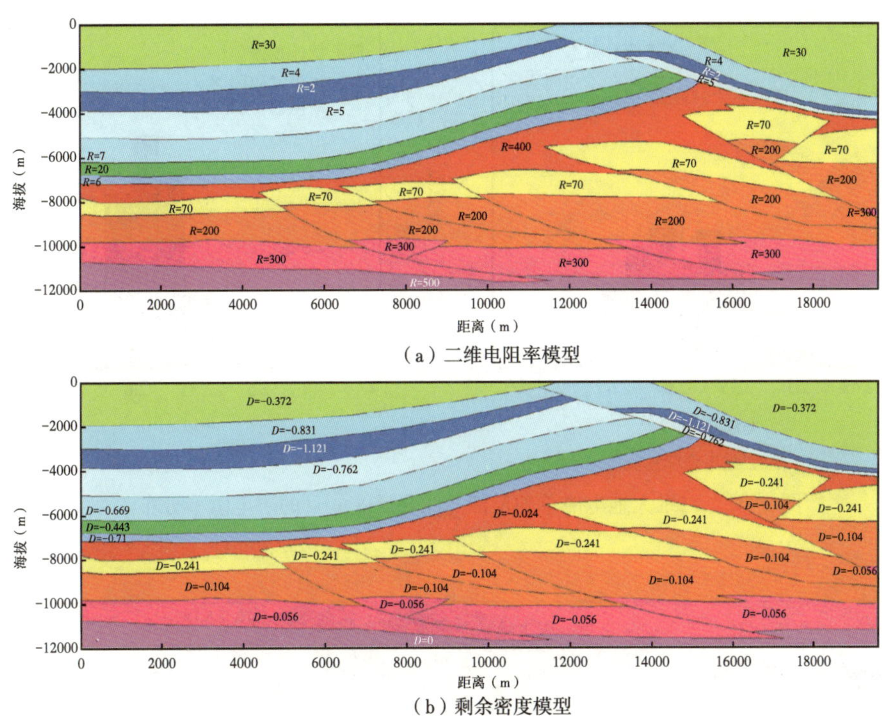

（a）二维电阻率模型

（b）剩余密度模型

图 2-40 复杂二维电阻率与剩余密度模型

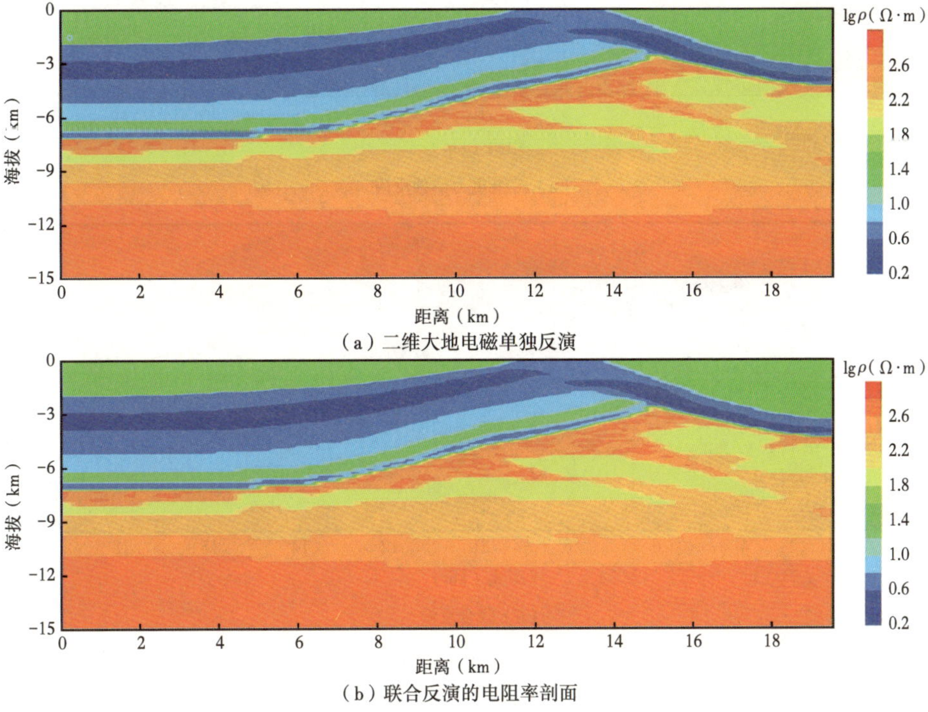

（a）二维大地电磁单独反演

（b）联合反演的电阻率剖面

图 2-41 二维大地电磁单独反演与联合反演的电阻率剖面

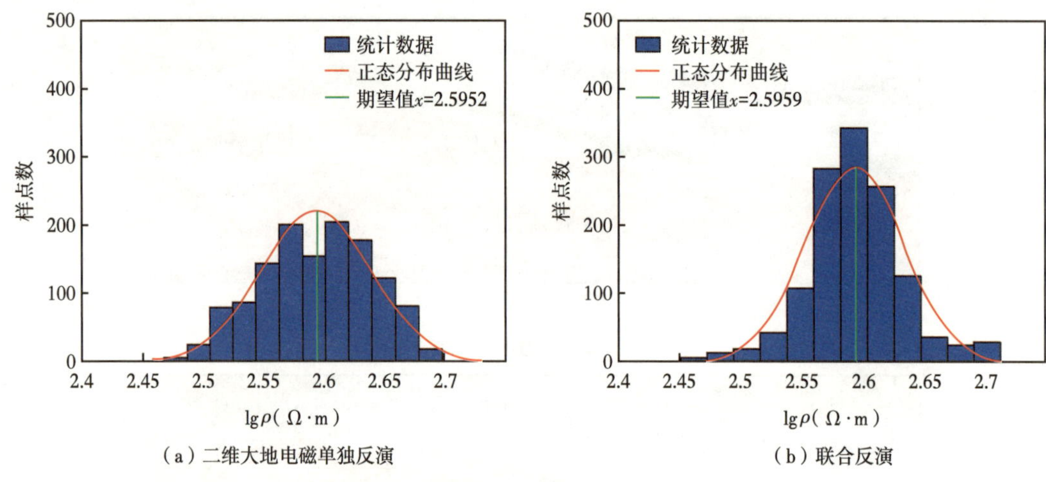

（a）二维大地电磁单独反演　　（b）联合反演

图 2-42　二维大地电磁单独反演与联合反演的目的层电阻率分布

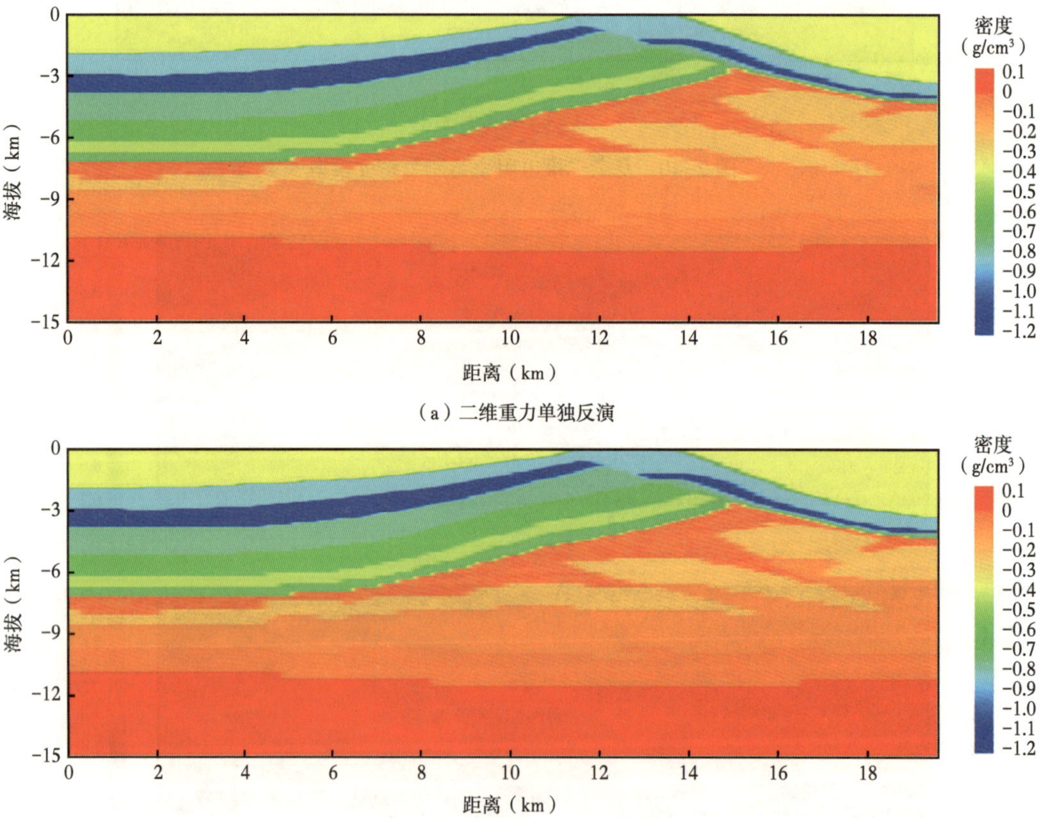

（a）二维重力单独反演

（b）联合反演

图 2-43　二维重力单独反演与联合反演的剩余密度剖面

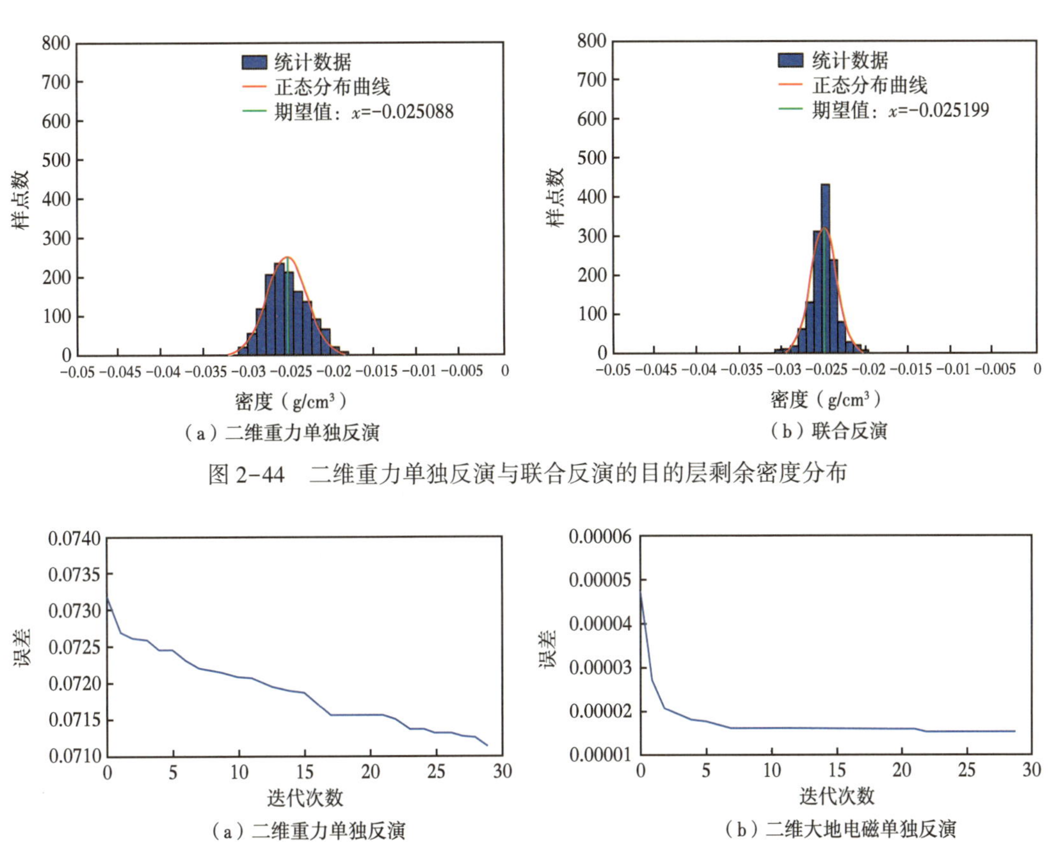

（a）二维重力单独反演　（b）联合反演

图 2-44　二维重力单独反演与联合反演的目的层剩余密度分布

（a）二维重力单独反演　（b）二维大地电磁单独反演

（c）二维联合反演

图 2-45　不同方法反演的迭代误差

2.3.3　并行三维大地电磁正演

2.3.3.1　并行三维大地电磁正演策略

自 20 世纪 70 年代开始，三维大地电磁正演模拟得到了很大的发展。最初很多学者在积分方程法方面做了很多研究。当在层状模型背景中仅有一个简单异常体时，这种方法计算的速度很快，但是随着模型复杂度增加，正演时间也随之剧增。有限差分法、有限元法、有限体积法及基于传统方法上进行一些改进的混合算法和解大型稀疏矩阵方法的进步，使得它们在三维大地电磁模拟中也逐渐得到广泛的应用。由于有限差分三维正演的计算速度较快，因此在本项研究中，选择该方法作为联合反演的三维正演算法。为了提高正演速度，采用并行方法实现快速正演。由于大地电磁三维正演是对每一个频率分别进行计算，每个频率对应的电磁场值间是相互独立，所以适合采用并行算法实现。

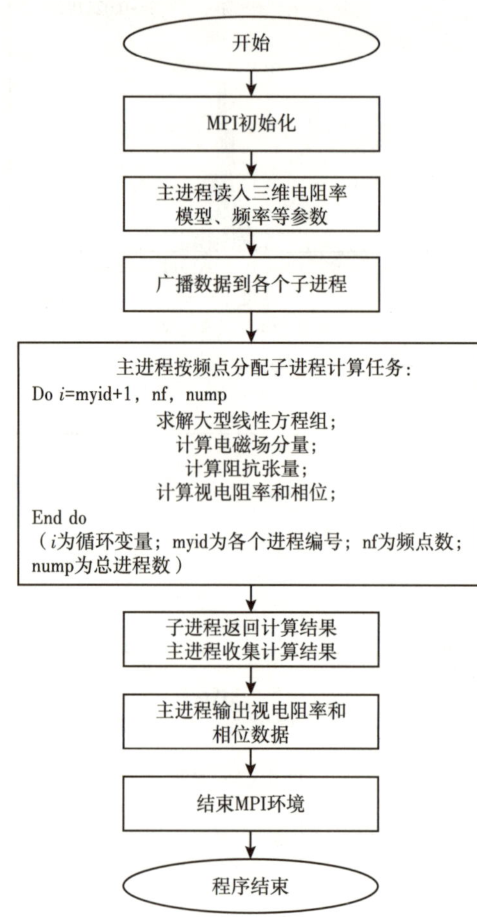

图 2-46　大地电磁三维正演并行计算流程图

与 MT 的二维有限差分并行正演类似，编程采用主从模式，分主进程和子进程。主进程负责任务的分配、数据的派发、计算结果的回收与输出，子进程负责分配任务的计算和数据回传给主进程。三维正演并行的主要步骤如下：（1）MPI 参数的初始化；（2）主进程读入三维模型文件、网格数据、频率数据等参数；（3）主进程将所有读入参数广播到各个子进程，按频点数分配各个子进程的计算任务；（4）各个子进程接收计算任务并进行正演计算，返回计算结果到主进程；（5）主进程接收各个子进程的计算结果，输出视电阻率、相位数据。图 2-46 给出了三维有限差分正演并行计算流程图。

2.3.3.2　并行正演结果验证与对比

为了验证正演方法的正确性，与三维积分方程方法计算结果和计算时间进行对比，做了如图 2-47 所示的三维地电模型。模型 x 方向和 y 方向长度都为 8000m，背景为三层地电模型：第一层厚度为 500m，电阻率为 100Ω · m；第二层厚度为 1000m，电阻率为 10Ω · m；第三层电阻率为 100Ω · m。在 x 方向 3000～5000m、y 方向 3000～5000m、深度方向 1000～1500m 处有一个电阻率为 100Ω · m 的异常体。有限差分和积分方程三维模拟的测点间距都为 200m，有限差分正演计算的网格剖分为 56×56×66，纵向采用逐渐加密方式剖分，正演频率选择为 0.001～320Hz 对数域均匀分布的 40 个频点。在 16 核 32 个线程、主频为 3.1GHz 工作站上，分别采用 1、5、10 和 20 线程并行正演。

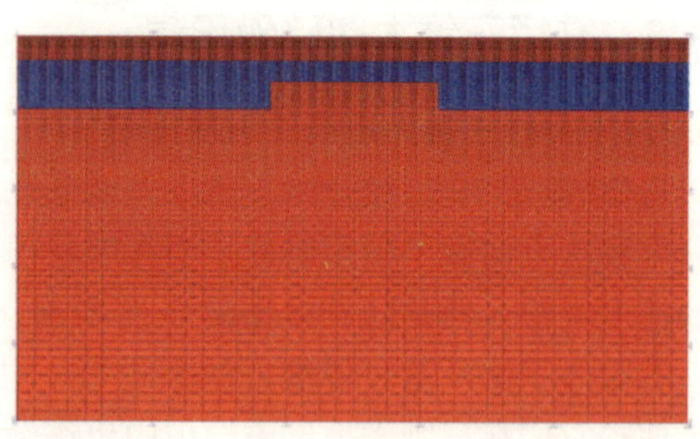

图 2-47　三维模型水平切片与垂直切片

图 2-48 和图 2-49 分别是有限差分和积分方程方法正演在 $x=4000$m 处 xy 模式和 yx 模式视电阻率剖面对比。图2-50为有限差分与积分方程三维正演的xy模式和yx模式视电阻

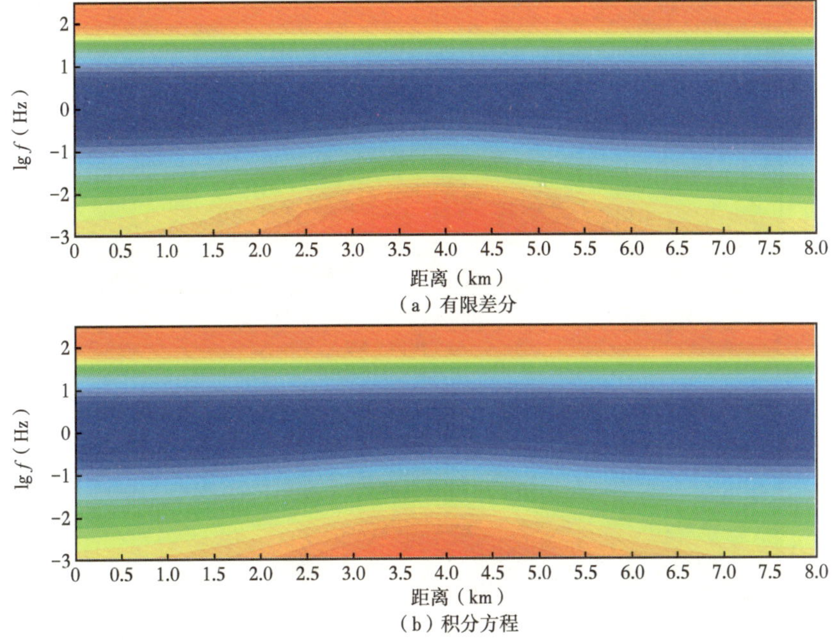

图 2-48　不同方法三维正演的 xy 模式视电阻率剖面对比（$x=4000$m）

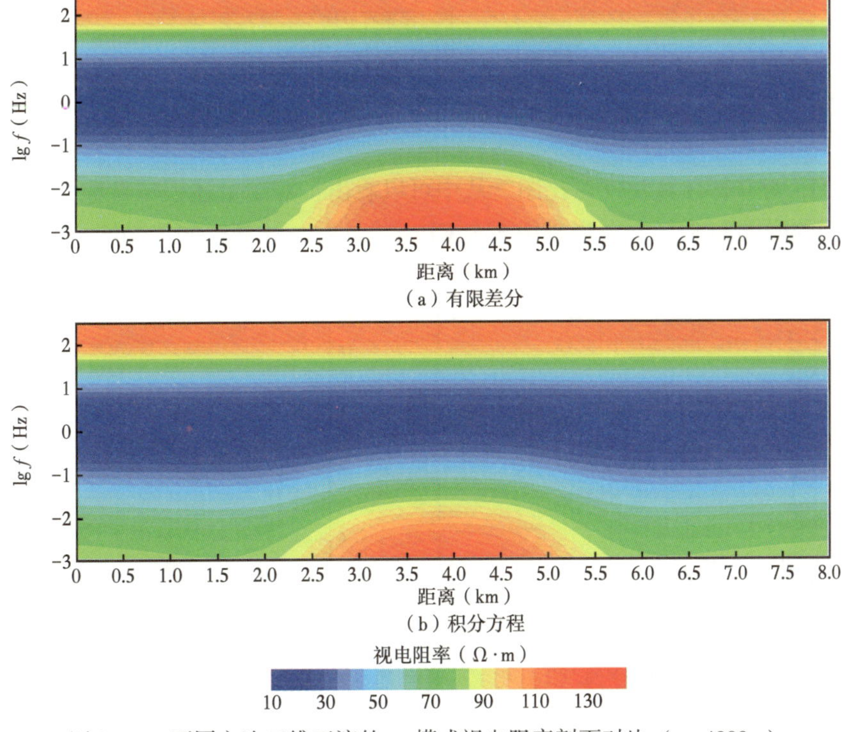

图 2-49　不同方法三维正演的 yx 模式视电阻率剖面对比（$x=4000$m）

率相对误差百分比。从中可以看出，两种正演方法的视电阻率最大相对误差在-1.2%~2.2%，差异主要集中在中低频段，大部分频段的相对误差都在±0.5%以内。这说明只要模型剖分合理，有限差分方法的正演精度能够满足三维 MT 的正反演需求。

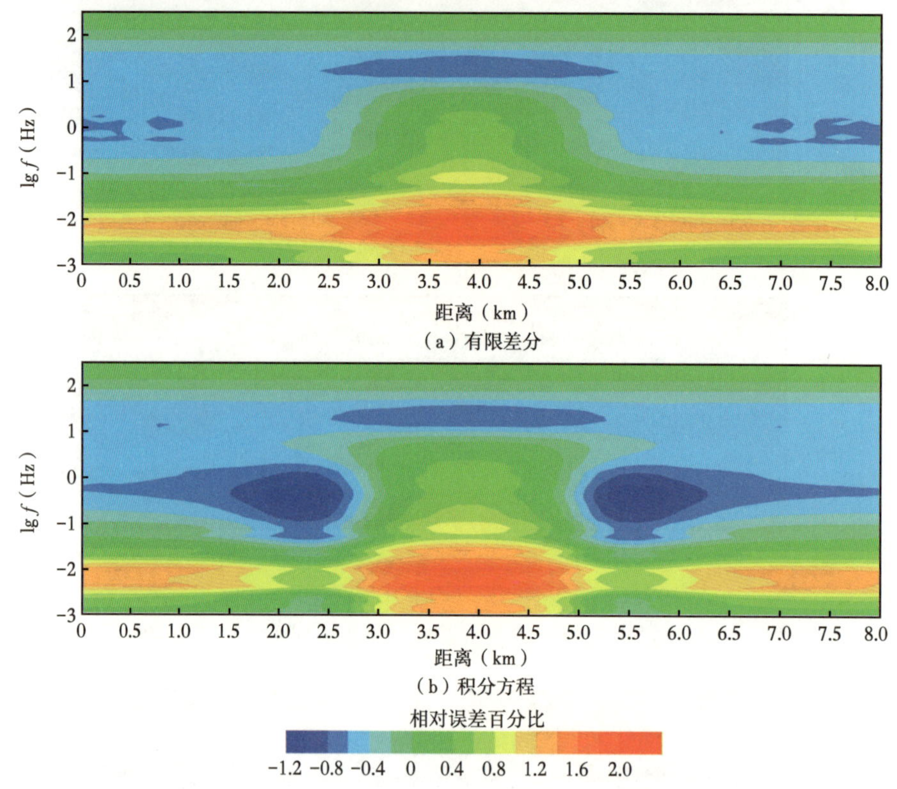

图 2-50 有限差分与积分方程三维正演的视电阻率相对误差百分比

图 2-51a 为并行计算时间对比图。从中可以看出，对于上述模拟参数，当采用串行计算时，所用的时间为 811.3s；当采用 5 个 CPU 并行后，计算时间为 166.4s；增加 CPU 个数到 10，计算时间降到 92s；当采用 20 个 CPU 并行计算，时间缩短到仅为 45.9s，并行加

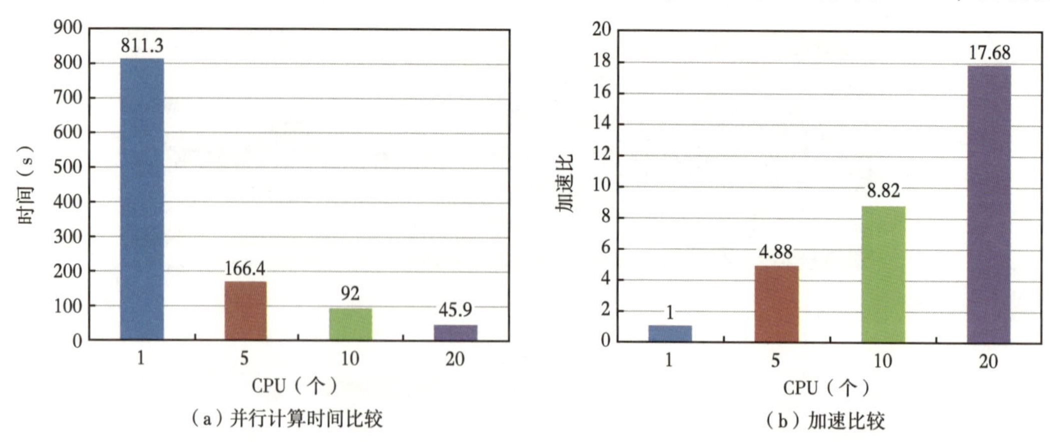

图 2-51 不同 CPU 的有限差分三维正演并行计算时间与加速比

速比分别达到 4.88、8.82 和 17.68，基本接近 CPU 并行计算的数量，如图 2-51b 所示。采用有限差分方法并行处理，使模型正演计算时间由几百秒降低到几十秒，对于网格剖分比较小的模型能够降低到几秒，速度提高几倍十几倍，为非线性三维 MT 反演提供了强有力的基础。

2.3.4 并行三维重力正演

2.3.4.1 基本思路

对于三维模型，当地下半空间以图 2-52 的方式进行剖分，假设在 x 方向的剖分网格点数为 Nx，在 y 方向的剖分网格点数为 Ny，在 z 方向的剖分网格点数为 Nz，则模型个数为 $m=NxNyNz$。在地表的每个剖分网格上设置一个测点，测点数为 $N=NxNy$。第 j 个长方体在第 i 个观测点产生的重力异常可表示为以下形式：

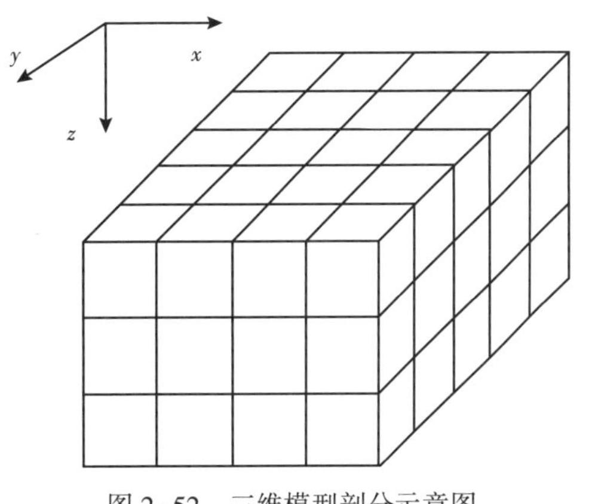

图 2-52　三维模型剖分示意图

$$\Delta g = G_{ij}\sigma_j \tag{2-52}$$

其中，σ_j 为第 j 个长方体的剩余密度。

根据位场的叠加原理，则第 i 个观测点的总重力异常是地下所有长方体在这一点产生的重力异常的叠加，可写为：

$$\Delta g_i = \sum_{j=1}^{M} G_{ij}\sigma_j \tag{2-53}$$

所有测点的重力异常正演方程用矩阵方式表示为：

$$\boldsymbol{g} = \boldsymbol{G\sigma} \tag{2-54}$$

式中，$\boldsymbol{g}$ 为观测的重力异常向量；$\boldsymbol{G}$ 为核矩阵；$\boldsymbol{\sigma}$ 为模型的密度向量。

地面上某一测点的重力异常正演计算需要对剖分长方体产生的异常响应逐一计算并叠加，要在 x 方向、y 方向和 z 方向完成三重模型域循环计算，对于三维正演数据，还需要在 x 和 y 的测点方向进行两重数据域循环计算。可以看出，每个观测点的计算与周围观测点无关，重力异常的三维正演具有很好的并行性。为了提高计算速度，陈召曦等（2012）将三重模型域循环在高性能 GPU 设备上进行并行计算，取得了较好的加速效果。该项研究将在两重数据域循环，采用 MPI 编程环境进行并行计算。

三维重力正演并行的主要步骤如下：（1）MPI 参数的初始化；（2）主进程读入三维密度模型文件、网格数据等参数；（3）主进程将所有读入参数广播到各个子进程，按测点数分配各个子进程的计算任务；（4）各个子进程接收计算任务并进行正演计算，返回计算结果到主进程；（5）主进程接收各个子进程的计算结果，输出重力异常值。图 2-53 给出了三维重力正演并行计算流程图。

2.3.4.2 并行正演结果验证与对比

为了验证三维重力计算结果的正确性，与 GeoGME 软件的三维重力正演结果进行对

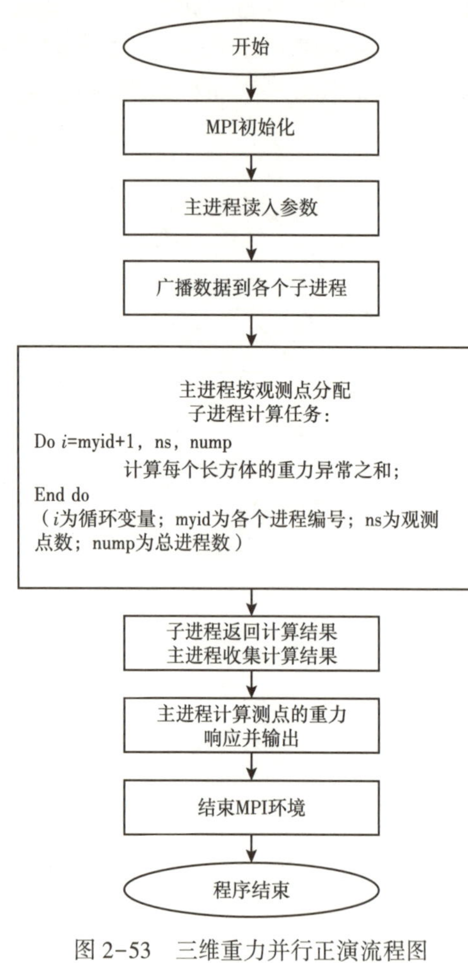

图 2-53　三维重力并行正演流程图

比。密度模型如图 2-54 所示，x 方向范围为 0~4000m，y 方向范围为 0~5000m，背景剩余密度为 0，在 x 方向 1500~2500m、y 方向 1500~3500m，埋深 2000~3000m 处有一个高密度的异常体，剩余密度为 0.2g/cm^3。三维正演剖分网格为 35×40×41，平面点距为 200m。图 2-55a 为该项研究三维正演的重力异常平面图，图 2-55b 为 GeoGME 软件三维正演的重力异常平面图。图 2-57 为二者的差异百分比，相对最大误差在±0.09%，说明编制的三维正演并行程序是正确的。

在 16 核 32 个线程、主频为 3.1GHz 工作站上，分别采用 1、5、10 和 20 线程并行正演。图 2-57a 为三维重力并行正演的计算时间对比，图 2-57b 为相应的加速比。当用 1 个 CPU 计算时，1 次正演的时间为 11.76s；当采用 5 个 CPU 并行计算时，时间为 4.31s；当用 10 个 CPU 并行计算时，时间为 3.62s；当 20 个 CPU 并行计算时，时间增加到 4.36s。相应的并行加速比在 5 个 CPU 并行时为 2.73，在 10 个 CPU 并行时为 3.25，随着 CPU 的增加，加速比逐渐减小，在 20 个 CPU 并行时的加速比为 2.7，与 5 个 CPU 的加速比相当。这也是由于模型的网格剖分比较稀疏、模型数较小时，随着 CPU 个数的增多，节点间相互等待及通信的时间消耗也随之增

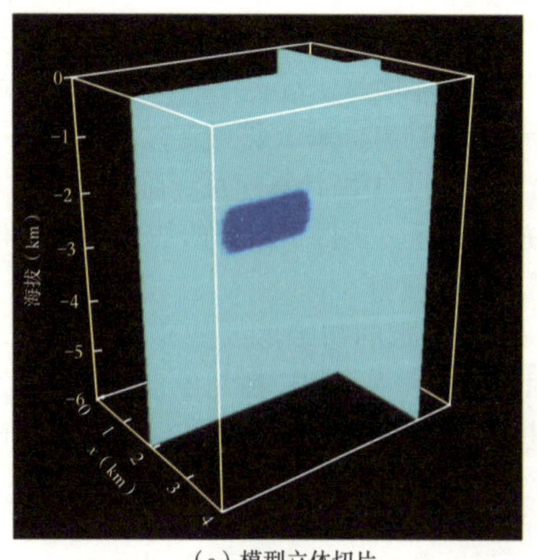

（a）模型立体切片

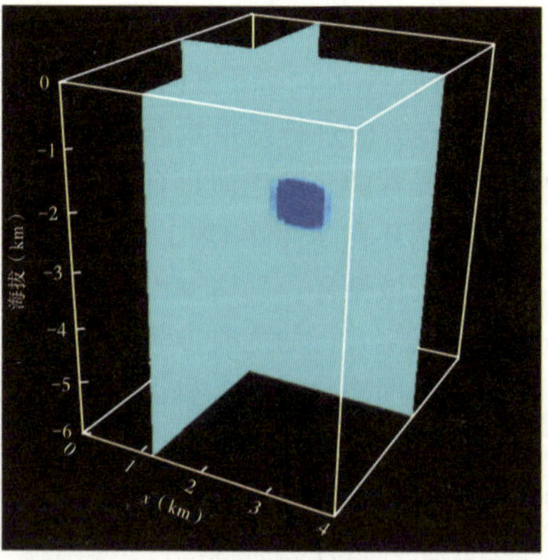

（b）模型立体切片

图 2-54　三维密度模型切片

加，导致多个 CPU 并行的计算时间变慢。因此，在三维重力并行正反演时，也需要根据具体的模型剖分和正演情况，选取好适当的并行 CPU 个数，以获得较高的加速比。

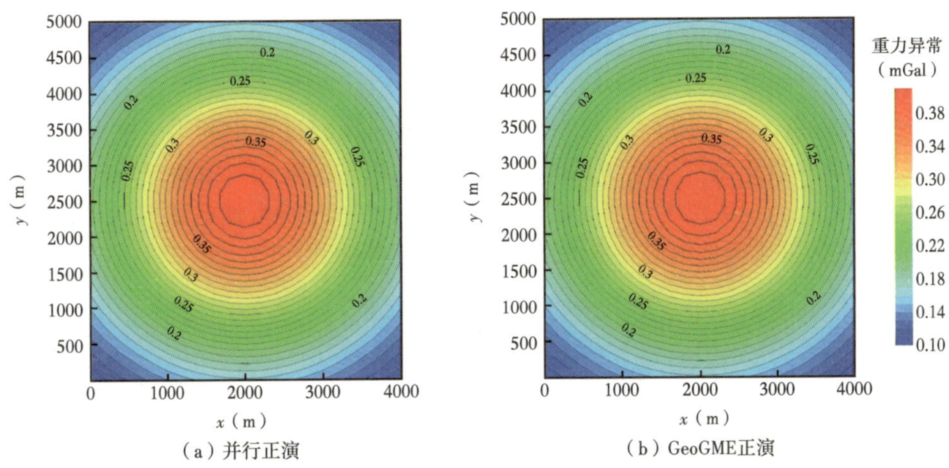

图 2-55　不同方法三维正演的重力异常

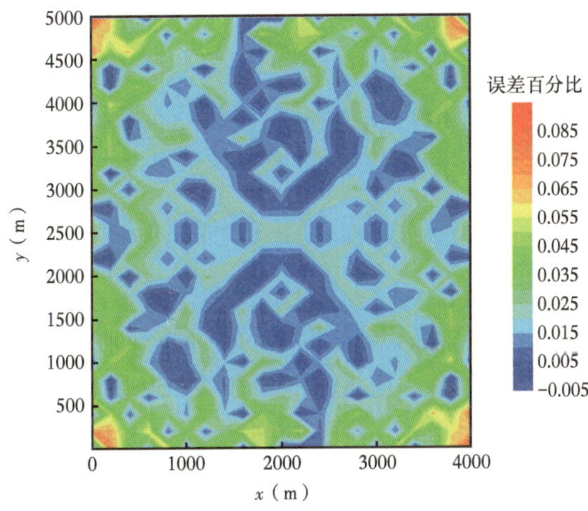

图 2-56　三维并行正演与 GeoGME 计算结果的相对误差百分比

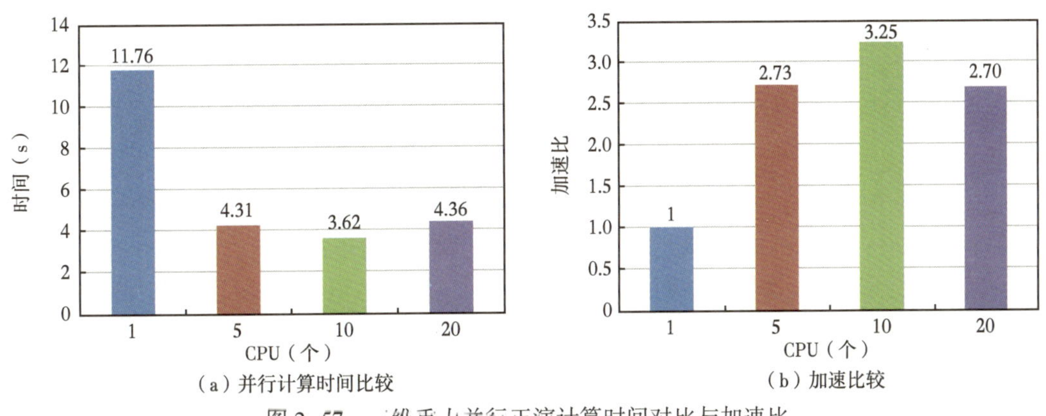

图 2-57　三维重力并行正演计算时间对比与加速比

2.3.5 三维大地电磁—重力并行约束联合反演

2.3.5.1 三维并行联合反演策略

三维联合反演与上述的人工鱼群二维大地电磁和重力约束联合反演策略一样，与二维联合反演不同之处主要有三点：（1）目标函数不同。计算式（2-55）的目标函数时，利用式（2-56）替换式（2-55）。（2）正演方法不同。反演过程中利用三维大地电磁并行正演和三维重力并行正演。（3）约束模型不同。利用三维建模，给定三维的约束模型空间。在此基础上，分别实现了三维大地电磁、三维重力、三维大地电磁与重力联合的并行反演，图 2-58 为三维大地电磁—重力联合并行反演流程图。

$$\Delta E_{\text{joint}} = \alpha \Delta E_m + \beta \Delta E_g \tag{2-55}$$

$$\begin{aligned}\Delta E_m = &\sum_{j=1}^{MS}\sum_{i=1}^{NS}\left[\left(1-\rho_{ij}^{XYcal}/\rho_{ij}^{XYobs}\right)^2+\left(1-\varphi_{ij}^{XYcal}/\varphi_{ij}^{XYobs}\right)^2\right]\\ &+\sum_{j=1}^{MS}\sum_{i=1}^{NS}\left[\left(1-\rho_{ij}^{YXcal}/\rho_{ij}^{YXobs}\right)^2+\left(1-\varphi_{ij}^{YXcal}/\varphi_{ij}^{YXobs}\right)^2\right]\\ &+\sum_{j=1}^{MS}\sum_{i=1}^{NS}\left[\left(1-\rho_{ij}^{XXcal}/\rho_{ij}^{XXobs}\right)^2+\left(1-\varphi_{ij}^{XXcal}/\varphi_{ij}^{XXobs}\right)^2\right]\\ &+\sum_{j=1}^{MS}\sum_{i=1}^{NS}\left[\left(1-\rho_{ij}^{YYcal}/\rho_{ij}^{YYobs}\right)^2+\left(1-\varphi_{ij}^{YYcal}/\varphi_{ij}^{YYobs}\right)^2\right]\end{aligned} \tag{2-56}$$

$$\Delta E_g = \sum_{j=1}^{MS}\left[\left(1-g_j^{cal}/g_j^{obs}\right)^2\right] \tag{2-57}$$

2.3.5.2 理论模型测试

2.3.5.2.1 单个异常体模型

设计的三维单个异常体电阻率—密度模型如图 2-59 所示。三维模型 x 方向剖面长度为 4000m，y 方向剖面长度为 5000m，深度为 6000m，背景电阻率为 100Ω · m，背景剩余密度为 0。在 x 方向 1500~2500m、y 方向 1500~3500m、海拔为-3000~-2000m 处有一个低电阻率低密度的异常体，电阻率为 10Ω · m，剩余密度为-0.2g/cm^3。三维 MT 和重力在 x 方向和 y 方向模拟的点距都为 200m，测点为 546 个，三维 MT 和重力的正演剖分网格相同，为 35×40×41，MT 正演频率选择为 0.001~320Hz 对数域均匀分布的 10 个频点。

对模拟的大地电磁和重力数据分别进行三维单独反演和三维并行联合反演，同样约束异常体的形态，反演异常体的电阻率和剩余密度。反演的模型空间变化范围为真实模型参数的±30%，最大迭代次数为 20，人工鱼群数 10 个，觅食最大试探次数为 2，感知距离 10，初始觅食步长为 1，拥挤度因子 0.1，目标函数拟合终止条件是 $\Delta E<0.000001$，都采用 10 个 CPU 并行，大地电磁和重力三维反演的模型剖分与正演相同。经过 20 次迭代反演之后，程序都到达最大迭代次数而正常结束，其中三维大地电磁单独反演用时 30881s，三维重力单独反演用时 12860s，三维联合反演用时 98672s。

图 2-60 为三维联合反演电阻率数据体两个方向的切片，与图 2-59 的模型切片几乎看不出差异。图 2-61 为三维大地电磁单独反演与联合反演的异常体电阻率分布柱状图。可以看出，联合反演异常体电阻率分布集中在 0.98665 附近，真实值为 1，优于单独反演结

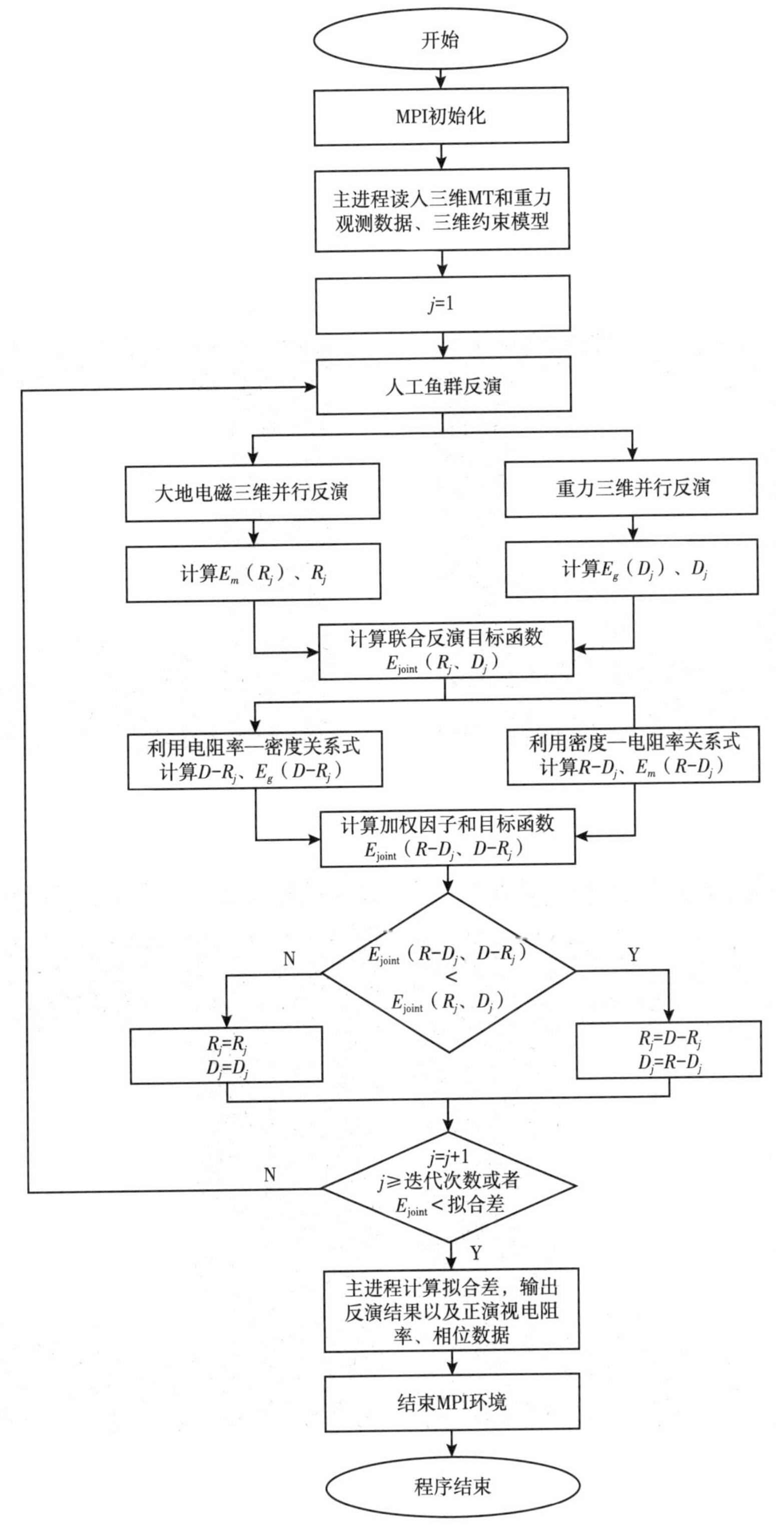

图 2-58　三维电磁—重力联合反演流程图

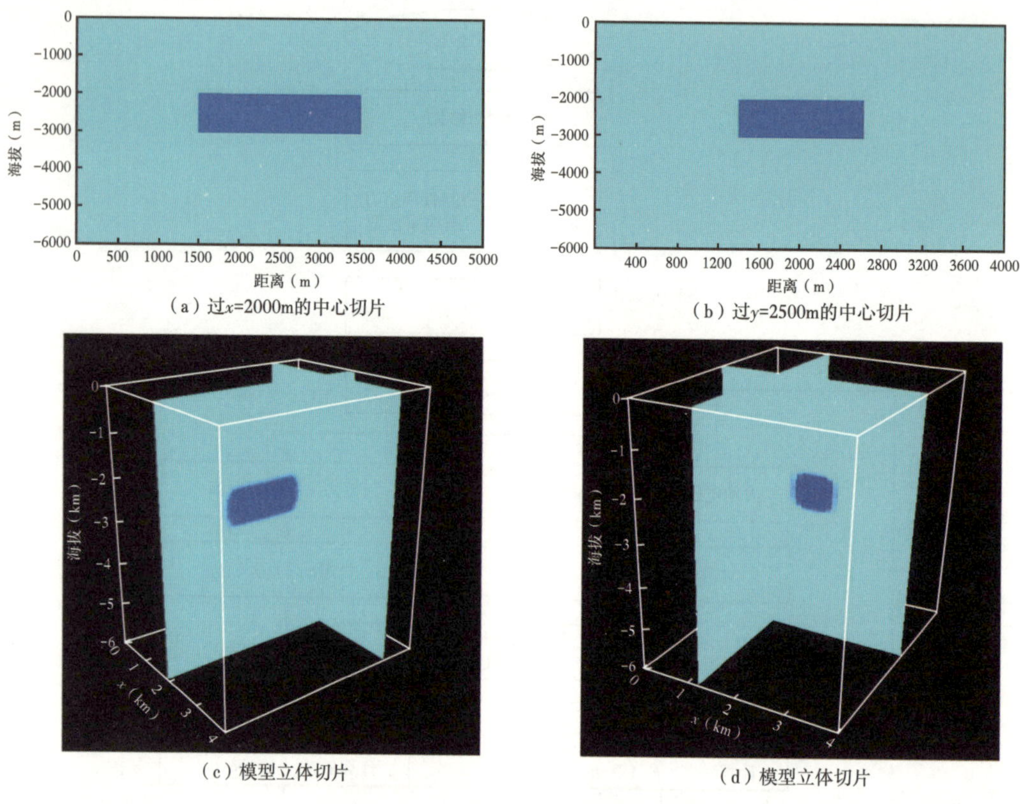

（a）过x=2000m的中心切片

（b）过y=2500m的中心切片

（c）模型立体切片

（d）模型立体切片

图 2-59 三维电阻率—密度模型切片

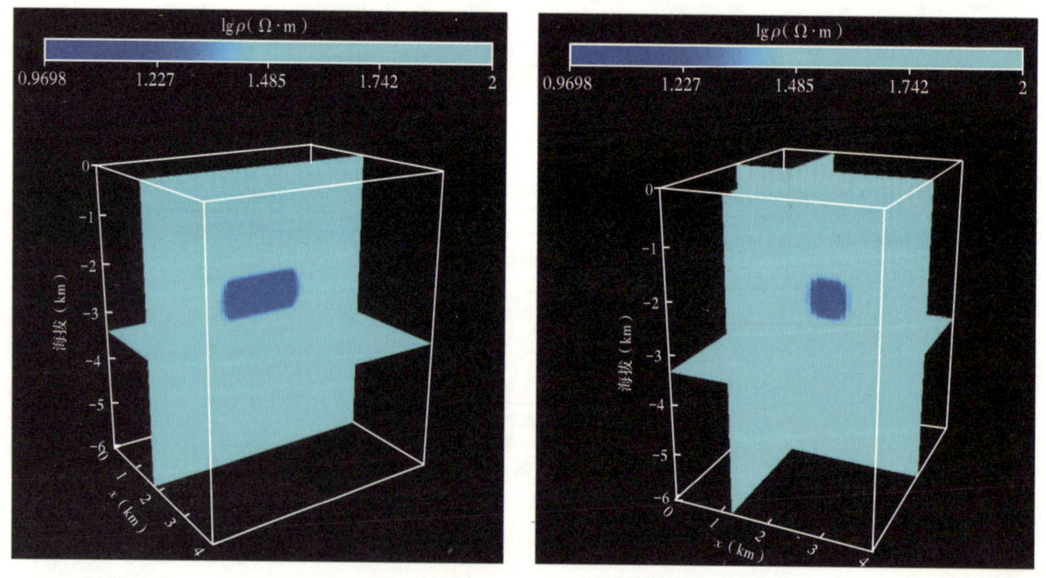

图 2-60 三维联合反演电阻率数据体

果。图 2-62 为三维联合反演剩余密度数据体两个方向的切片，图 2-63 为三维重力单独反演与联合反演的异常体剩余密度分布柱状图，可以看出联合反演的优势效果体现得更明

显。图 2-64 展示的是不同方法反演的迭代误差。

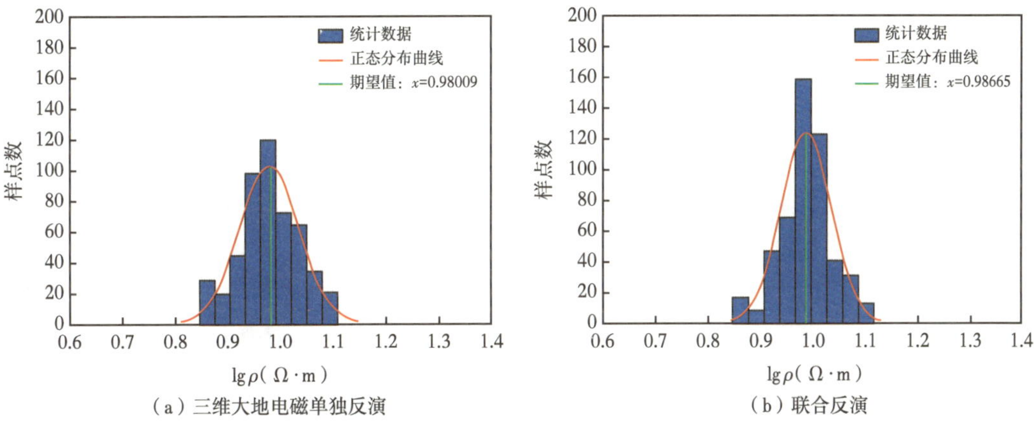

（a）三维大地电磁单独反演　　（b）联合反演

图 2-61　三维大地电磁单独反演与联合反演的异常体电阻率分布

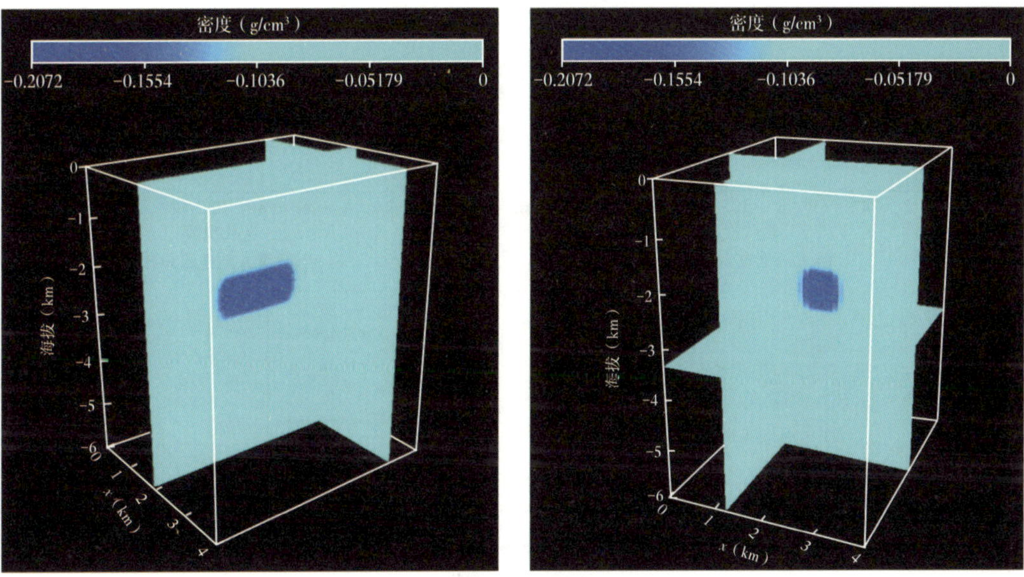

图 2-62　三维联合反演剩余密度数据体

2.3.5.2.2　两个异常体模型

设计的三维两个异常体电阻率—密度模型如图 2-65 所示。三维模型 x 方向剖面长度为 8000m，y 方向剖面长度为 5000m，深度为 6000m，背景电阻率为 100Ω · m，背景剩余密度为 0。在 x 方向 2000～3000m、y 方向 1500～3500m、海拔-3000～-2000m 处有一个低电阻率低密度的异常体，电阻率为 10Ω · m，剩余密度为-0.1g/cm^3；在 x 方向 5000～6000m、y 方向 1500～3500m、海拔-3000～-2000m 处有一个高电阻率高密度的异常体，电阻率为 1000Ω · m，剩余密度为 0.2g/cm^3。

三维 MT 和重力在 x 方向和 y 方向模拟的点距都为 200m，测点为 1066 个，三维 MT 和重力的正演剖分网格相同，为 55×40×41，MT 正演频率选择为 0.001～320Hz 对数域均匀

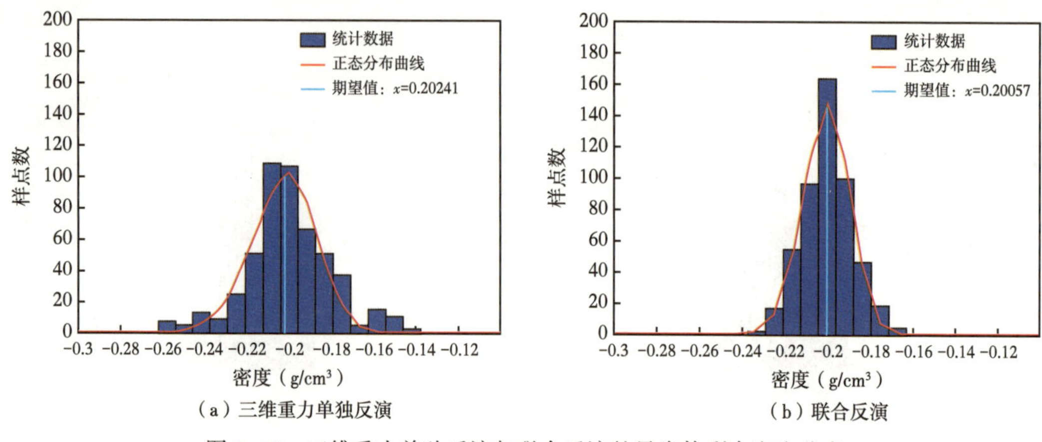

（a）三维重力单独反演　　（b）联合反演

图 2-63　三维重力单独反演与联合反演的异常体剩余密度分布

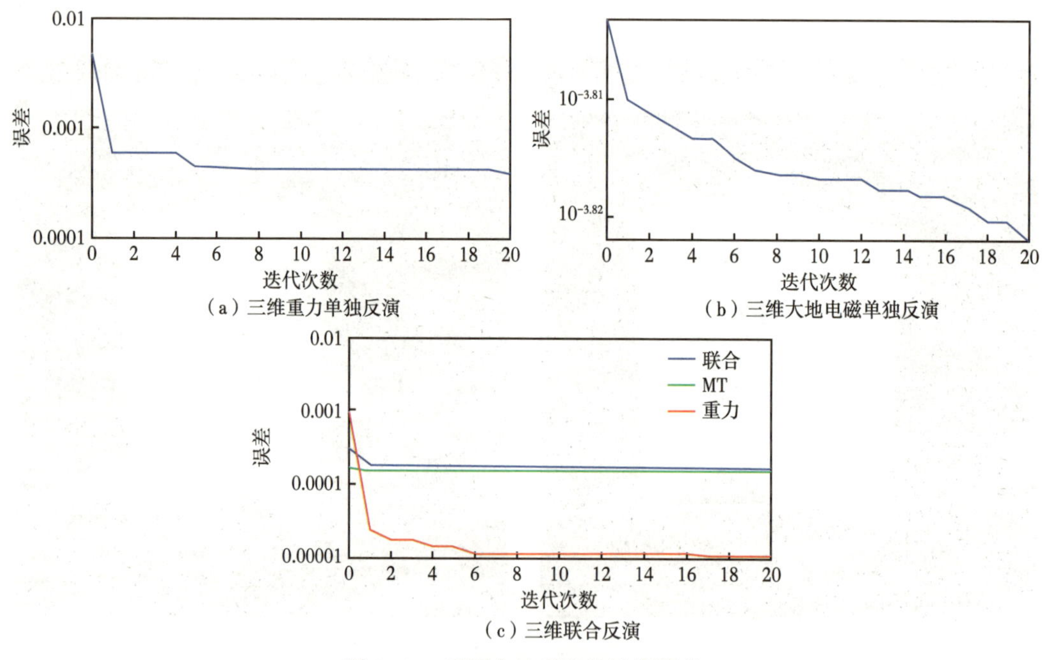

（a）三维重力单独反演　　（b）三维大地电磁单独反演

（c）三维联合反演

图 2-64　不同方法反演的迭代误差

分布的 10 个频点。对模拟的大地电磁和重力数据分别进行三维单独反演和三维并行联合反演，同样约束异常体的形态，反演异常体的电阻率和剩余密度。反演的模型空间变化范围为真实模型参数的±30%，最大迭代次数为 20，人工鱼群数 10 个，觅食最大试探次数为 2，感知距离 10，拥挤度因子 0.1，初始觅食步长为 1，目标函数拟合终止条件是 $\Delta E<0.000001$，都采用 10 个 CPU 并行，大地电磁和重力三维反演的模型剖分与正演相同。经过 20 次迭代反演之后，程序都到达最大迭代次数而正常结束，其中三维大地电磁单独反演用时 56253s，三维重力单独反演用时 25132s，三维联合反演用时 263080s。

图 2-66 为三维大地电磁单独反演和三维联合反演的电阻率数据体切片，都很好地恢复了高阻和低阻两个异常体模型。图 2-67 为三维大地电磁单独反演与联合反演的异常体

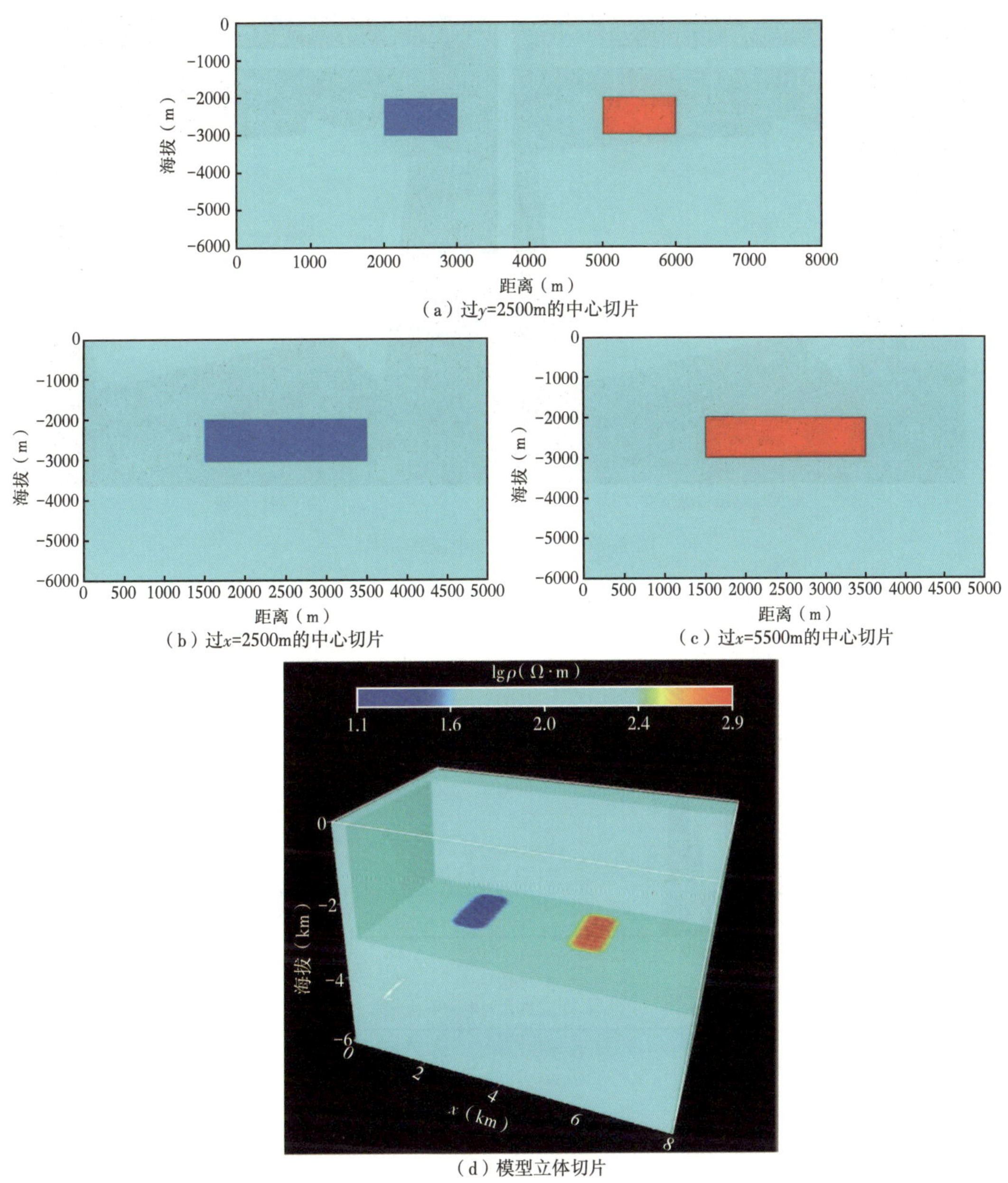

图 2-65　三维模型

电阻率分布柱状图。可以看出，联合反演的两个异常体电阻率分布更集中在模型真实值附近（对数域电阻率的 1 和 3），并且集中值的最大个数接近 160，而单独反演集中值的最大个数在 100 左右。图 2-68 为三维重力单独反演和三维联合反演剩余密度数据体切片，图 2-69 为三维重力单独反演与联合反演的异常体剩余密度分布柱状图，可以看出联合反演的优势效果体现得更明显，三维重力单独反演能够较好地反演出高低两个密度体的真实值分布，联合反演结果对两个密度异常体的反映更加接近模型真实值。图 2-70 展示的是不同方法反演的迭代误差，可以看到随着迭代次数的增加，不论单独反演还是联合反演，

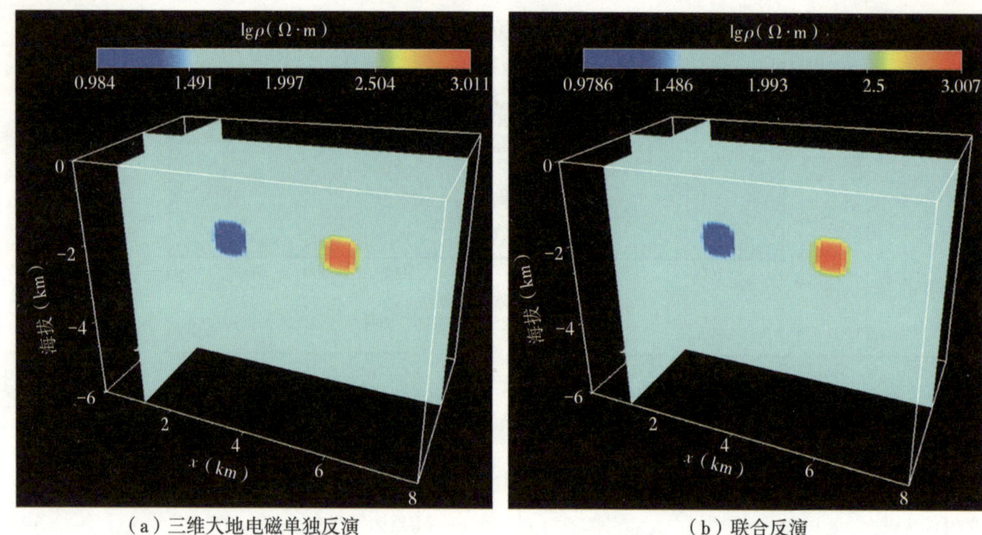

(a)三维大地电磁单独反演　　(b)联合反演

图 2-66　三维反演电阻率切片

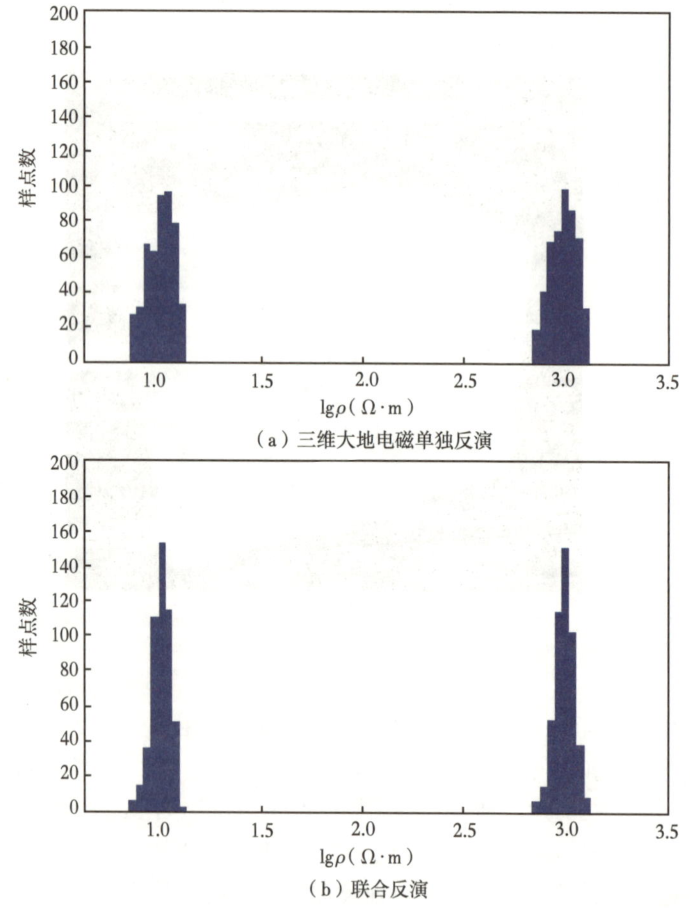

(a)三维大地电磁单独反演

(b)联合反演

图 2-67　三维大地电磁单独反演与联合反演的异常体电阻率分布柱状图

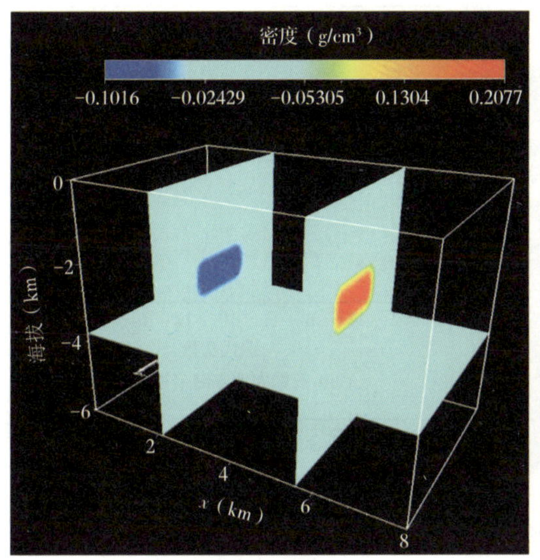

(a) 三维重力单独反演

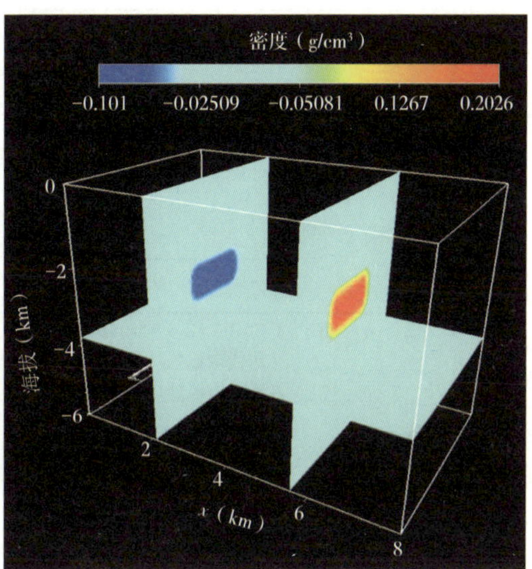

(b) 联合反演

图 2-68 三维反演剩余密度切片

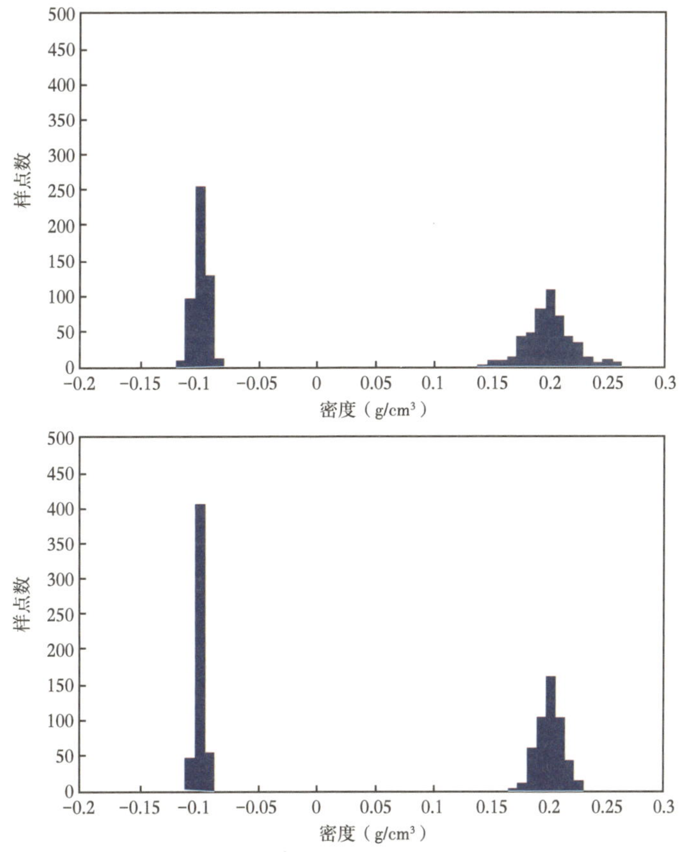

图 2-69 三维重力单独反演与联合反演的异常体剩余密度分布柱状图

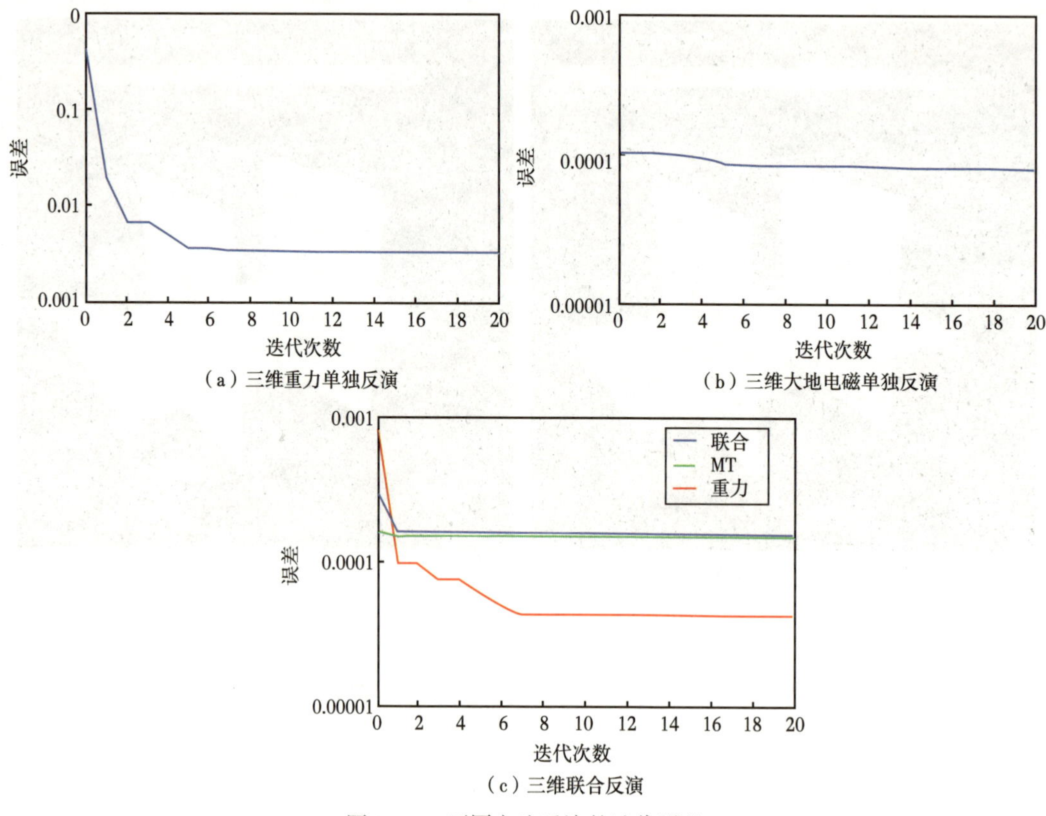

（a）三维重力单独反演

（b）三维大地电磁单独反演

（c）三维联合反演

图 2-70　不同方法反演的迭代误差

三维重力的拟合差收敛较快，三维大地电磁的迭代收敛较慢，这可能是由于大地电磁的初始拟合差就相对较小、并且对由异常体电性变化引起的异常不是太敏感。从图上也可以看出，联合反演提高了重力反演的拟合差精度，拟合差从 0.001 下降到 0.0001 以下。

3 人工源与天然源电磁联合反演方法

3.1 二维极低频电磁与大地电磁联合反演

3.1.1 极低频电磁 WEM 数据二维正反演

大地电磁法是探测地下信息的一种应用地球物理方法。在某个测量点上，测量由天然场源或不相关的人工场源产生的电场和磁场的切向分量。电场强度与磁场强度之比，是一个具有电性阻抗单位的量，在一定条件下，这个比值是关于介质电性的函数。通过在一系列频率点上确定阻抗得到的阻抗频谱，它提供了地球内部电导率随深度变化的信息（A A 考夫曼，G V 凯勒，1987）。

大地电磁法正演模拟一直以来都是国内外学者（Weiss，Newman，2002；胡祥云等，2013）的研究热点。对于简单的一维分层模型，可以很容易求出解析解，但是对于二维模型及含地形的二维复杂模型，求出其准确解析解的希望是十分渺茫的。因此，需要借助数值模拟的方法去获取二维乃至三维模型的正演数据近似解，以提高科研工作者对实际情况下复杂地质构造的大地电磁响应的认识与理解。常用的大地电磁数值模拟方法有有限元法（Tohru，1996；Wannamaker 等，1987）、有限差分法（Mackie 等，1994）、积分方程法（Ting，1979）、无网格法（Wittke，Tezkan，2014；嵇艳鞠等，2016）等，其中因有限元法具有适应地形好、通用性强、计算机求解效率高等特点受到更多学者的青睐（Franke 等，2007）。

早期的研究者利用有限元法矩形网格（Rodi，1976）和矩形对分网格（Wannamaker，1987）对起伏地形下二维大地电磁响应进行数值模拟。但是矩形网格和矩形对分网格对地形和介质分界面的适应能力有限，不能显著提高计算精度。徐世浙（1994）对矩形网格和非规则三角形网格的有限元法进行了详细的推导与演绎，并提供了 Fortran 源代码。柳建新等（2012）提供了大地电磁有限元法的 MATLAB 软件编程思路及详细代码，对初学者有着意义深远的引领作用。胡建德和蔡纲（1984）使用了三角形二次插值有限元法计算了二维大地电磁测深曲线，并与 Rodi（1976）计算过的两个地质模型为例进行了对比，取得了良好的数值结果。史明娟等（1997）在矩形网格剖分情况下，采用二次函数插值进行了大地电磁二维有限元正演，证明了二次插值与线性插值相比，具有更高的计算精度和更快的计算速度。

在有限元法飞速发展的同时，在改善计算精度的追求下，发展起来了有限元后验误差估计技术。1992 年，Zienkiewicz 和 Zhu 给出了用于力学计算的超收敛拼片修复法（SPR），对单元拼片上的超收敛点取样进行梯度恢复，真正把后验误差估计带入了简便实用时代。汤井田等（2007）采用基于单元拼片的超收敛梯度恢复技术，提出了适用于电磁场计算的后验误差估计方法，阐述了大地电磁自适应计算的策略及迭代算法。Key 和 Weiss（2006）根据大地电磁法观测点处于模拟区域的局部空间的特点，采用了对偶加权后验误差估计方法，认为二维 TE、TM 模式下模拟区域中场值变化不同，自适应过程应分别对待 TE、TM 模式。

为解决大地电磁非结构化网格二次插值的自适应正演问题，基于前人的研究基础上，使用 MATLAB 软件，利用二次插值非结构化三角形单元，应用高精度辅助场计算方法，并采用超收敛梯度恢复后验误差估计的自适应有限元方法，进行了大地电磁二维正演模拟研究。

3.1.1.1 超级收敛拼片修复法

模拟区域内不同位置的电磁波变化程度不同，在变化比较剧烈的地方应当进行加密。对于简单的地电模型，基于经验可以得到较为优化的离散网格；而对于复杂模型，仅凭研究者的经验难以得到优化网格（严波等，2014）。如果盲目地在整个模拟区域内进行网格加密，确实会取得一定的效果，但是这样网格和节点数量多，浪费计算资源。自适应有限元可以根据有限元后验误差估计技术来进行网格改进，从而不断地提高计算精度，节省计算资源，有效解决加密问题。

自适应就是通过对有限元结果的再处理来提高精度的后验方法，后验误差估计直接关系到细化网格的好坏。1987 年，Zienkiewicz 和 Zhu 提出了一种基于梯度恢复的后验误差估计算法（简称 Z-Z 法），此误差估计在理论上已经证明是渐近正确的。Z-Z 法计算简单、稳健性好且效率高，得到了广泛的应用。将采用 Z-Z 法对大地电磁数值模拟结果进行后验误差分析。

自适应有限元分析主要步骤是对模拟区域进行初始稀疏剖分，然后在此网格上进行一次正演模拟，得到场值近似解。再对每个单元进行误差估计，选取一定比例的误差较大的网格进行细分，获得加密后的网格，再次进行有限元正演，循环以上步骤，直至误差小于设定的阈值为止。后验误差估计是自适应有限元过程中最关键的一个环节，单元局部误差可以表示为：

$$\|e\|_i = \left[\int_{\Omega_i}(dU - \nabla U^h)^{\mathrm{T}}(dU - \nabla U^h)d\Omega\right]^{1/2}\ (i=1,\ 2,\ \cdots,\ n_e) \tag{3-1}$$

式中，n_e 表示单元总数；Ω_i 表示单元子区域；dU 表示电场（或磁场）梯度的精确值；∇U^h 表示有限元近似解的梯度值。

对实际问题来说，电场梯度的精确值不容易获得。而 Z-Z 法的关键思想就是通过一定的方法去寻找一个可以替代 dU 梯度修复值 dU^*，该值渐进收敛于 dU。式（3-1）可近似表示为

$$\|e\|_i = \left[\int_{\Omega_i}(dU^* - \nabla U^h)^{\mathrm{T}}(dU^* - \nabla U^h)d\Omega\right]^{1/2}(i = 1,\ 2,\ \cdots,\ n_e) \tag{3-2}$$

这种用修复解替换精确解的误差估计方法常被称作基于修复的误差估计。经数学推导，当网格剖分到一定程度时，可以证明，后验误差估计是收敛于真实误差的（Jeffrey，2006）。问题的关键是如何寻找 dU^*。Zienkiewicz，Zhu 于 1992 年提出的求解梯度恢复值的超级收敛拼片修复法（SPR 方法）可以很好地解决这一问题。

SPR 方法主要思想是构建多个单元片。单元片是以模型内部任意一节点为中心，与该节点相连的所有单元集合。有限元计算出的场值在全域内是连续的，但直接计算出的梯度值只在单元内部是连续的，在单元间一般不连续，即在单元边界上发生突变。因此同一节点，围绕它的单元片上的梯度值是不连续的。函数本身会在单元节点上取得最高精度，而梯度的最佳取值点则在单元内部。在这些点上，梯度的收敛阶次通常比多项式的阶次要高一阶，因此在这些点上的性质被称为超收敛性（Zienkiewicz 等，2005）。通过这些超收敛性点处的梯度，可以计算出单元中所有点上都具有超级收敛性的梯度值。对于三角形单元来说，一般不存在超收敛点，但实验发现三角形中依然存在一些具有超收敛性的点，称为应力佳点，又称优化应力点，或超收敛应力点，它是最佳的取样点。在三角形单元中，若对场值进行 p 阶多项式近似时，可将单元内部的 p 阶高斯—勒让德积分点作为超收敛性的取样点；那么二次插值三角形单元中，2 阶高斯积分点是等参单元中的最佳取样点。在这些超级收敛点上，梯度值精确到 p+1 阶（而不是像在别处是 p 阶）（Zienkiewicz 等，2005）。如图 3-1 所示，给出了二次插值三角形单元内的超级收敛点示意图，用黑色点表示。

找到单元片中所有单元的超收敛点，用最小二乘法来拟合这些超收敛点处的梯度，得到拟合多项式，然后在拼片单元中通过拟合多项式来计算整个单元片中的梯度新值。将图 3-1a 中红色节点的坐标代入拟合多项式中，求得节点处的梯度新值。这些节点处的梯度也会具有超收敛性。在实际模拟区域中，大部分三角形单元每条边中点处的节点会属于两个不同的单元拼片，如图 3-1b 所示，在这些节点处应取梯度的平均值。文献表明（Zienkiewicz 等，2005），采用平均化或者 L2 投射方法求取的梯度解效果并不好，超级收敛拼片修复法比直接梯度近似至少有高一阶的超级收敛速率，L2 修复仅对奇数阶单元具有超级收敛性，对于偶数阶几乎没有改善。相比而言，对于偶数阶单元，其梯度的收敛速度增加了两个阶次，这一超高速的收敛性已经得到了数学证明。SPR 方法已经被证明是一种有用的工具，它在规则网格划分下可以获得超级收敛结果，在任意网格剖分下也可以改善计算结果。数值结果还表明，即使对于单元内不包含超级收敛性的三角形单元，也能够产生超级收敛的修复效果。

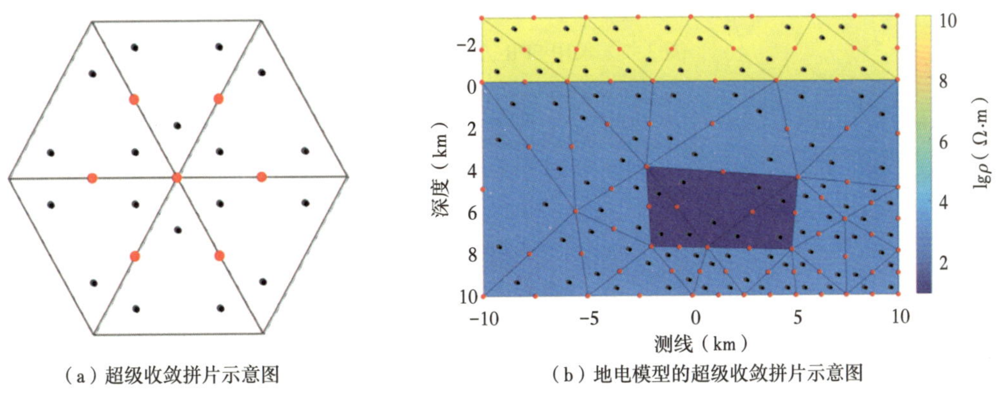

（a）超级收敛拼片示意图　　（b）地电模型的超级收敛拼片示意图

图 3-1　二次插值三角形单元超级收敛拼片

通过 SPR 方法，可以获得恢复后的梯度值 dU^*。设置一个如图 3-2a 所示的地电模型，山丘地形下存在一个长方形异常体，电阻率为 10Ω · m，背景介质的电阻率为 1000Ω · m。

山丘之上为空气层，电阻率为 10Ω · m，一系列白色倒三角形为地表的测点。对该模型进行有限元求解，计算得到节点处的场值和梯度值，使用与场值相同的形函数，插值取得三角形中心处的梯度值 ΔU^h（含 x 方向和 y 方向）。图 3-2（b）为横向 x 方向的梯度值，竖向 y 方向的梯度值未画出。根据 SPR 方法，通过单元上最佳取样点，得到恢复后的节点处的梯度值，同样通过插值，得到三角形中心处的 dU^*，如图 3-2d 所示为 x 方向的梯度值。为了显示有限元解的 x 方向梯度与 SPR 方法恢复后的 x 方向梯度之间的差异，将两者相减再取绝对值，即 $|dU_x^* - \nabla U_x^h|$，结果如图 3-2c 所示，两者之差为 0.000001 量级，x 方向的梯度之间的差异主要存在于 10Ω · m 的低阻体两侧，说明此处电场空间分布变化剧烈，网格未能很好地采样，从这里也可以初步看出网格需要加密的端倪。

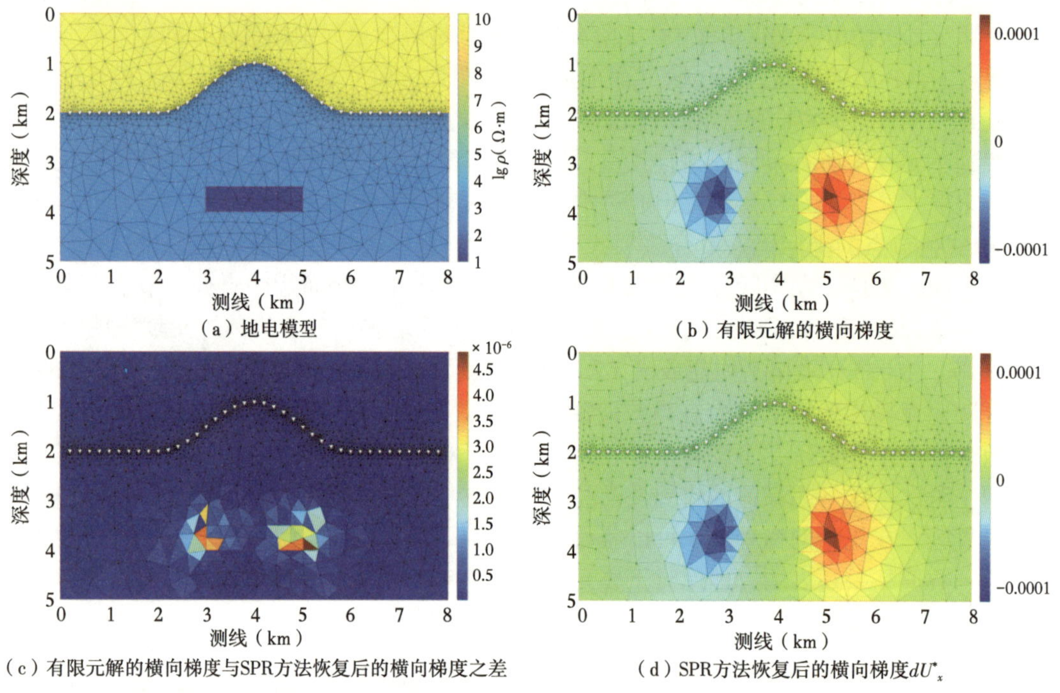

图 3-2　采用 SPR 方法进行梯度恢复

在 SPR 方法恢复梯度之后，根据式（3-2）计算出每个单元的误差。对于一个数学模型的有限元分析可以有多种误差判断准则，采取如下的误差判断准则：

$$\xi_i = \frac{\|e\|_i}{\|e\|_{允许}} \leqslant 1 \qquad (i=1,\ 2,\ \cdots,\ n_e) \tag{3-3}$$

式中，$\|e\|_{允许}$是单元误差范数$\|e\|_i$的允许值，也即阈值，可以根据个人经验或者实际需要来进行设定。

检查每个单元的误差是否满足，如果某个单元 $\xi_i>1$，则该单元需要进行精度改进。自适应方法有多种改进方案，含 h 型改进、p 型改进和 hp 型改进。在 h 型改进过程中，仅需改变单元大小，不需要改变形函数的阶次，且实现容易，灵活性好，在自适应加密中应用得最广，将采用 h 型自适应。重复以上分析步骤，直至所有单元误差小于设定阈值。

3.1.1.2 自适应网格剖分

图 3-3a 所示模型为 TE 模型，黄色部分为空气层。地形为山丘起伏地形，地形之下左侧为一横放的电阻率为 10Ω · m 的板状低阻体，右侧为一竖放的电阻率为 5000Ω · m 的板状高阻体，围岩的电阻率为 1000Ω · m，空气层的电阻率设置为 10Ω · m。图 3-3b 为剖分的初始网格，网格单元为 Delaunay 三角形。地表白色倒三角形为测点，间距 200m，一共 59 个测点。每个测点下方设置如图 3-3 所示的强制控制点，强制控制点的间隔设置为 25m。初始 TE 模型的单元数为 2670，初始 TM 模型的单元数为 1646。图 3-3c、图 3-3d 为电磁波频率在 100Hz 时的自适应计算后的模型剖分结果，图 3-3e、图 3-3f 为电磁波频率在 1000Hz 时的自适应计算后的模型剖分结果，可以看到由于频率不同，自适应剖分出来的网格存在着较大的差异。频率为 100Hz 时，TE 模型主要对左侧横放的低阻体进行加密，而未对右侧竖放的高阻体进行加密。TM 模型对左侧横放的低阻体进行了细致的加密，而且与 TE 模式不同的是，对右侧竖放的高阻体的顶部与底部进行了自适应加密。频率为 1000Hz 时，TE 模型与 TM 模型均未对左侧低阻体和右侧高阻体进行加密，而是对地表之下浅部进行了较大的加密。

之所以频率为 100Hz 与 1000Hz 时，同一模型自适应加密的区域不同，原因在于不同频率下电磁波的衰减情况不同，高频电磁波衰减相对较快。例如频率为 1000Hz 时，上述 TM 模型的电磁波仅存于地表之下浅部，两个异常体处的电磁波已经消失殆尽。如图 3-4b 所示，在地表处设置第一类边界条件，即强制地表磁场强度为 1。从图中可以看到，红线和绿线标识的低阻体和高阻体处电磁波已经接近消失。在图 3-4a 中，频率为 100Hz 时，电磁波在两个异常体处变化相对剧烈。在红线标识的低阻体处场值有一个向上的凸起，在绿线标识的高阻体处场值有一个向下的轻微凹陷。从一维的解析解中也可以知道，磁场在电阻率高—低或者低—高的物性分界处变化不平滑，存在尖锐的转角。前面提到，自适应过程主要在电磁场场值变动较快的区域进行自适应加密。所以 TM 模式下，只要电磁波未消失殆尽，则会在物性分界面处进行无休止的加密，所以必须设置一个阈值或者迭代次数去终止自适应过程。上述设计的模型中，TE 模式设置的阈值为 0.0002，TM 模式设置的阈值为 0.03。

3.1.1.3 正演模拟

Yuguo Li 等（2008）提出，自适应加密应该分频率段进行各自自适应计算，比如每两个频率量级之间应进行一次自适应处理，最后再将不同频率段自适应后的模型正演结果进行拼凑，得到完整频率的模型正演结果。例如，频率为 0.001～1000Hz 时按对数等分的 60 个频点中，进行 0.01Hz、1Hz、100Hz 和 1000Hz 四种情况的自适应模型剖分计算，0.01Hz 自适应后的模型进行 0.001～0.1Hz 频率段的正演计算，以此类推。需要注意的是，在高频段时，自适应剖分应当更加频繁，该模型中在高频段进行了 100Hz 和 1000Hz 两次自适应剖分。采用 Intel core（TM）i5-2410M CPU 2.30Ghz 双核处理器进行计算。TE 模式中，四个频率 0.01Hz、1Hz、100Hz 和 1000Hz 下的自适应剖分耗时分别为 23s、47s、104s、103s，四个频率段正演耗时分别为 2.16s、2.40s、2.68s、2.81s。倘若不进行自适应剖分，直接采用 100Hz 时的模型进行 0.001～1000Hz60 个频点正演，单元数 4084，节点数 8253，正演总耗时则为 5.93s。TM 模式中，四个频率 0.01Hz、1Hz、100Hz 和 1000Hz 下的自适应剖分耗时分别为 17s、34s、101s、17s，四个频率段正演耗时分别为 1.86s、

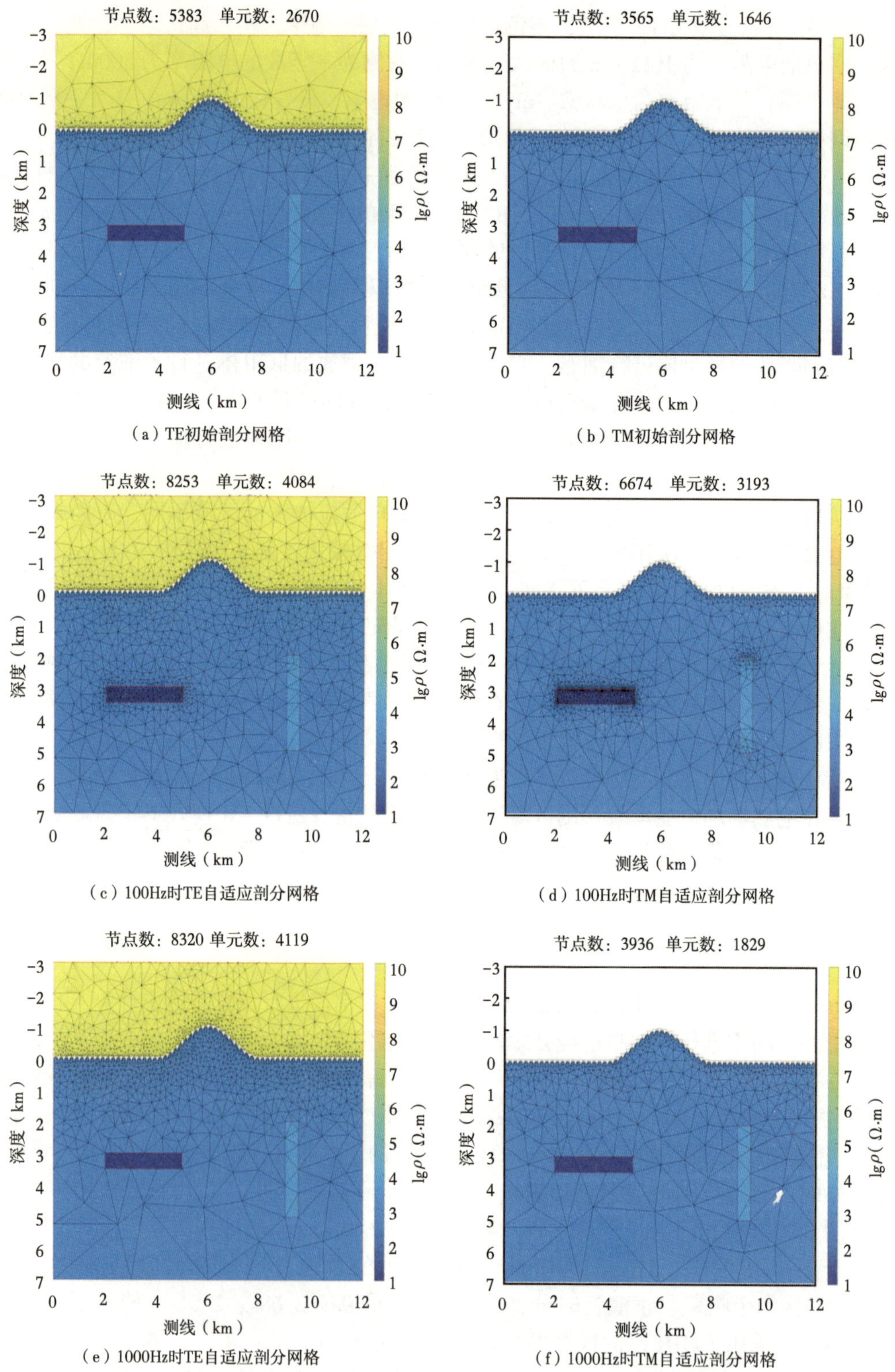

（a）TE初始剖分网格

（b）TM初始剖分网格

（c）100Hz时TE自适应剖分网格

（d）100Hz时TM自适应剖分网格

（e）1000Hz时TE自适应剖分网格

（f）1000Hz时TM自适应剖分网格

图 3-3 初始模型、100Hz 自适应后模型和 1000Hz 自适应后模型

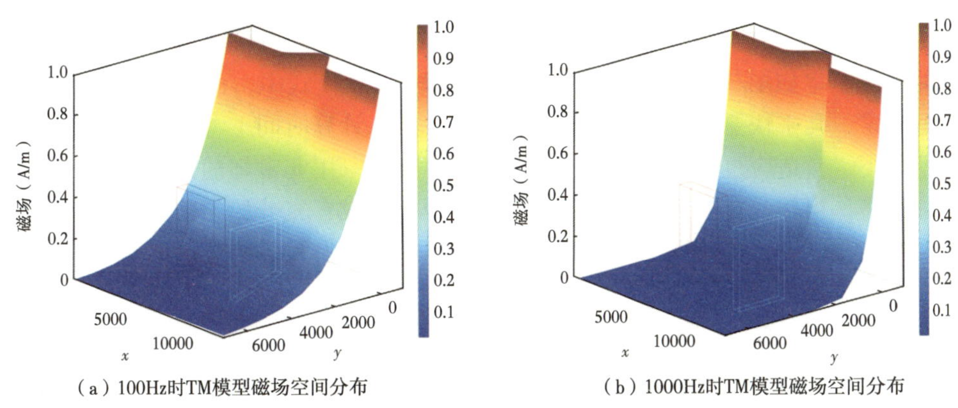

（a）100Hz时TM模型磁场空间分布

（b）1000Hz时TM模型磁场空间分布

图 3-4　100Hz 与 1000Hz 时，地下电磁波的衰减

1.91s、2.61s、1.86s。倘若不进行自适应剖分，直接采用 100Hz 时的模型进行 0.001～1000Hz 之间 60 个频点正演，单元数 3193，节点数 6674，正演总耗时则为 4.62s。所以，TE 模式自适应正演总耗时为 287.05s，其中自适应过程耗时为 277s，正演耗时为 10.05s，自适应耗时占比为 96.5%，正演后的视电阻率如图 3-5a、图 3-5b 所示。TE 模式中，正演获得的视电阻率与相位图上，与平地地形对比（未画出），可以看到在 10～1000Hz 频段

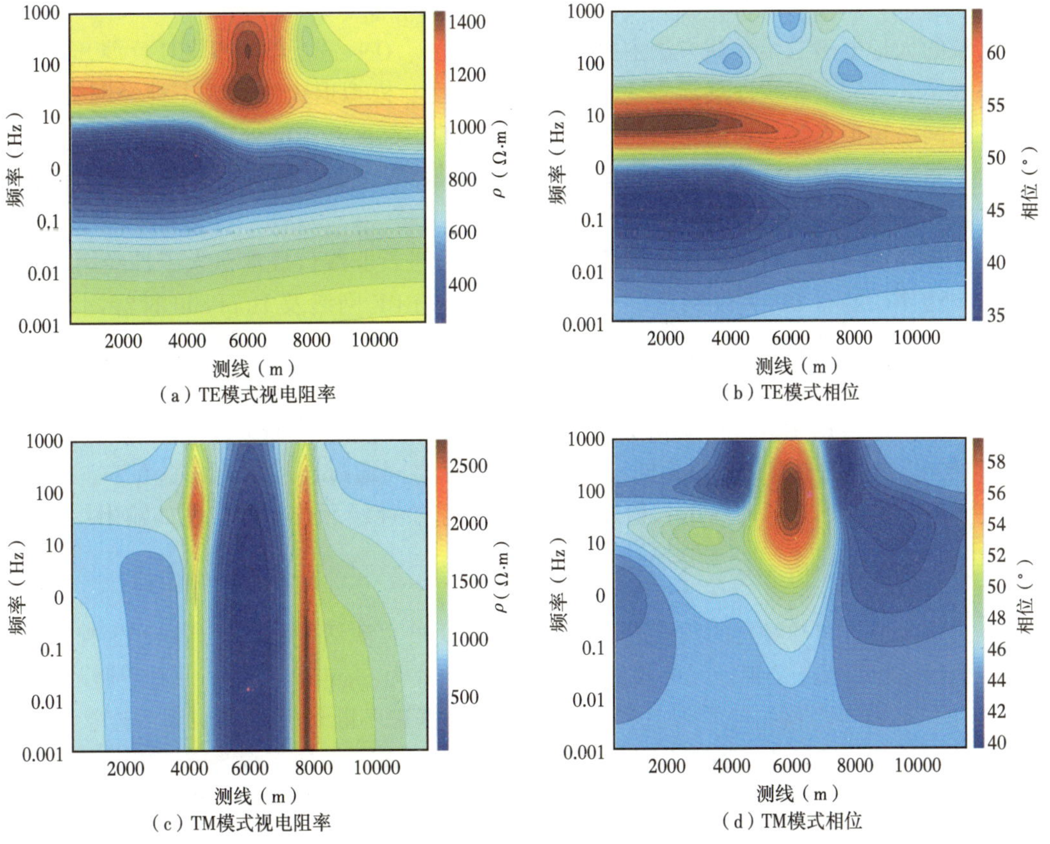

（a）TE模式视电阻率

（b）TE模式相位

（c）TM模式视电阻率

（d）TM模式相位

图 3-5　自适应加密后的模型正演结果

上，山丘地形在视电阻率和相位图上造成了明显的特有异常。TM 模式自适应正演总耗时为 177.24s，其中自适应过程耗时为 169s，正演耗时为 8.24s，自适应耗时占比为 95.4%，正演后的视电阻率如图 3-5c、图 3-5d 所示。同样，TM 模式中，山丘地形造成了更加明显的地形异常，几乎快要覆盖异常体所产生的异常。从计算时间上考虑，在具有充分的先验信息情况下，自适应过程并不推荐，费时费力，直接采用非常细的剖分网格，在时间上来说更加经济。当然，在大部分情况下，对某个模型是没有充分的先验信息的，操作中没有信心和把握仅凭经验去获得足够好的剖分网格，此时，自适应剖分可以在一定程度上提高计算精度，获得满意的正演结果。

3.1.1.4 小结

为了进一步提高计算精度，使用了应用较广、可靠性佳的 SPR 方法进行了自适应网格加密。在自适应过程中，TE 模式和 TM 模式的加密区域有所不同，对低阻体和高阻体的加密程度存在不同，而且由于不同频率下电磁波的衰减情况不同，自适应加密也会受到频率的影响。应当分频段的去进行自适应网格剖分，最后再将不同网格剖分正演结果进行频段合成，得到最终的正演结果。通过这些方法，验证了算法的有效性和通用性，实现了高效率高精度的大地电磁二维有限元正演工作，提高了对大地电磁这一方法的理解与认识，为后续反演工作的高效率高精度开展铺下了坚实基础。

3.1.2 基于神经网络二维自适应网格剖分的 WEM 反演

传统的大地电磁二维反演方法主要有 Bostick 反演、Occam 反演及 NLCG 反演，最近几年又发展了一些完全非线性反演方法，包括遗传算法、模拟退火法及人工神经网络方法。人工神经网络模拟人脑处理信息功能，由大量简单的、高度互连的处理单元所组成的复杂网络计算系统，在人工智能领域中最新发展起来的技术，受到广大科学工作者的关注，并将其引入地球物理反演领域。

人工神经网络是一种非线性处理系统，十分适合进行非线性反演。人工神经网络种类很多，广泛使用的有 BP 神经网络、SOM 神经网络、RBF 网络及 HopFeild 神经网络。BP 神经网络即误差回传神经网络（Back-Propagation Neural Network），是最常用的一类神经网络，可应用于分类、曲线拟合及人脸识别等场景中。BP 神经网络包含输入层、隐藏层及输出层。图 3-6 所示为一单隐层的 BP 神经网络，其中输入层有 d 个输入神经元、l 个输出神经元、q 个隐层神经元。不同层之间的神经元之间通过连接权值联系起来，上一层的所有神经元的输出乘以对应的权值之和为下一层某个神经元的输入，例如输出层第 j 个神经元接收到的输入值为 $\beta_j = \sum_{h=1}^{q} w_{hj} b_h$，其中 b_h 为隐层第 h 个神经元的输出值。神经元接收到的总输入值将与神经元的阈值进行比较，然后通过“激活函数”处理以产生神经元的输出。假设输出层第 j 个神经元的阈值为 θ_j，激活函数为 Sigmoid 函数 f，则该神经元的输出为 $f(\beta_j-\theta_j)$。神经网络的学习过程即通过训练数据来不断调整不同层间的连接权值和每个神经元的阈值；综上，神经网络“学”到的东西，蕴含在连接权与阈值中。

采用 BP 算法进行学习训练，通过信息正向传播和误差反向传播，迭代计算得出神经网络连接权值的最优值。在迭代过程中，存在参数学习率 $\eta \in (0, 1)$ 控制着算法每一轮迭代中的更新步长，若太大则容易振荡，太小则收敛速度又会过慢。

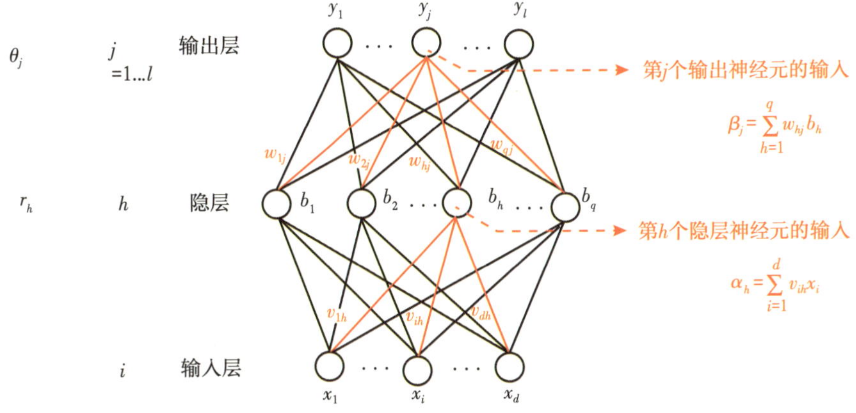

图 3-6　BP 网格及算法中的变量符号

对每个大地电磁观测视电阻率组成的训练样本，BP 算法执行以下操作：对每个训练样本，首先将不同频点的视电阻率数据提供给输入层神经元，也就是输入层神经元数目需要等于观测频点数；其次，逐层将输入信号前传，直到产生输出层的结果，输出层的结果也就是地层的反演电阻率；然后计算输出层结果与真实地层电阻率之间的误差，再将误差拟向传播至隐层神经元；最后根据隐层神经元的误差来对连接权和阈值进行调整。该迭代过程循环进行，直到达到某些停止条件为止，例如训练误差已达到一个很小的值，或者已达到最大迭代次数。

大地电磁模拟的首要步骤是产生训练样本，可以采用 MATLAB 随机函数产生一系列样本。假定模拟深度为 6000m，6000m 以深为均匀区域，一共剖分成 60 个网格，每个网格的厚度为 100m。为了简化复杂度，设定地层的电阻率区间范围为 0~5000Ω · m。一共随机产生 4000 个训练样本，部分样本如图 3-7 所示。样本具有一定的复杂性，并且不同的样本之间需存在差异性。对产生的训练样本进行正演仿真，每个训练样本获得 20 个频点的正演视电阻率。每个样本的 20 个频点的视电阻率作为神经网络的输入，60 层地层网格的电阻率作为输出。另外，需要产生 600 个模型作为测试样本。

对于 BP 神经网络的训练，MATLAB 软件已经有成熟的神经网络工具箱，可以直接采用该工具箱进行 BP 神经网络的训练。如图 3-8 所示，输入层为 20 个神经元，对应 20 个频点。输出层为 60 个神经元，对应 60 个网格的电阻率。隐藏层有两层，激活函数选择 tansig 函数。最大迭代次数设为 5000 次，最小训练误差设为 0.01。训练函数采用 traincgb 函数，学习率设为 0.01。

通过 BP 神经网络迭代训练，获得训练好的网络参数。接着使用测试样本对训练好的网络进行测试，评价测试结果。部分测试结果如图 3-9 所示。图中横坐标为深度（m），纵坐标为电阻率（Ω · m）。蓝色实线为理论模型，红色实线为 BP 神经网络反演模型，黄色实线为 Occam 反演得到的模型。可以看出，BP 神经网络反演结果大致拟合出了理论模型，在电阻率数值上及高、低阻地层厚度上都与理论模型大致吻合。与一维 Occam 反演结果相比，两者结果都能大致反映出理论模型的电阻率分布。该图中 BP 神经网络反演结果对更复杂模型拟合稍好，Occam 反演结果更光滑。虽然 BP 神经网络反演并未加入正则化项，依然可以得到比较光滑的反演模型。光滑度与拟合性是一对相互矛盾的变量，光滑度

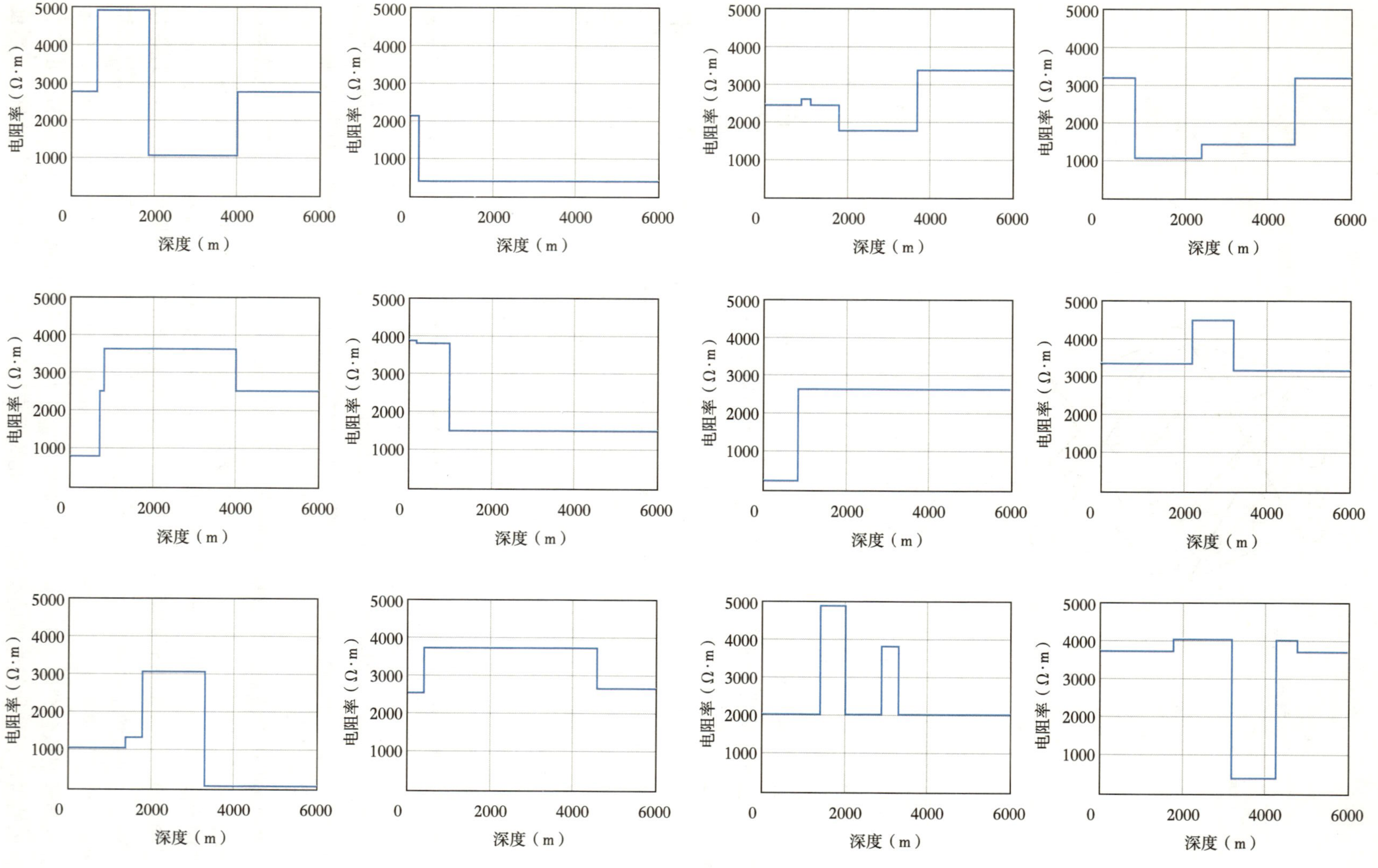

图3-7 部分训练样本

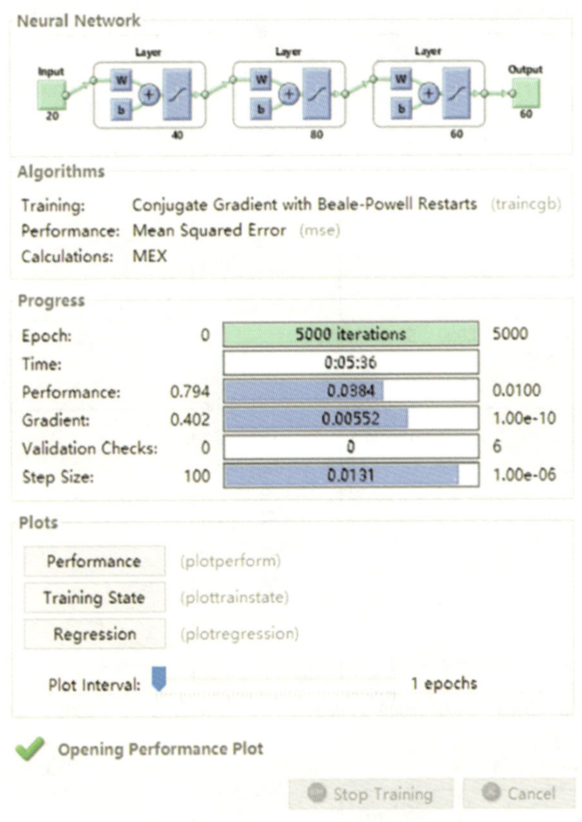

图 3-8　MATLAB 神经网络工具箱

越好，则拟合性越差；光滑度越低，则拟合性越好。Occam 反演受到正则化因子调节，BP 神经网络反演受到训练次数及其他参数的调节，都会在光滑度与拟合性中间权衡，无法评价谁比谁更好。与 Occam 反演一样，BP 神经网络反演同样可能存在过拟合问题，从而忽略了真实世界中地层电阻率是光滑变化的这一客观事实。

以上设置的测试模型都是直上直下的电阻率变化模型，电阻率在高、低间是突变的。假如是设置的是稍微光滑的地层模型，两者可以取得更好地反演结果。如图 3-10 所示，蓝色实线为设置的真实电阻率缓慢变化模型，红色和黄色分别是 BP 神经网络和 Occam 反演结果，两者反演结果与理论模型相当吻合。Occam 反演由于强制引入了正则化项，所以反演结果稍微更光滑一些。

接下来，分析理论模型与 BP 神经网络反演模型的正演响应。如图 3-11 所示，图 3-11a 为理论模型及 BP 神经网络和 Occam 反演结果对比。图 3-11b 为理论模型及 BP 神经网络和 Occam 反演结果的正演视电阻率和相位之间的比较，可以看到，三者之间曲线拟合得很好，说明反演模型与理论模型的正演响应是一致，BP 神经网络是可靠的。由理论模型的视电阻率响应输入 BP 神经网络系统中，得到反演模型，取得了不错的反演结果。再将反演结果输入正演系统中，反演结果的正演响应与理论模型的响应一致。说明 BP 神经网络反演与正演过程是一对互逆过程，BP 神经网络反演是完善的可靠的。

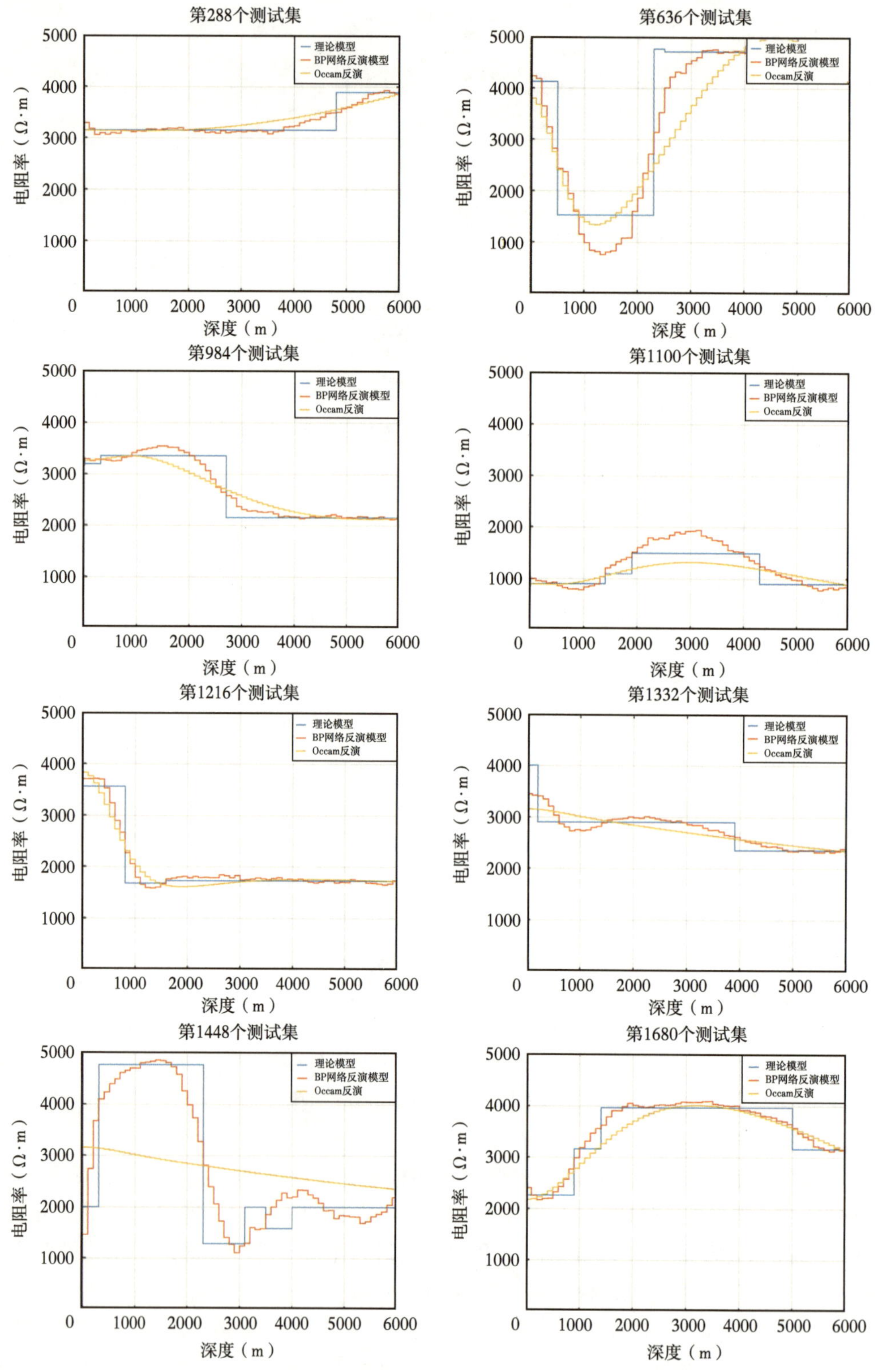

图 3-9 部分测试模型的反演结果

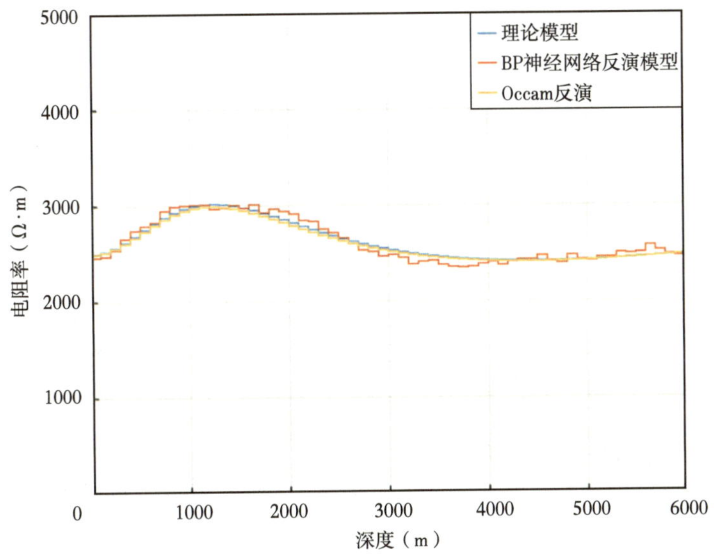

图 3-10　光滑模型的反演结果

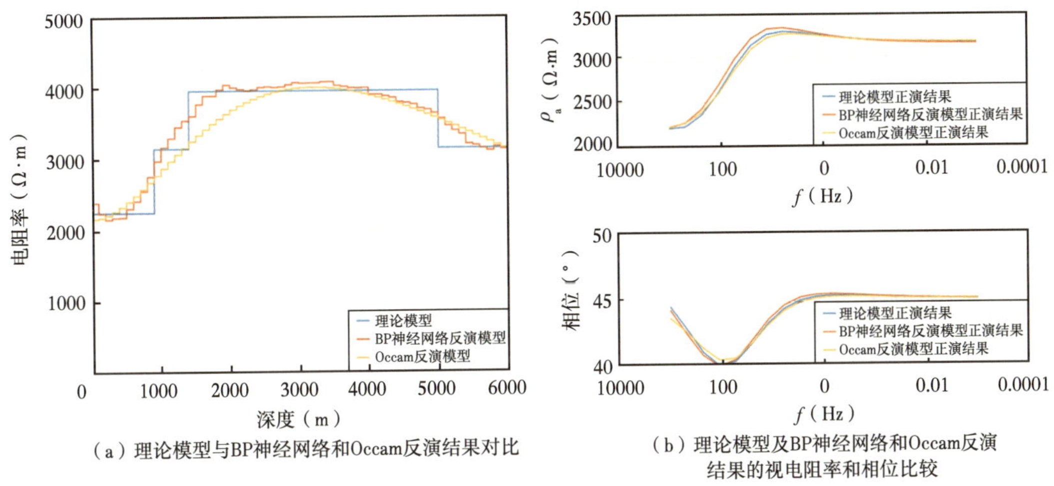

（a）理论模型与BP神经网络和Occam反演结果对比

（b）理论模型及BP神经网络和Occam反演结果的视电阻率和相位比较

图 3-11　理论模型与反演模型的正演结果对比

BP 神经网络主要计算在网络训练阶段的耗时。训练好的网络可对类似模型的视电阻率曲线进行实时反演，无须经典反演中的正演计算过程，也无须求解雅克比矩阵，可大大提高反演速度和效率。BP 神经网络非线性反演利用的是 BP 神经网络的非线性映射能力，与通常意义下的反演有所不同，属于一种完全新颖的反演方法，是大有发展前途的。

3.1.3　WEM 和 MT 联合测量实测数据反演

由二维极低频与大地磁法联合测量子课题试验获得的 WEM+MT 数据工 140 个测深点、剖面长度 30km，由此可完成 WEM+MT 数据处理和联合反演，可对深部构造探测提供电性资料支持。

试验测线位于勘探部署图的1线中段（图3-12），测点端点坐标（表3-1）。测线长度30km，其中的25km两端测点100点与600点分别对应着CZ15E-01的270点与320点。

图3-12　WEM+MT探测试验实际材料图

（测点100点与600点对应着CZ15E-01的270点与320点）

表3-1　WEM+MT试验测线端点坐标

线号	起点坐标（0点）（°）		终点坐标（600点）（°）		长度（km）	点数（个）
	经度	纬度	经度	纬度		
C01	30.118298	105.625538	30.33618612	105.4526665	30	140

测点以不等间距分布，站点距300m不等，每个站点布设如图3-12所示，施工采用张量观测方式，每套设备可同时测量3个测点，中间的测点测量两个分量的电场与三个分量的磁场（Hx、Hy和Hz），两侧的测点只测量两个分量的电场（Ex和Ey），数据处理时两侧测深点的磁场使用中间测点的磁场，电极距选定为50m，如图3-13所示。

所获得的实测WEM数据从19.048~185Hz频段计算得到的$Z_{x'x'}$（a）。从图3-14可以看出，张量绕x轴由0旋转到360°时，从0~5040点的$Z_{x'x'}$（a）极化图基本反映了较为简单二维地电结构，其构造轴向与测线基本垂直；从5920~31600点的$Z_{x'x'}$（a）极化图基本反映了该地段地层较为复杂，其构造复杂、有多个断裂经过。

对实测的WEM数据进行了阻抗分解及阻抗极化试算。图3-15和图3-16分别是测线xy向和yx向视电阻率及阻抗相位拟断面图，从浅部到深部表现相对较好的分层性。

在设置初始网格为横向点距为实测点距、纵向厚度为20m，初始电阻率为100Ω·m。采用最新反演软件对同样数据进行反演结果如图3-17（TM模式）、图3-18（TE模式）和图3-19（TE+TM模式）所示。

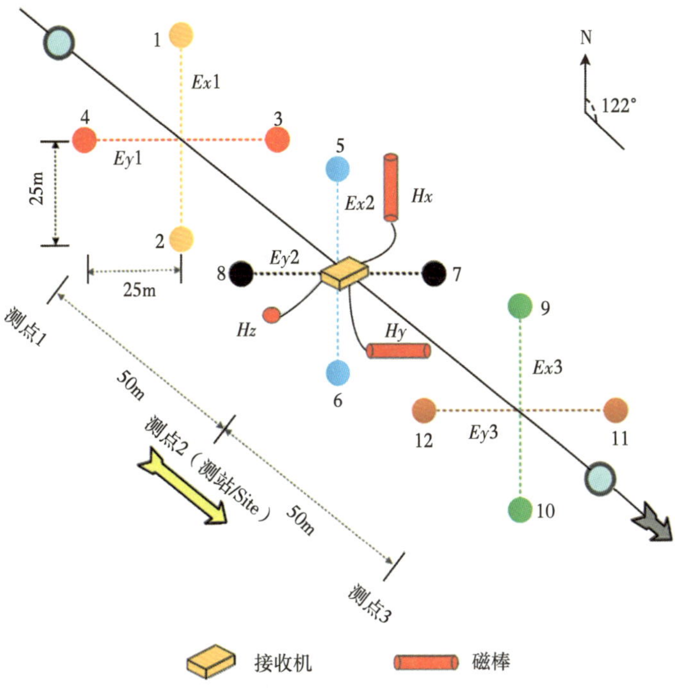

图 3-13 单套接收系统沿测线布设示意图（Ex 正南北向，Ey 正东西向）

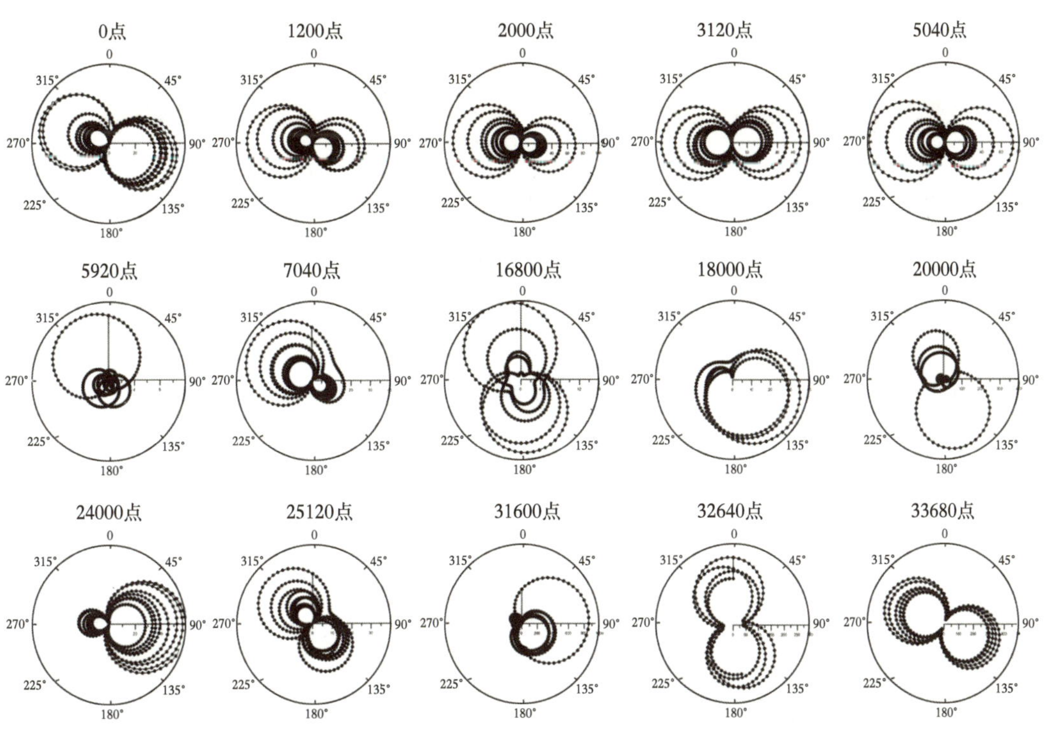

图 3-14 实测点 $Z_{x'x'}$（a）的极化图

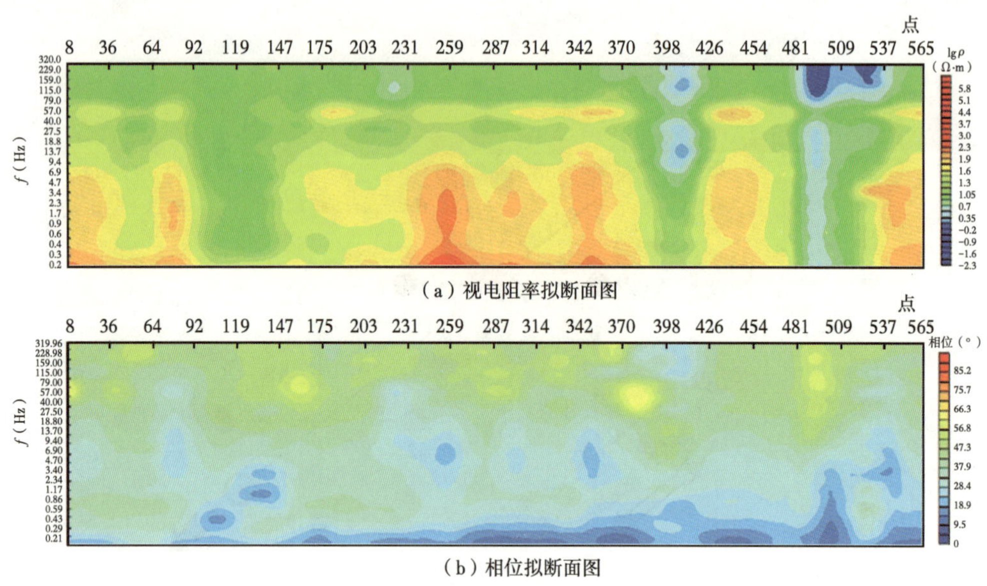

（a）视电阻率拟断面图

（b）相位拟断面图

图 3-15　测线 *xy* 向视电阻率、相位拟断面图

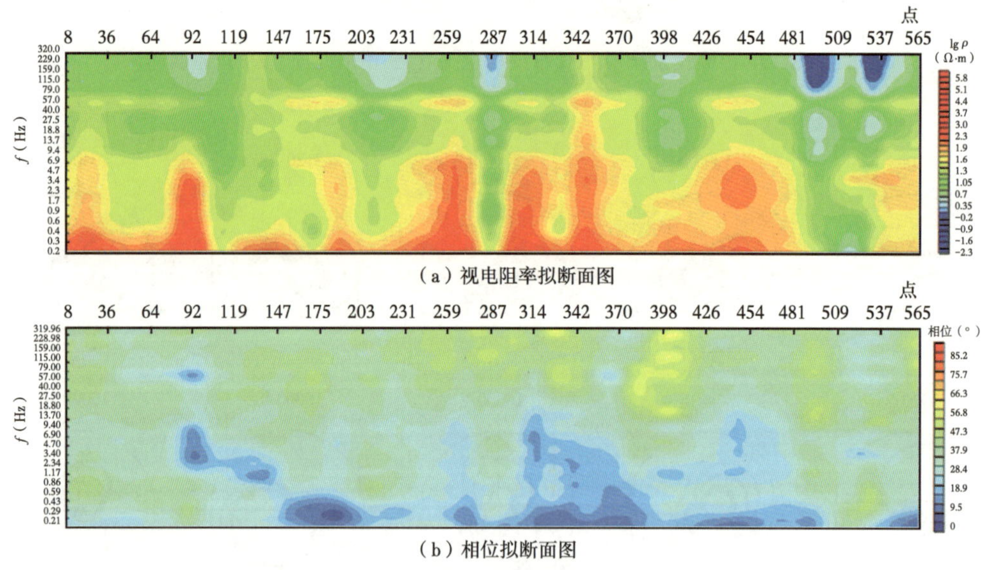

（a）视电阻率拟断面图

（b）相位拟断面图

图 3-16　测线 *yx* 向视电阻率、相位拟断面图

在 TM 模式反演电阻率断面中（图 3-17），各地层在图中反映为低阻和高阻互层的电性特征，在剖面右侧（北段）的 5km 以浅的电性分成与附近的高石 2 井基本一致。

在 9km（180 点）至 16.5km（330 点）处深部 4km 的隆起构造均与井震电联合约束反演结果（图 3-17）一致；在 25km（500 点）处的 4km 深部低阻与磨溪 9 井电测曲线基本一致，但在深度存在一定的误差。

在 TE 模式反演断面图中（图 3-18）对 4km 以浅的电性层分成连续性较差，但电性层的分层深度与北段高石 2 井和南部的磨溪 9 井电测曲线对比，其精度要好于 TM 反演结果。

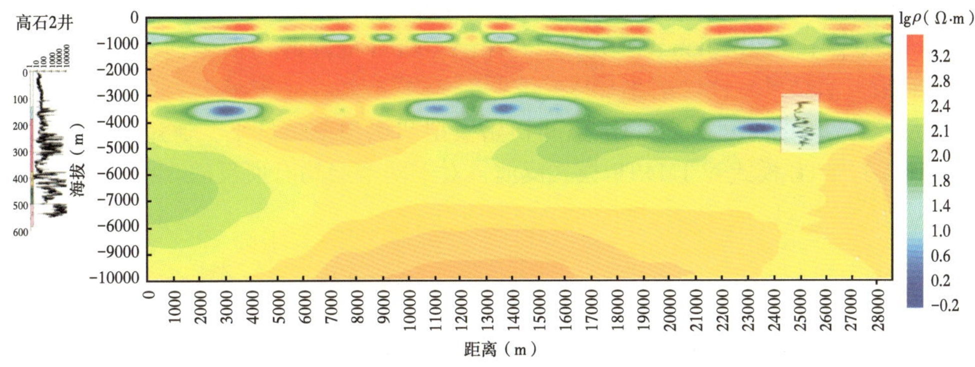

图 3-17 测线 TM 模式二维反演电阻率断面图

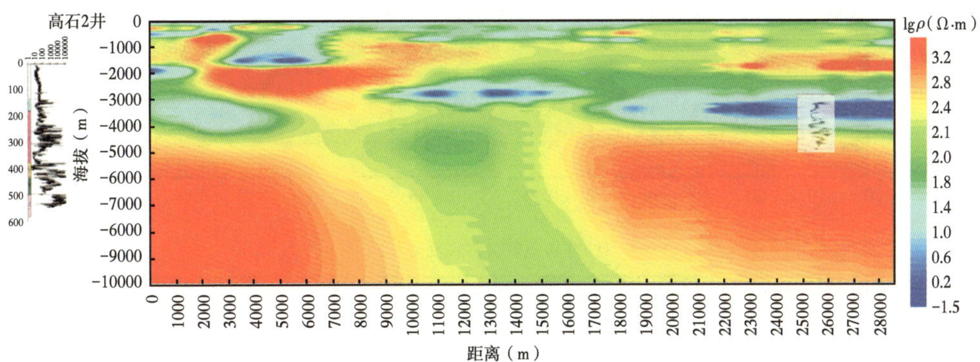

图 3-18 测线 TE 模式二维反演电阻率断面图

在 TM+TE 模式反演结果（图 3-19）将 TM 和 TE 的特点相结合，电性的横向分层性连续性和深部电性分层精度优于 TM 和 TE 反演结果，在 3km 以浅的电性层分成与高石 2

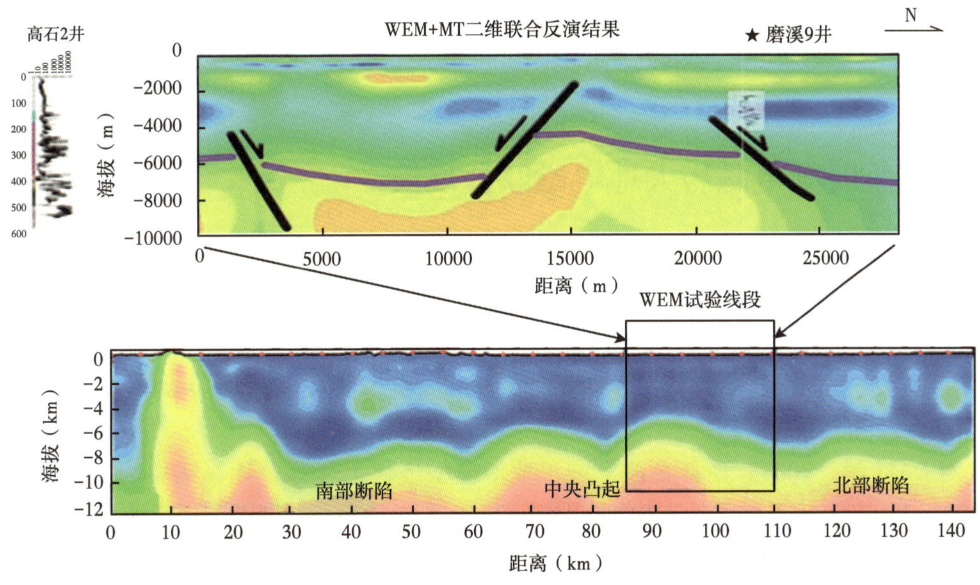

图 3-19 测线 TM+TE 模式二维反演电阻率断面图

井电测曲线基本吻合，在 25km（500 点）处的深部低阻与磨溪 9 井电测曲线基本吻合，以及 9km（180 点）至 16.5km（330 点）处深部 4000m 的隆起与两侧的断裂构造均与井震电联合约束反演结果一致（图 3-20）。

通过反演方法的研究，在均匀半空间初始模型和无约束条件下，通过对 WEM 与 MT 数据的 TM 模式、TE 模式和 TM+TE 模式反演，对不同地层均有所反映，并与已知钻孔电测曲线相吻合。

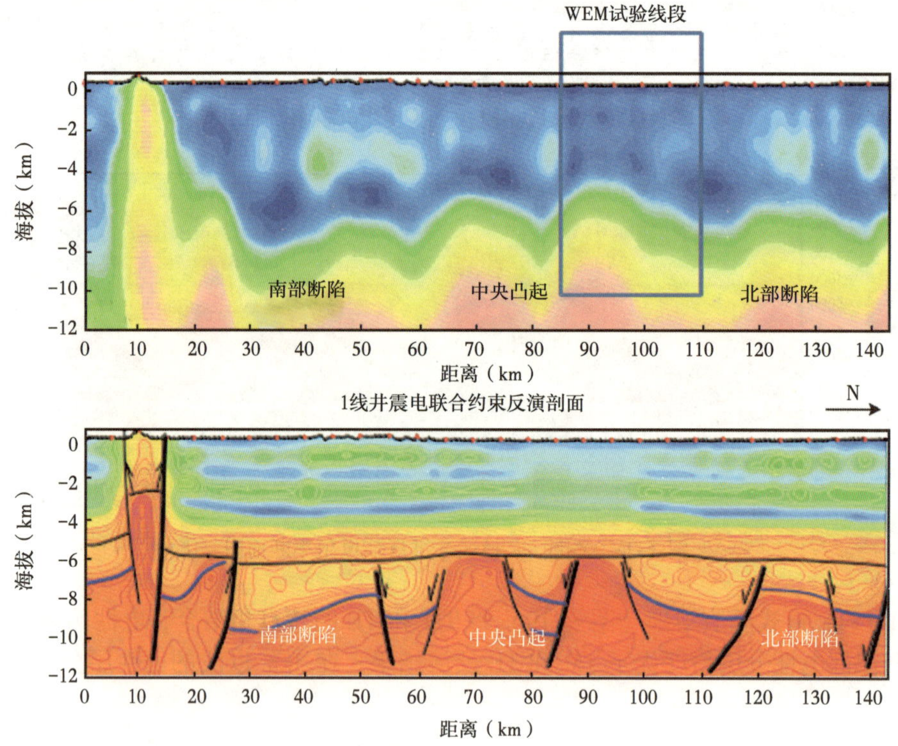

图 3-20　测线已有的 MT 二维反演和井震电联合约束反演结果

3.2　三维时频电磁与大地电磁联合反演

3.2.1　大地电磁三维正反演

大地电磁三维正演使用矢量有限元法，为验证程序正确性，对经典三维模型“COMMEMI 3D-1”（图 3-21）进行了正演计算。计算频率为 10Hz，网格为 24×24×20，正演结果如图 3-22 和图 3-23 所示。

对 NAM 等（2007）所计算的三维正地形模型进行了计算。计算频率为 2Hz，计算网格为 23×23×20。该三维正地形模型如图 3-24 所示，计算结果如图 3-25 所示。该结果表明，在三维正地形的影响下，xy 与 yx 两个模式的大地电磁视电阻率出现低阻假异常，而相位也同样出现虚假异常。

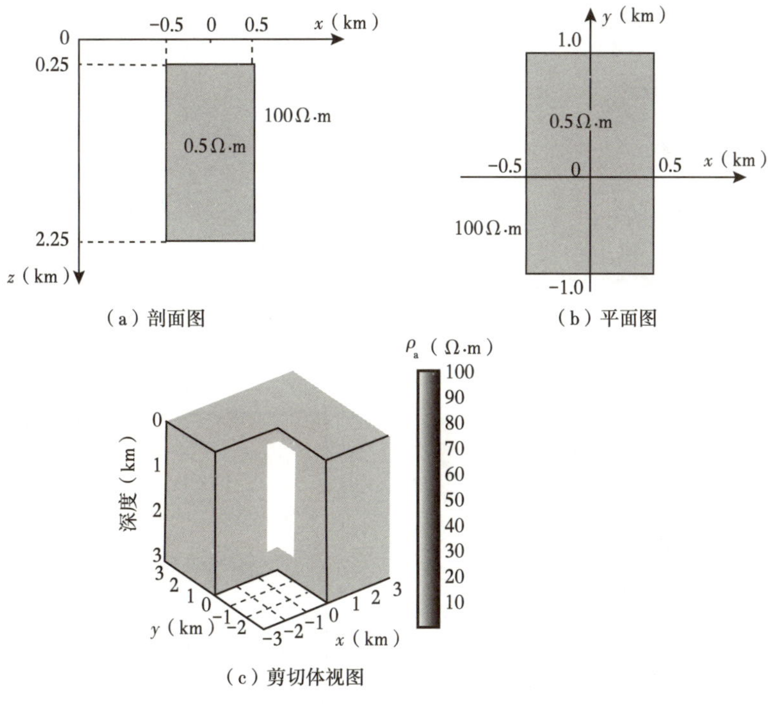

图 3-21 COMMEMI 3D-1 三维模型示意图

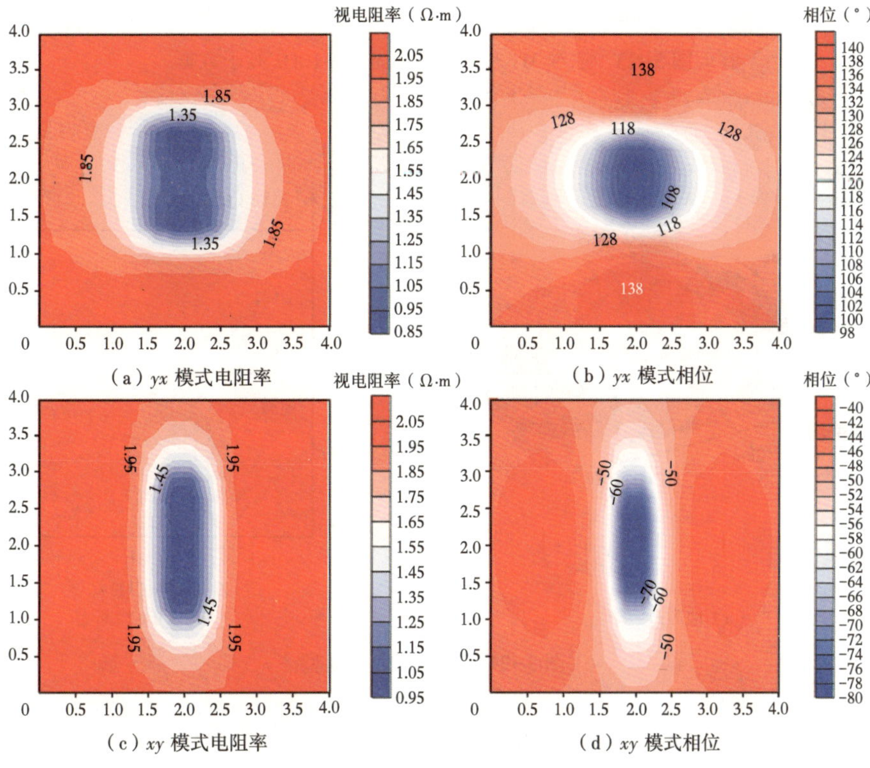

图 3-22 三维 MT 矢量有限元正演-10Hz 视电阻率与阻抗相位

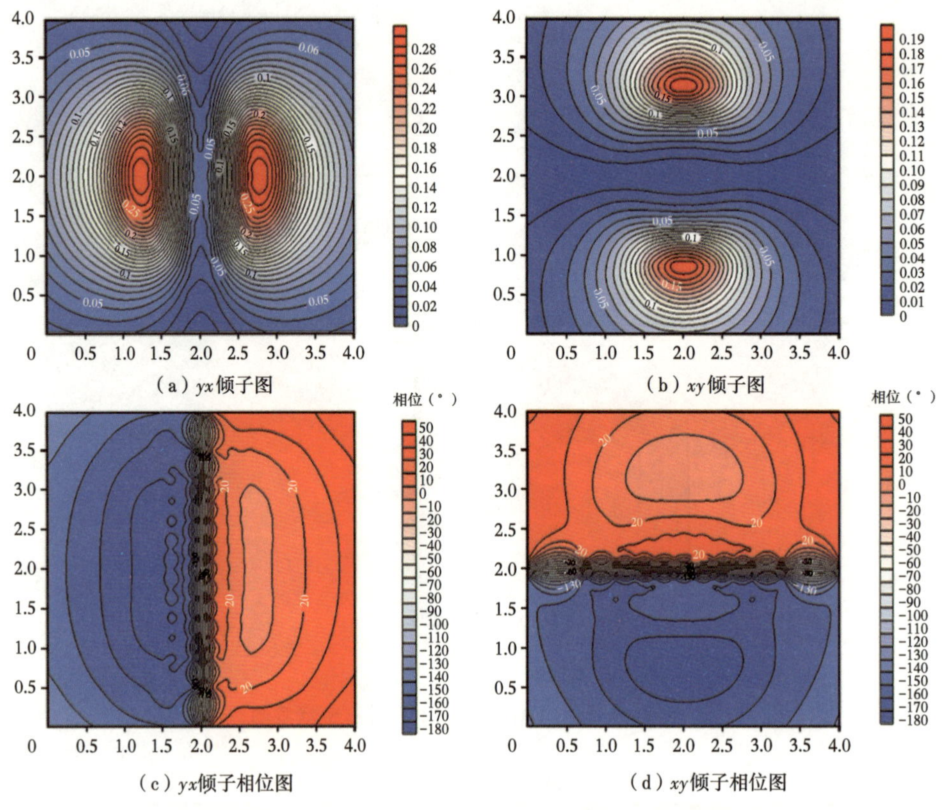

（a）*yx* 倾子图　（b）*xy* 倾子图

（c）*yx* 倾子相位图　（d）*xy* 倾子相位图

图 3-23　三维 MT 矢量有限元正演-10Hz 倾子数据

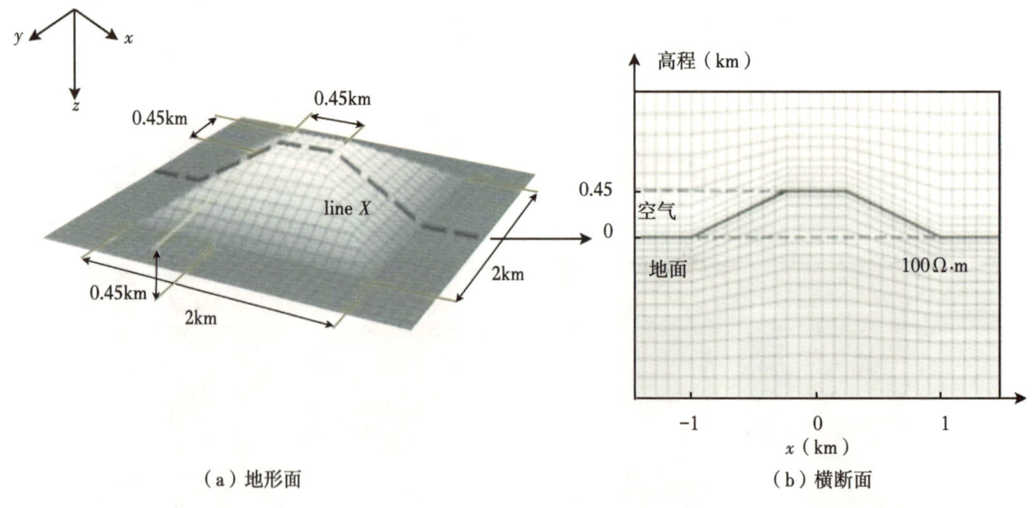

（a）地形面　（b）横断面

图 3-24　三维正地形模型

将上述正地形模型倒置，由此形成倒锥形体状的三维负地形模型。对该模型进行了正演模拟，计算频率为 2Hz，计算网格为 23×23×20，正演的结果如图 3-26 所示。该结果表明，在三维负地形的影响下，*xy* 与 *yx* 两个模式的大地电磁视电阻率出现高阻假异常，而

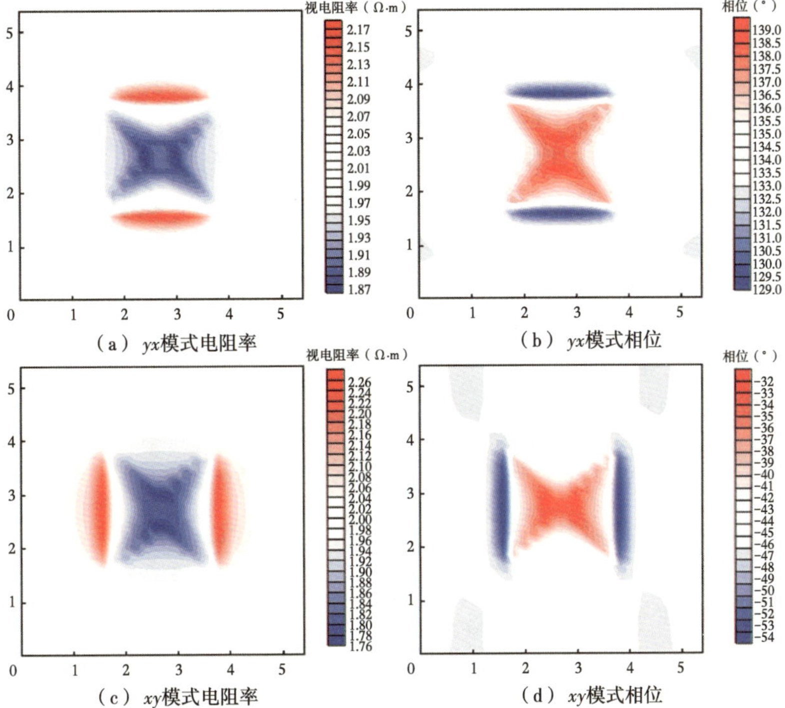

图 3-25　三维正地形模型矢量有限元正演（2Hz）

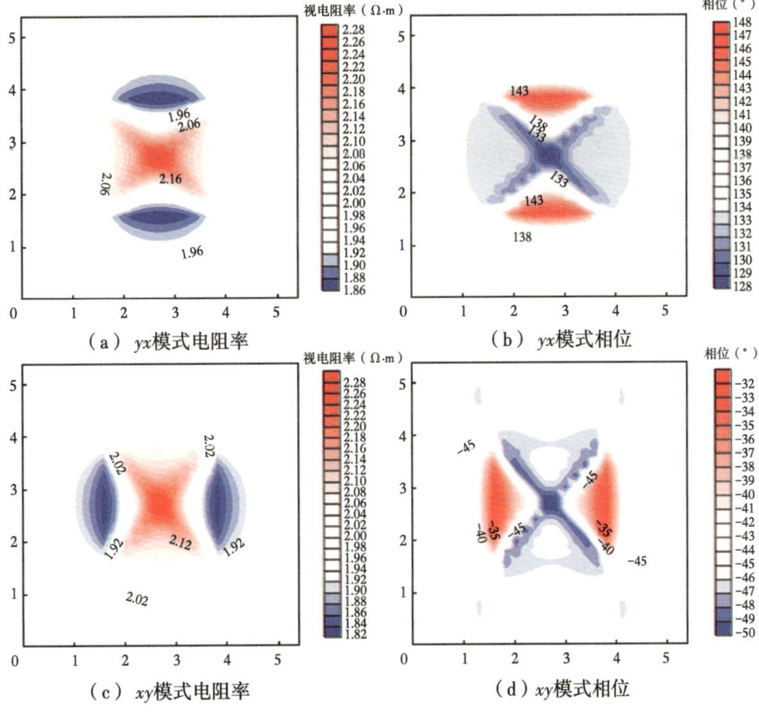

图 3-26　三维负地形模型矢量有限元正演（2Hz）

相位也同样出现虚假异常。

大地电磁三维反演采用拟牛顿法（Quasi-Newton）。拟牛顿法于 20 世纪 50 年代由美国 Argonne 国家实验室的物理学家 W. C. Davidon 提出，它使用每次迭代的修正量和梯度来模拟海赛矩阵，随着迭代进行，这一矩阵是不断更新的，无须更多的计算，它的收敛方向在迭代中后期基本和牛顿方向非常接近。在三维 MT 问题中，L-BFGS 技术已有成功的应用（Avdeev 等，2009）。和 NLCG 相比，二者内存需求差不多，求取梯度的过程一样，唯一的不同是迭代中后期基本上每次迭代的修正方向都为牛顿方向，大量的数值结果表明其修正步长基本为 1，因此使用 L-BFGS 来进行三维 MT 反演节省了大量的线搜索时间，反演过程中用于线搜索的正演步数接近 NLCG 的一半。因此相对而言，这是目前合适的方法。

拟牛顿法反演的目标函数为：

$$\varphi(\boldsymbol{\sigma},\ \lambda)=\varphi_d(\boldsymbol{\sigma})+\lambda\varphi_m(\boldsymbol{\sigma}) \tag{3-4}$$

式中，φ_d（$\boldsymbol{\sigma}$）是数据目标函数；φ_m（$\boldsymbol{\sigma}$）是模型目标函数；λ 是正则化因子；$\boldsymbol{\sigma}$ 是三维反演区域的电导率参数矢量。

各个电导率参数在一个带限内：

$$l_k\leqslant\sigma_k\leqslant u_k \tag{3-5}$$

应用有限内存拟牛顿法（Wright，Nocedal 1999），对一个初始模型 $\boldsymbol{m}_0$，反演要寻找迭代下一次的模型 m 时对应的方向向量和步长。对第 1 次迭代，搜索方向为：

$$\boldsymbol{p}^l=-\boldsymbol{G}^l\nabla_m\varphi^l \tag{3-6}$$

其中，$\nabla_m\varphi^l=\left(\dfrac{\partial\varphi}{\partial m_1},\ \Lambda,\ \dfrac{\partial\varphi}{\partial m_N}\right)^{\mathrm{T}}\Bigg|_{\sigma^l}$ 是梯度向量；$\boldsymbol{G}^l$ 是 Hessian 矩阵逆的近似矩阵，用有限记忆 BFGS 公式更新（Wright，Nocedal，1999）。

按如下方式更新电导率：

$$\sigma_k^{l+1}=\sigma_k^l+\alpha^l\sigma_k^0p_k^l \tag{3-7}$$

其中，步长 α^l 通过在模型空间 $\boldsymbol{m}$ 中的一个不精确线搜索方法计算得到。在梯度的计算中，偏导数可表示为：

$$\frac{\partial\varphi_d}{\partial m_k}=\frac{\partial\varphi_d}{\partial\sigma_k}\sigma_k^0 \tag{3-8}$$

式（3-8）的计算非常关键，需要用伪正演来数值方法得到，程序中，主正演计算的方程组求解过程中，保存系统矩阵参数，从而也将它们逐次计算出来。

仍然以标准模型 COMMEMI 3D-1（图 3-27）为例，正演频率有 330Hz、100Hz、33.33Hz、10Hz、3.333Hz、1Hz、0.3333Hz、0.1Hz，共 8 个。对正演得出的结果，反演初始模型为 100Ω·m 的均匀空间，反演网格为 20×22×18，迭代 19 次，耗时约为 2.2h，相对拟合误差为 3.4，结果如图 3-28 所示。

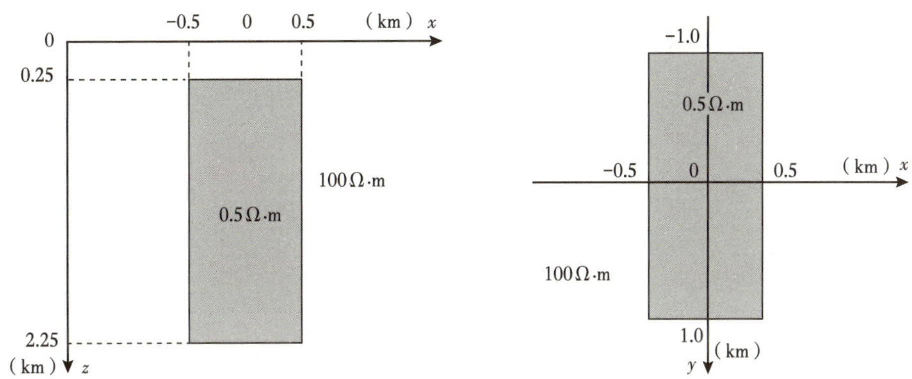

图 3-27 模型 COMMEMI 3D-1

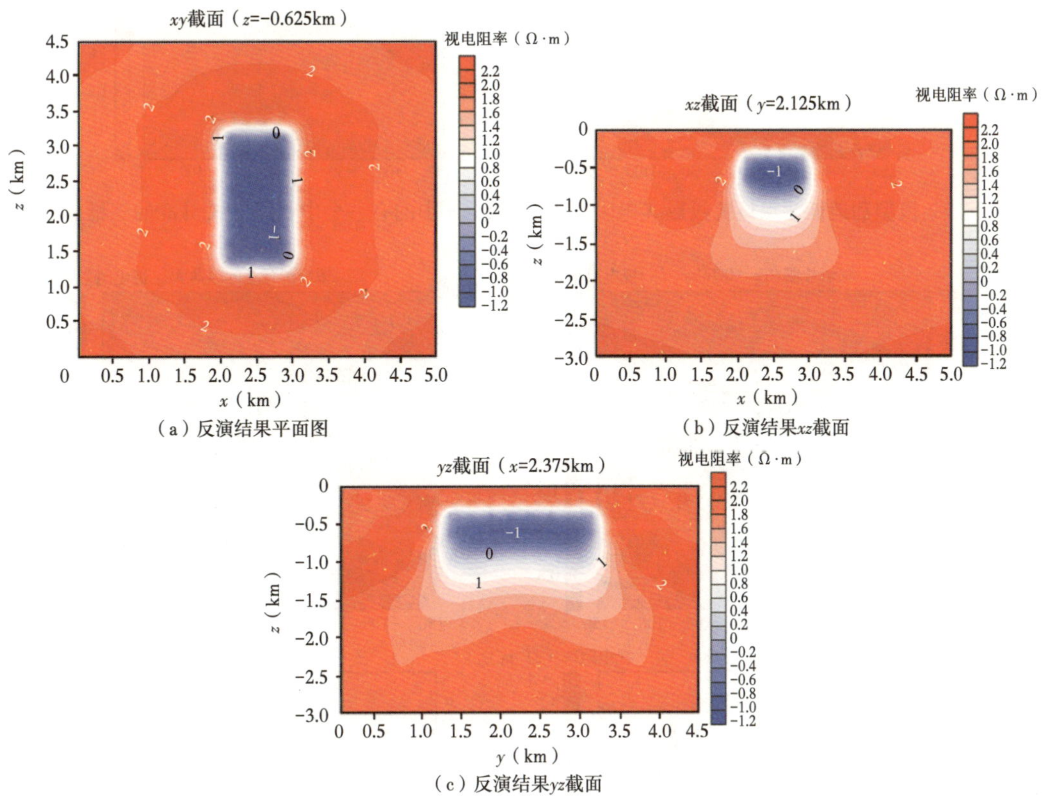

（a）反演结果平面图

（b）反演结果xz截面

（c）反演结果yz截面

图 3-28 拟牛顿法三维 MT 反演结果

对大深度的模型，如图 3-29 所示的目标体模型，用电阻率为 500Ω · m 的均匀半空间模型为初始模型进行反演。图 3-30 是迭代次数为 30 次的反演结果，模型得到了恢复。图 3-31 是大地电磁反演迭代过程中迭代收敛参数变化曲线。

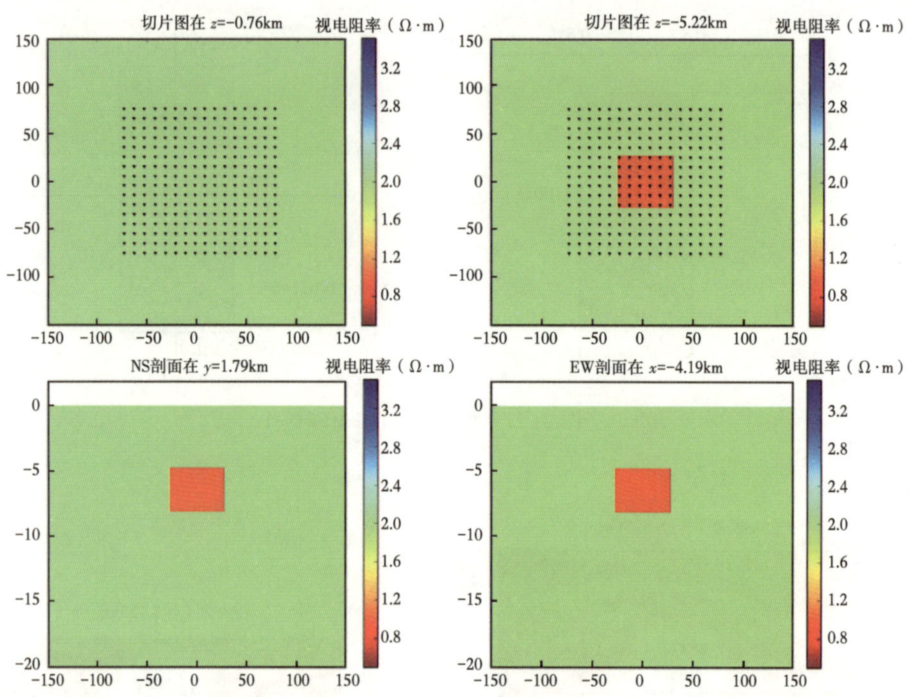

图 3-29　模型和地面测点位置投影（电阻率为 100Ω · m 中的有一个中心深度 6. 5km 的三维低阻体）

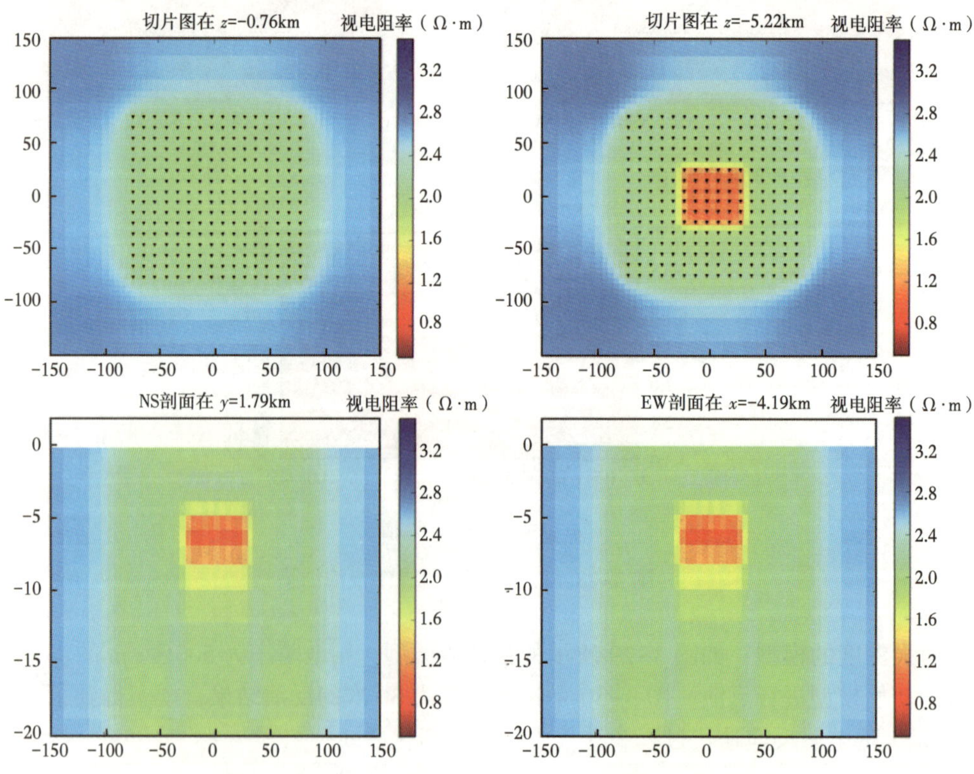

图 3-30　第 30 次迭代的反演结果

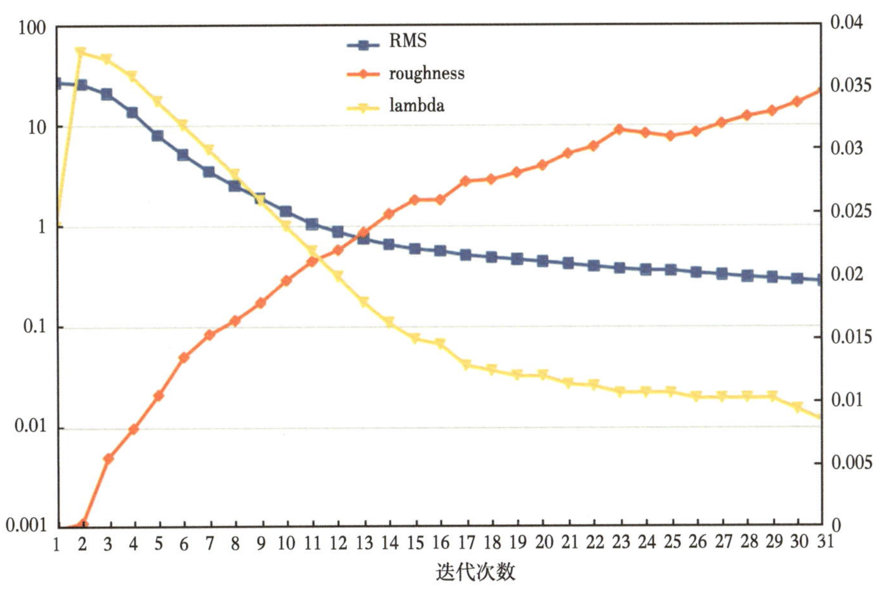

图 3-31　反演过程的迭代参数与迭代收敛曲线

3.2.2　时频电磁三维正反演

采用频率域有限差分方法模拟三维时频电磁的频率域响应，然后用快速余弦变换方法转换到时间域中，得到时间域的响应。经过正演可以得到正负双极性连续脉冲下的电磁场瞬变响应、感生电动势瞬变响应，再用这些时频域响应数据联合反演地下目标体的电导率分布，反演算法是高斯—牛顿法。

到目前为止，时频电磁三维正反演的频率域部分已经全部完成，而时间域三维正反演的难度远远高于频率域电磁三维正反演。尽管时间域三维反演部分代码编制完成，仍需要做进一步的验证、并行化和优化调试工作，由于三维反演计算时间较长，所给的测试模型均较小，需要在这些测试结果很优良条件下再进行最终的深大结构模型的并行反演工作。

3.2.2.1　时频电磁响应的三维有限差分正演方法

时频电磁的响应是先在频率域中有限差分计算，时间域响应则由傅里叶变换转换到时间域中而得到。故需要在频率域中进行数值模拟，此时，设二次电场 $\boldsymbol{E}_s$ 满足如下控制公式：

$$\nabla \cdot \nabla \cdot \boldsymbol{E}_s + i\omega\mu_0\sigma\boldsymbol{E}_s = -i\omega\mu_0\boldsymbol{J}_p \tag{3-9}$$

式中，$\boldsymbol{J}_p=(\sigma-\sigma_0)\boldsymbol{E}_p$ 是二次场场源；$\boldsymbol{E}_p$ 是时频电磁的一次场，可以解析计算得到。

进而可以计算电场总场和磁场总场，再由磁场得到感生电动势响应：

$$V = -i\omega\mu HS_r \tag{3-10}$$

对二次场模拟时，仍用交错网格离散方法，按 x 方向、y 方向和 z 三个方向的标量式进行差分离散，以 x 方向的标量式的显示差分公式为例：

$$\left(\frac{e^{y}_{i+1,j+1/2,k}-e^{y}_{i,j+1/2,k}}{\Delta x_i}-\frac{e^{x}_{i+1/2,j+1,k}-e^{x}_{i+1/2,j,k}}{\Delta y_j}-\frac{e^{y}_{i+1,j-1/2,k}-e^{y}_{i,j-1/2,k}}{\Delta x_i}\right.$$
$$\left.+\frac{e^{x}_{i+1/2,j,k}-e^{x}_{i+1/2,j-1,k}}{\Delta y_{j-1}}\right)/\Delta' y_j+\left(\frac{e^{z}_{i+1,j,k+1/2}-e^{z}_{i,j,k+1/2}}{\Delta x_i}-\frac{e^{x}_{i+1/2,j1,k+1}-e^{x}_{i+1/2,j,k}}{\Delta z_k}\right.$$
$$\left.-\frac{e^{z}_{i+1,j,k-1/2}-e^{z}_{i,j,k-1/2}}{\Delta x_i}+\frac{e^{x}_{i+1/2,j1,k}-e^{x}_{i+1/2,j,k-1}}{\Delta z_{k-1}}\right)/\Delta' z_k+\mathrm{i}\omega\mu_0\sigma_{i+1/2,j,k}e^{x}_{i+1/2,j,k}=$$
$$-\mathrm{i}\omega\mu_0\left[\sigma_{i+1/2,j,k}-\sigma_{\mathrm{p}(i+1/2,j,k)}e^{x}_{p(i+1/2,j,k)}\right] \tag{3-11}$$

最终，二次电场的 Helmholtz 方程差分离散后得到的线性系统为：

$$\boldsymbol{Ax}=\boldsymbol{b} \tag{3-12}$$

式中，A 为系数矩阵；x 为未知数变量。

频率域转换为时间域的 Guptasarma 算法：Guptasarma 积分就是由频率域向时间域转换的一种算法，其计算阶跃电流激励下时间域电磁场的表达式为：

$$h(t_i)=H_0-\sum_{r=1}^{21}\varphi_r R_e[H(2r-i)] \qquad (i=1,\ 2,\ \cdots,\ m) \tag{3-13}$$

式中，$t_i=10^{t_0+0.13048i}$；H（$2r-1$）表示 $\omega=10^{-4.088-t_0}\times10^{0.13048(2r-i)}$ 的频率域响应；φ_r 为线性滤波系数；H_0 为零频响应。

正演数值模拟算例：如图 3-32 所示的模型，有两个目标异常体，其中浅部异常体为一个中心位于（0，1650，350）m 的 600m×600m×300m 大小的长方体，电导率为 0.001S/m 的高阻目标体。深部存在一个位于（−1500m，1500m）×（2500m，4500m）×（5000m，6000m）处的电导率为 0.5S/m 的三维低阻体。发射源为置于 x 轴上的直导线，长度为 4km，其中心为 x 轴，馈入电流脉冲为 0.5A 的周期正负方波。FDFD 网格剖分个数为 67×59×51，计算电流极性反转后延时 0.1~100ms 时间段的空中的瞬变响应。图 3-32 和图 3-34 分别是空中 90m

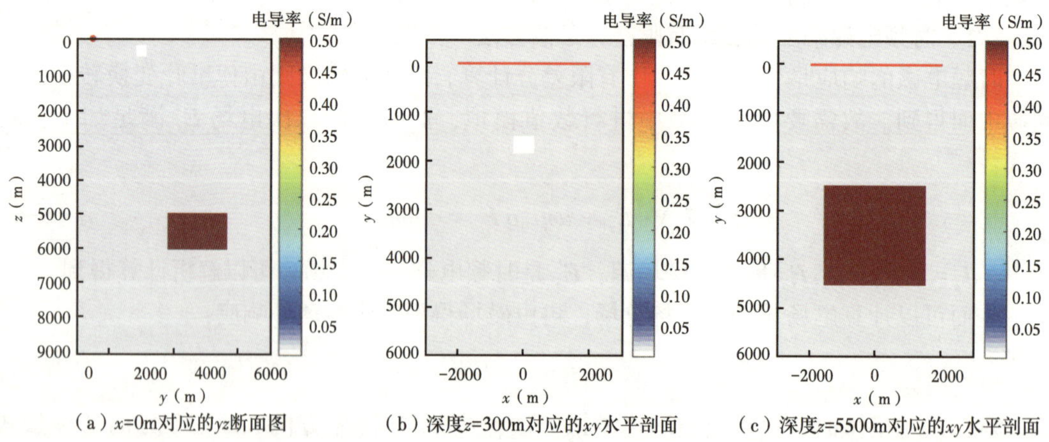

（a）x=0m对应的yz断面图　（b）深度z=300m对应的xy水平剖面　（c）深度z=5500m对应的xy水平剖面

图 3-32　计算模型的电导率分布图

浅部和深部各一个三维体，各图中的红点或红线均为发射源导线在对应面上的投影

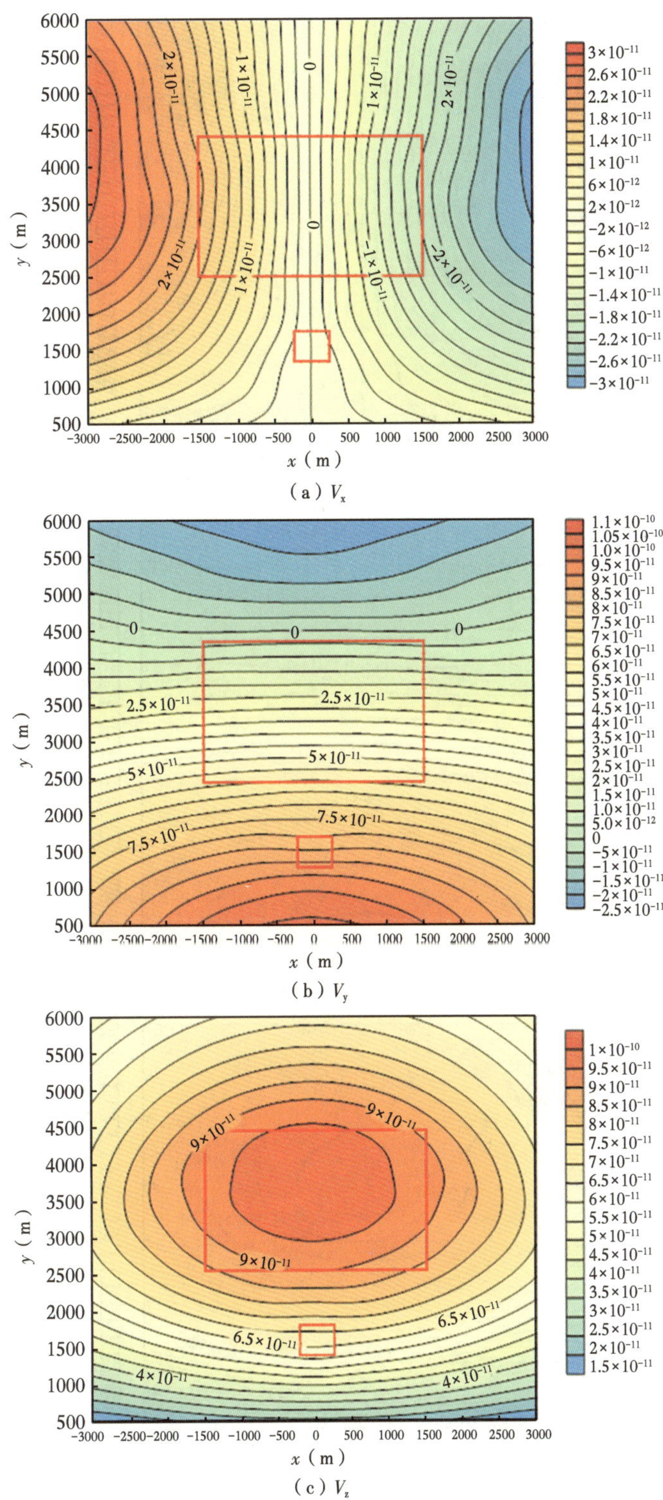

图 3-33 空中 90m 的 51.8ms 时的三分量感生电动势瞬变响应

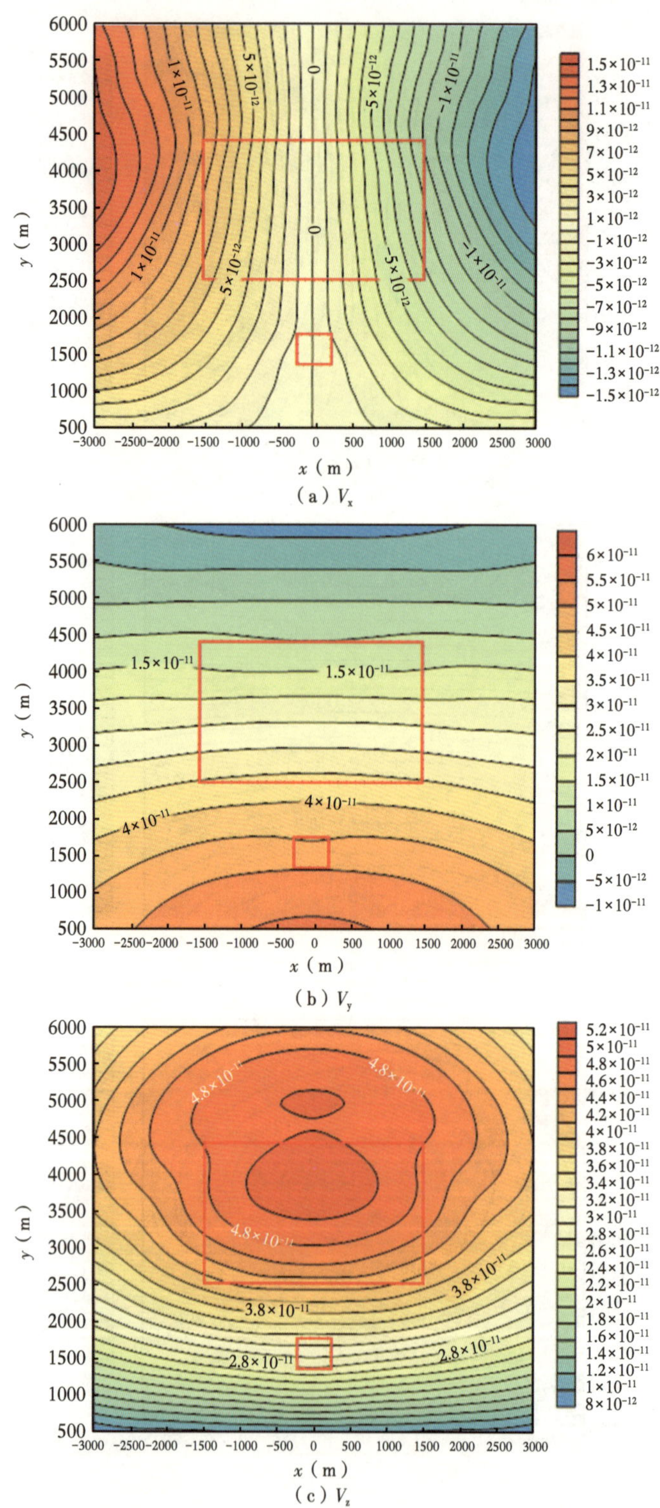

(a) V_x

(b) V_y

(c) V_z

图 3-34 空中 90m 的 72ms 时的三分量感生电动势瞬变响应

处接收的 51.8ms 和 72ms 时的三分量感生电动势时间域响应，图中的红色矩形线框是地下 2 个三维体在飞行平面上的投影。可见，浅层的小的高阻三维体和深部的低阻三维体的异常均可以看到，异常分布形态明显与异常体的展布形态具有一致性。说明了时频电磁方法的可行性，只要激励信号足够，理论上是能够探测到地下异常体响应的。

3.2.2.2 时频电磁时间域资料反演方法

设目标函数为：

$$\phi(\boldsymbol{m},\boldsymbol{d})=[\boldsymbol{d}-\boldsymbol{f}(\boldsymbol{m})]^T\boldsymbol{C}_d^{-1}[\boldsymbol{d}-\boldsymbol{f}(\boldsymbol{m})]+\lambda(\boldsymbol{m}-\boldsymbol{m}_0)^T\boldsymbol{C}_m^{-1}(\boldsymbol{m}-\boldsymbol{m}_0) \tag{3-14}$$

写成归一化目标函数形式，有：

$$\phi(\boldsymbol{m},\boldsymbol{d})=[\boldsymbol{d}-\tilde{\boldsymbol{f}}(\widetilde{\boldsymbol{m}})]^T[\boldsymbol{d}-\tilde{\boldsymbol{f}}(\boldsymbol{m})]+\lambda\widetilde{\boldsymbol{m}}^T\widetilde{\boldsymbol{m}} \tag{3-15}$$

其中，$\widetilde{\boldsymbol{m}}=\boldsymbol{C}_m^{-1/2}(\boldsymbol{m}-\boldsymbol{m}_0)$，$\tilde{\boldsymbol{f}}(\widetilde{\boldsymbol{m}})=\boldsymbol{f}(\boldsymbol{C}_m^{-1/2}\boldsymbol{m}+\boldsymbol{m}_0)$

这里使用高斯—牛顿法（GN）求解上面的大规模时频电磁反演问题。设 J 是雅可比矩阵，$\boldsymbol{r}=\boldsymbol{d}-f$（$\boldsymbol{m}n$）是数据残差，则公式（3-14）对应的反演问题公式为：

$$(\boldsymbol{J}^T\boldsymbol{J}+\lambda\boldsymbol{I})\ \Delta\boldsymbol{m}=\boldsymbol{J}^T\boldsymbol{r}-\lambda\boldsymbol{m}_n \tag{3-16}$$

应用 QMR 法求解 $\Delta\boldsymbol{m}$。模型参数用如下公式进行更新：

$$\boldsymbol{m}_{n+1}=\boldsymbol{m}_n+s\Delta\boldsymbol{m} \tag{3-17}$$

式中，s 是范围在 0~1 的一个稳定因子，迭代过程中，根据残差情况做适当的增加或减少。

综上所述，雅可比矩阵的计算非常关键，这里同样是用伪正演计算的：

$$\boldsymbol{A}\frac{\partial\boldsymbol{E}_s}{\partial m_k}=\frac{\partial\boldsymbol{s}}{\partial m_k}-\frac{\partial\boldsymbol{A}}{\partial m_k}\boldsymbol{E}_s \tag{3-18}$$

得到频率域灵敏度矩阵后，用公式（3-13）转换到时间域中，从而可根据 GN 反演方法反演地下模型。

另一个三维正演的例子是以地面大回线源的三维模型（图 3-35）时频电磁时间域响应数据的反演程序初步测试。图 3-36 和图 3-37 是两个时刻点的地面大回线框内测点的电场和感生电压的瞬变响应，可见，瞬变响应分布上可以明显看出线框和地下目标体的影响，亦说明响应数据对地下目标体是灵敏的。图 3-38 是三维体反演结果在 $x=0$，$y=0$ 和

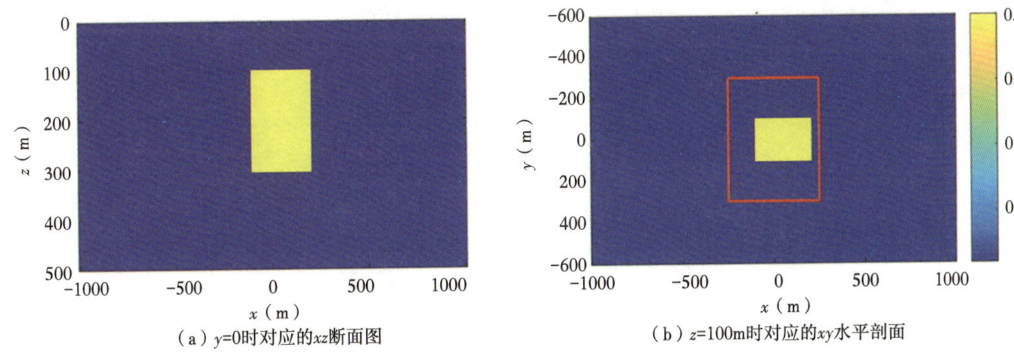

（a）y=0时对应的xz断面图　（b）z=100m时对应的xy水平剖面

图 3-35　地面大回线源的三维模型

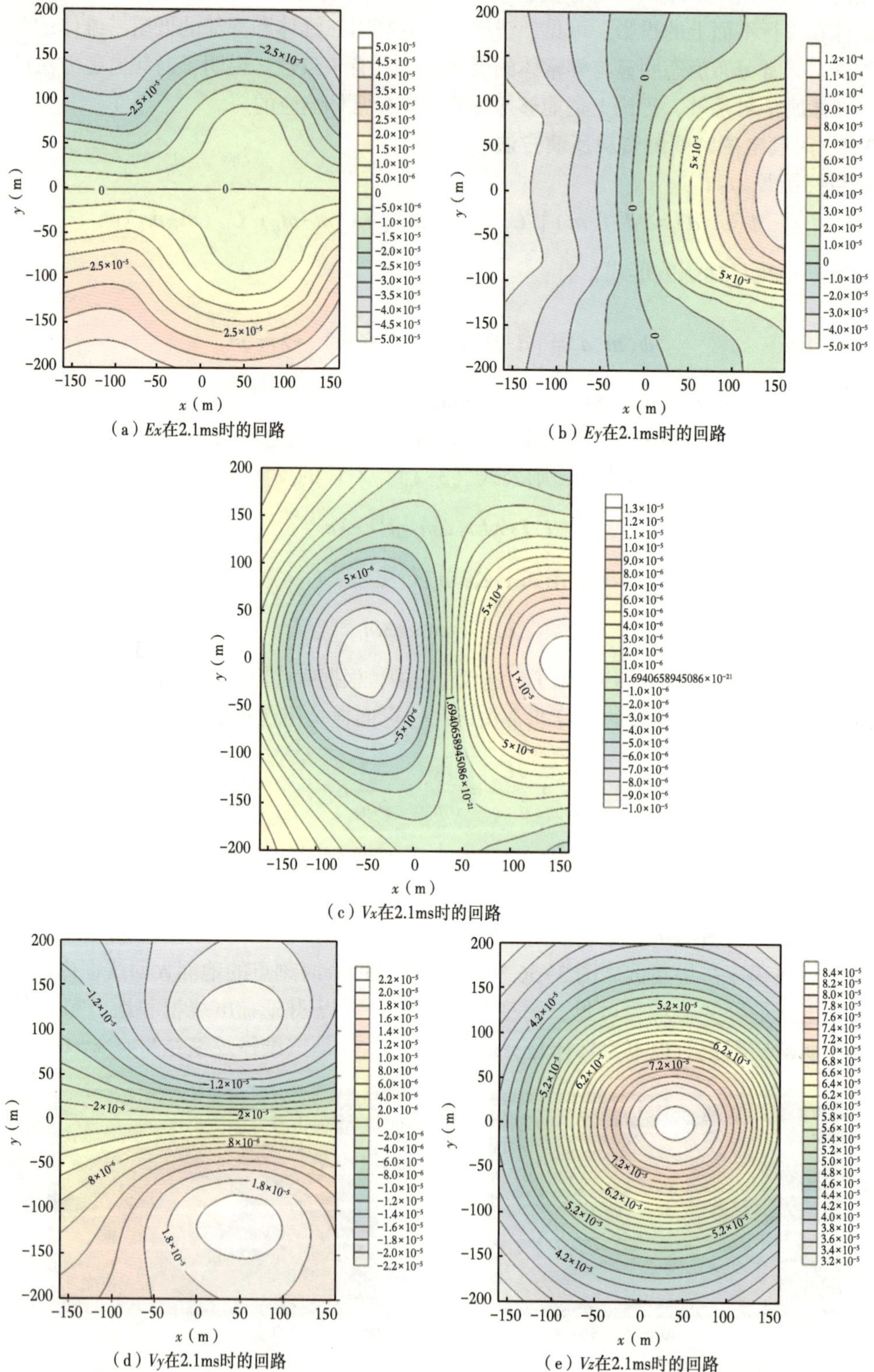

（a）Ex在2.1ms时的回路

（b）Ey在2.1ms时的回路

（c）Vx在2.1ms时的回路

（d）Vy在2.1ms时的回路

（e）Vz在2.1ms时的回路

图 3-36　2.1ms 时地面大回线框内测点的水平电场、三分量感生电压瞬变响应

$z=200$m 断面上的结果，其中迭代次数为 5 次，收敛标准为归一化相对误差 5%。除靠近线框一侧的模型反演结果有不稳定的结果外，其他地方均较好。

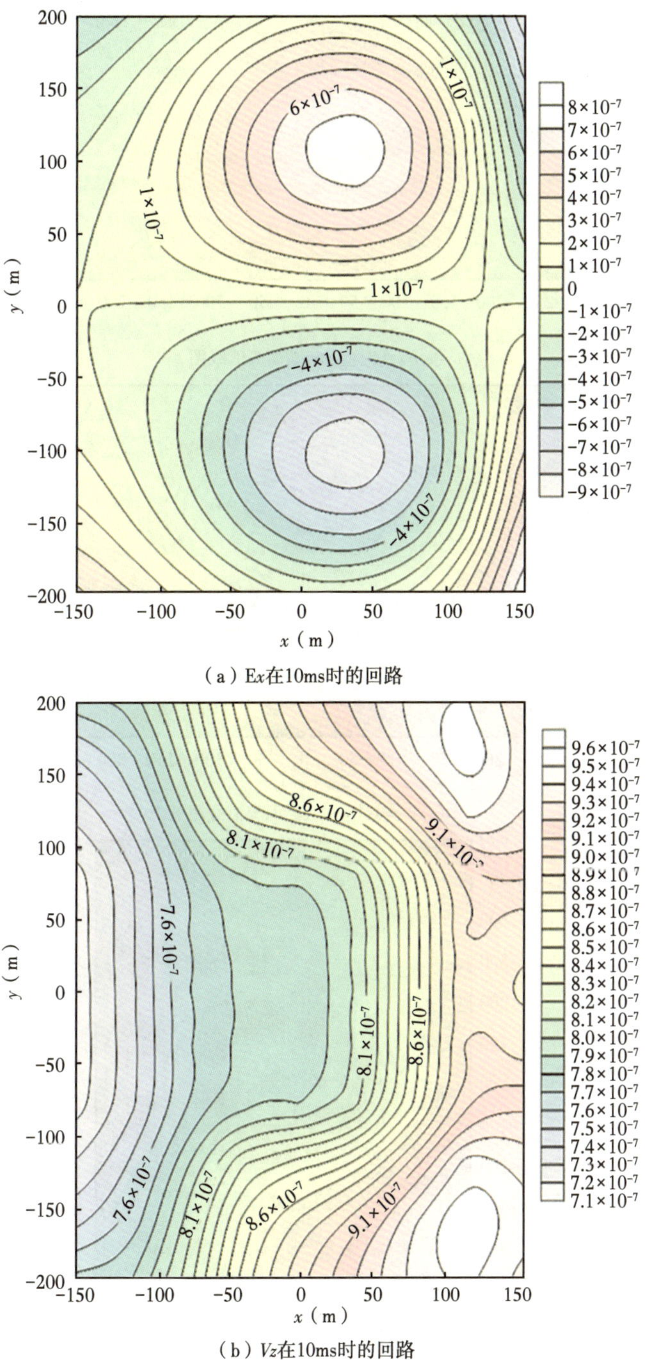

（a）Ex在10ms时的回路

（b）Vz在10ms时的回路

图 3-37 回线框内测点在 10ms 时的电场分量和感生电压分量分布

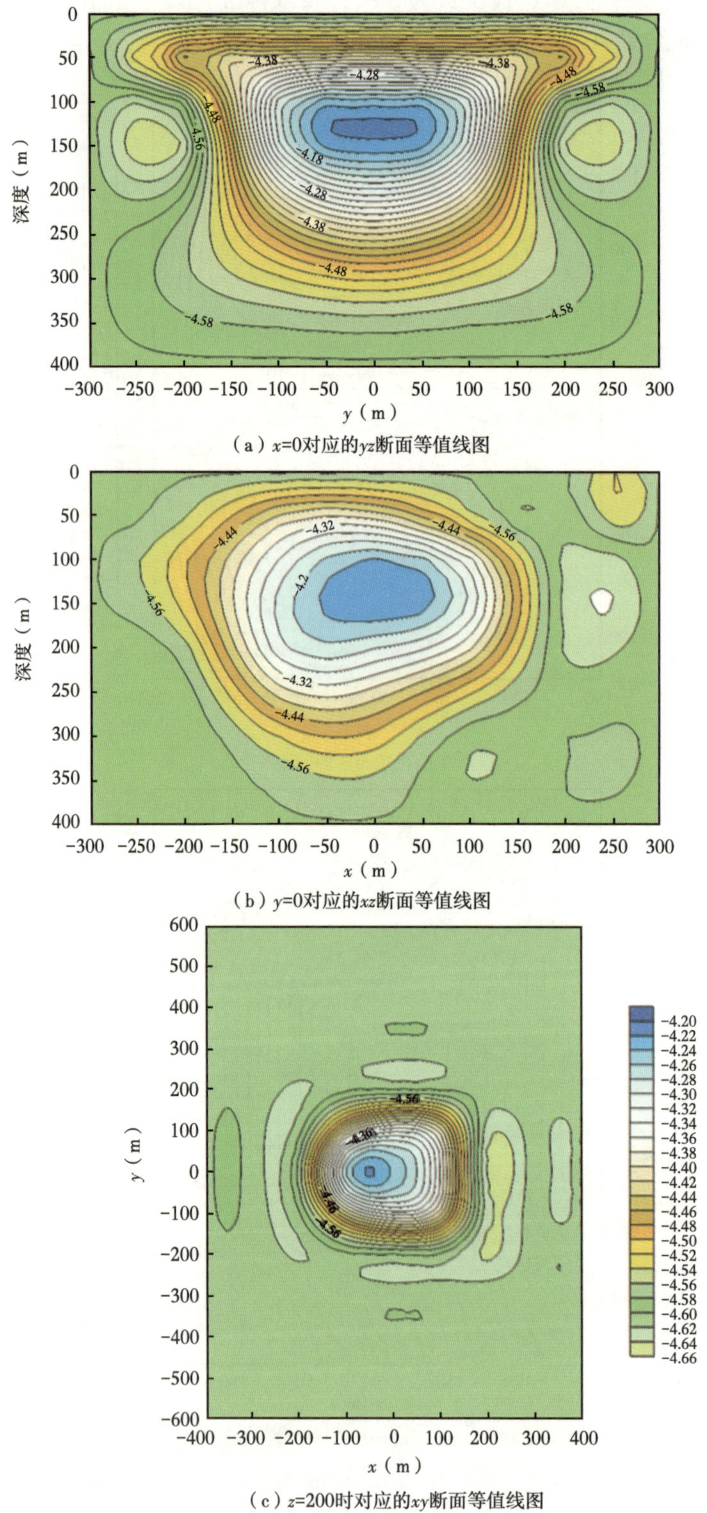

（a）x=0对应的yz断面等值线图

（b）y=0对应的xz断面等值线图

（c）z=200时对应的xy断面等值线图

图 3-38　三维模型反演结果的三个断面等值线图

3.2.3 大地电磁与时频电磁三维联合反演

联合反演思路是大地电磁和时频电磁同时进行+分步进行的联合反演的，其中时频电磁的时间域响应数据做一维反演，方法是按上述的时频电磁反演公式（3-9）至公式（3-14）。不同的是粗糙度按一阶光滑模型设计的，稳定因子是自适应方法得到的。时间域响应数据反演层数设计为 10 层左右，反演结果作为背景模型 $\boldsymbol{m}_0$，然后，采用大地电磁和时频电磁的频率响应数据做同时反演。反演的归一化目标函数为：

$$\phi(m,\ d)=\alpha[d_1-\tilde{f}_1(\widetilde{m})]^{\mathrm{T}}[d_1-\tilde{f}(\widetilde{m})]+\beta[d_2-\tilde{f}_s(\widetilde{m})]^{\mathrm{T}}[d_2-\tilde{f}_2(\widetilde{m})]+\lambda(\widetilde{m}-m_{\mathrm{apr}})^{\mathrm{T}}(\widetilde{m}-m_{\mathrm{apr}}) \tag{3-19}$$

式中，d_1、d_2 分别是大地电磁的张量阻抗与阻抗相位频率响应数据和时频电磁的频率域的响应数据；f_1 和 f_2 分别是大地电磁和时频电磁在频率响应部分的三维有限差分正演，每次迭代过程中，两种正演是同时计算的；α 和 β 分别是两种数据权参数，目前正对各个反演参数进行试算和调整之中。

接下来仍按公式（3-16）至公式（3-18）中的反演方法进行迭代计算，因为两种数据都是频率域的三维正演，所以雅可比矩阵也是类似的，只不过时频电磁的频率响应计算时间是大地电磁的 5 倍多，仍需要更好的控制方法来调节联合反演的进行。

3.2.4 超深层测试模型的联合反演试算

3.2.4.1 简单模型联合反演测试

测试了一个大深度简单模型（图 3-39，目标体深度为 6~7km）的正演计算。

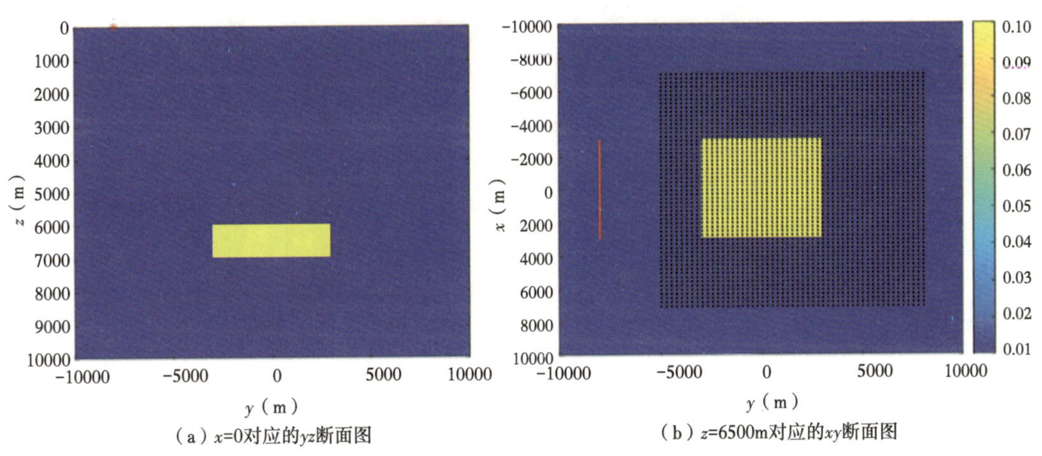

（a）x=0对应的yz断面图　（b）z=6500m对应的xy断面图

图 3-39　深度为 6km 的三维目标体模型

用上述模型的时频电磁响应数据及大地电磁响应数据，进行三维反演测试，如图 3-40 至图 3-42 所示，展示了联合反演和单独反演的效果。其中，参与反演的大地电磁数据是 15 个频点的 xy 模式的视电阻率和相位、yx 模式的视电阻率和相位，频率范围为 0.001~50Hz。反演以大地电磁的 Bostick 成像结果作初始模型。可见，联合反演达到了重构地下目标体的目的。其中，大地电磁单独反演得到的低阻区域中心位于6km深度处，即目标体上界面处，比真实区域稍偏浅一点。反演最低电阻率值为41.7Ω·m，异常区域分布较大，显示了分辨率不够（图3-40）。增加了时频电磁的时间域数据联合反演后，相比大地电磁单独反演效果，浅层纵向电阻率变化细致，低阻区域也在目标体的6km深的上界面处，但最低电阻率值为25.1Ω·m（图3-41）。但大地电磁数据、时频电磁的时间域数据+频率域数据的联合反演结果中，目标体深度得到了较好的控制，最低电阻率为33.1Ω·m（图3-42）。说明了大地电磁与时频电磁频率域数据的联合反演能够起到最好的效果。

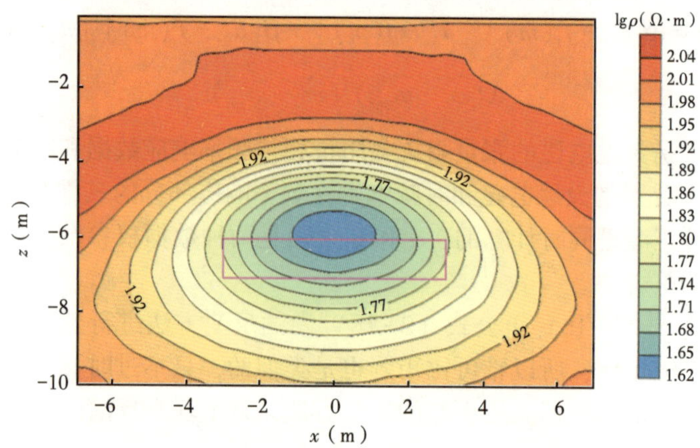

图3-40 大地电磁数据单独反演结果（$y=0$断面）

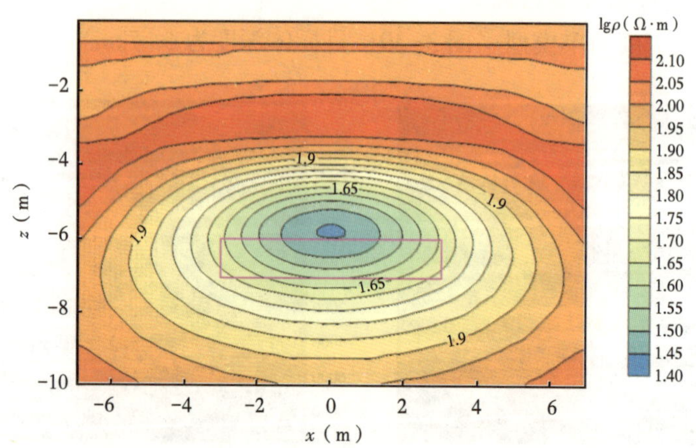

图3-41 大地电磁数据和时频电磁的Ex、Vy、Vz三个分量瞬变响应数据的联合反演（$y=0$m断面，时间域）

3.2.4.2 复杂模型联合反演测试

图3-43是本书拟定的超深层反演测试模型，分别显示了大地电磁的测点分布和时频电磁测点与激励源的分布，正演合成数据例子如图3-44所示。

为了快速计算和减少雅可比矩阵大小，反演计算中，地下网格均较为粗。单次迭代都需要非常长的计算时间，故反演迭代次数设置较少。设反演初始模型为二层介质：第一层

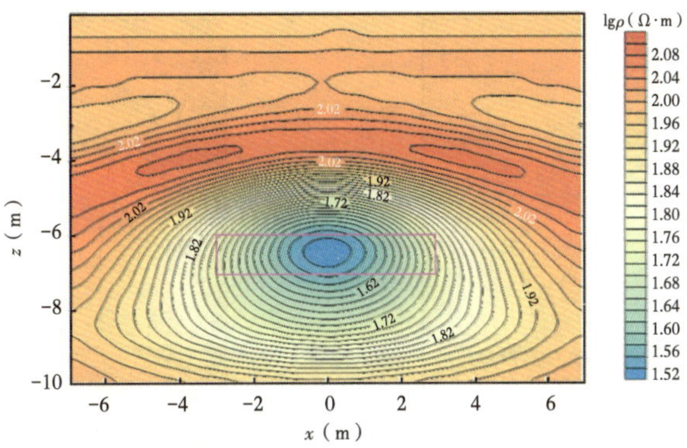

图 3-42　大地电磁数据和时频电磁的 *Ex*、*Vy*、*Vz* 三个分量瞬变响应数据（y=0 断面，时频电磁的时间域+频率域）

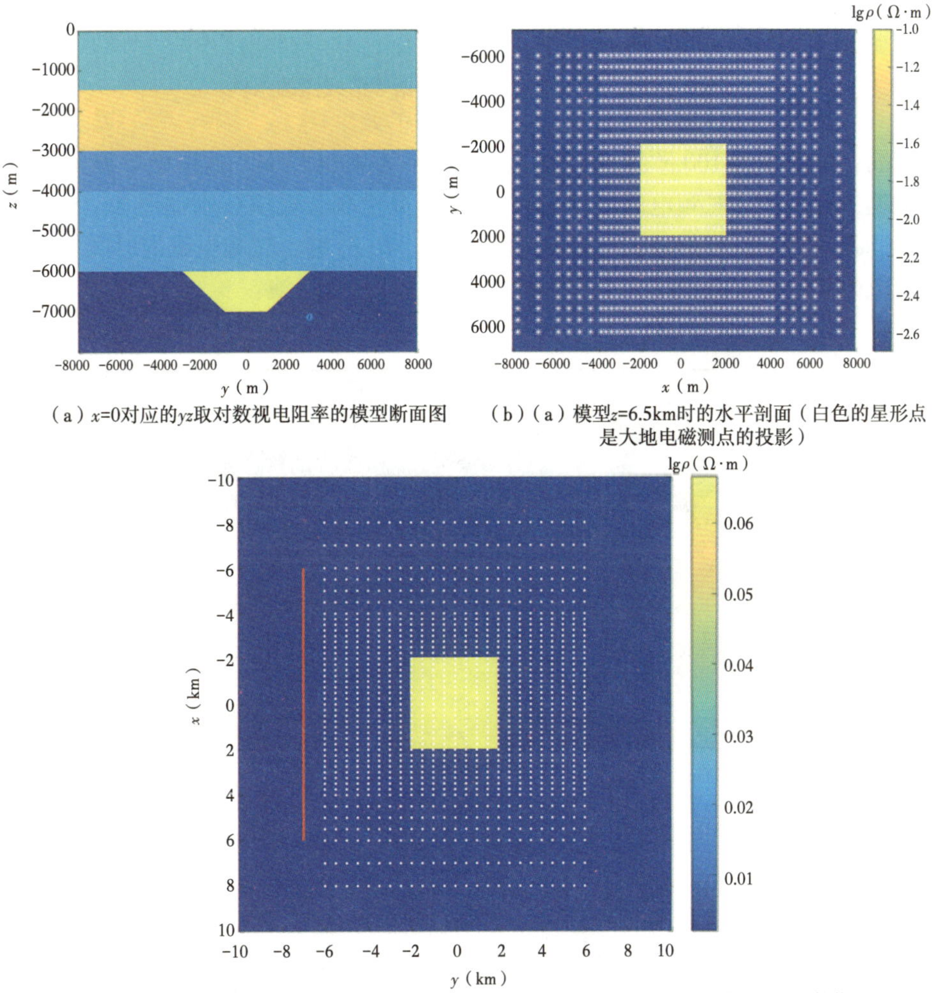

（a）x=0对应的yz取对数视电阻率的模型断面图

（b）（a）模型z=6.5km时的水平剖面（白色的星形点是大地电磁测点的投影）

（c）模型同（b），白色点为时频电磁测点的投影，红色线段为时频电磁的激励源的位置

图 3-43　大地电磁与时频电磁联合反演测试用的三维模型

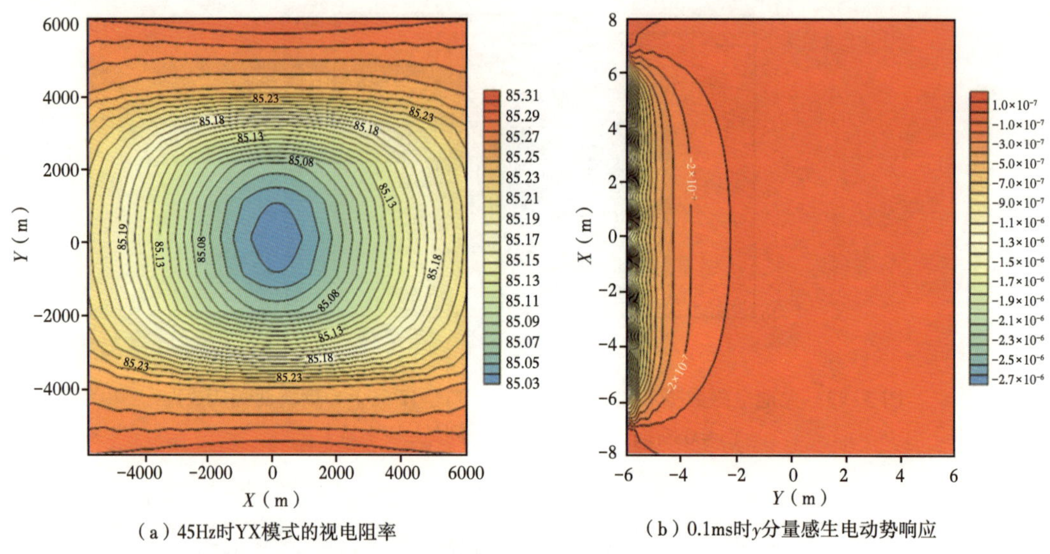

（a）45Hz时YX模式的视电阻率　　（b）0.1ms时y分量感生电动势响应

图 3-44　正演得到的响应数据等值线图的示例

厚度为 6km，电阻率为 100 欧姆米，第二层电阻率为 450Ω · m。这里做单独大地电磁的 4 个阻抗数据进行反演、时频电磁的频率域 Ex、Bz 分量联合反演分别如图 3-45、图 3-46。而用了不同权重数据组合的时频电磁的频率域 Ex、Bz 分量、时频电磁的时间域 Ex、Vz 分量与大地电磁 4 个阻抗数据按如下三种数据模式进行联合反演：

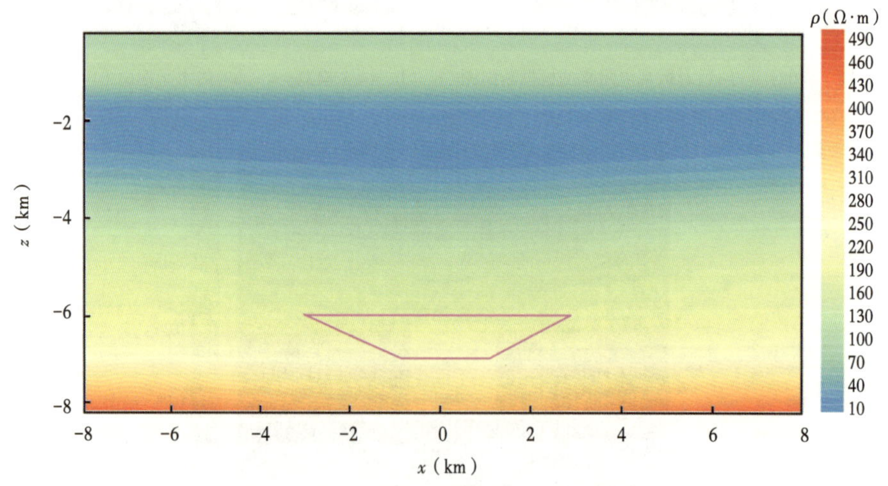

图 3-45　大地电磁单独反演结果（y=0）

Inversion mode 1：α、γ、β 分别为 1，1，1，反演结果如图 3-47。

Inversion mode 2：α、γ、β 分别为 1，1.6，1.6，反演结果如图 3-48。

Inversion mode 2：α、γ、β 分别为 1，0.8，0.8，反演结果如图 3-49。

由图 3-47 至图 3-49 可见，目标体上方的层状介质反演效果很好，与实际电阻率较为对应。但在深部，目标体的影响扩大了很大一片区域，过目标体的水平面上，有目标体异

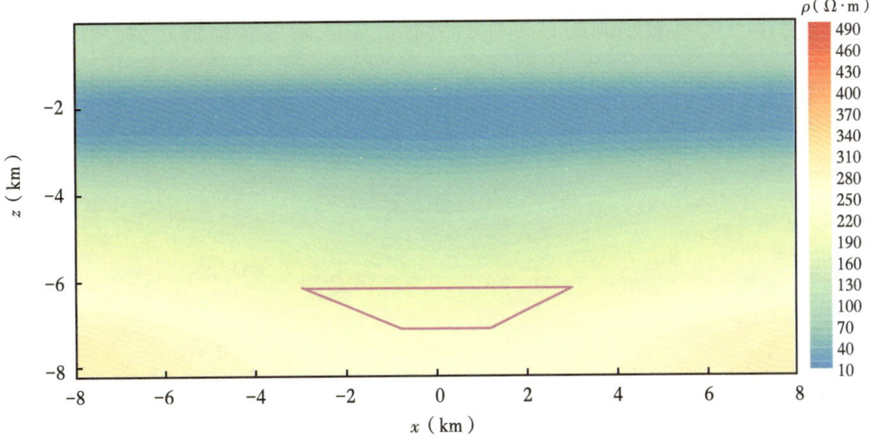

图 3-46 时频电磁的频率域数据反演结果（$y=0$）

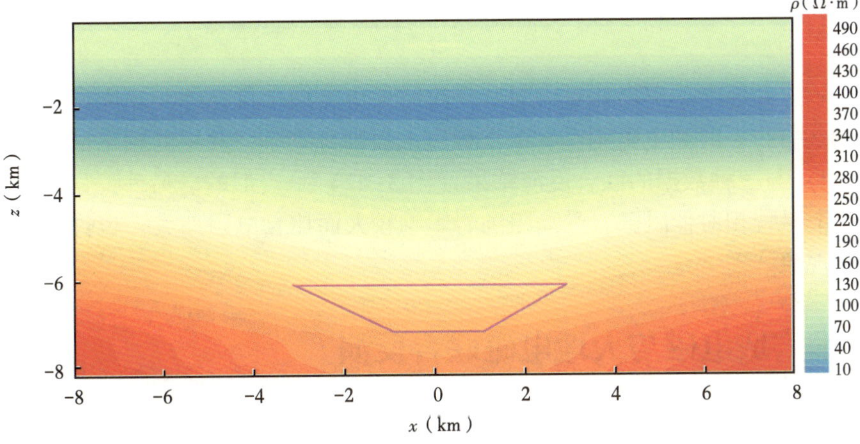

图 3-47 反演模式 1 下 $y=0$ 断面反演结果图

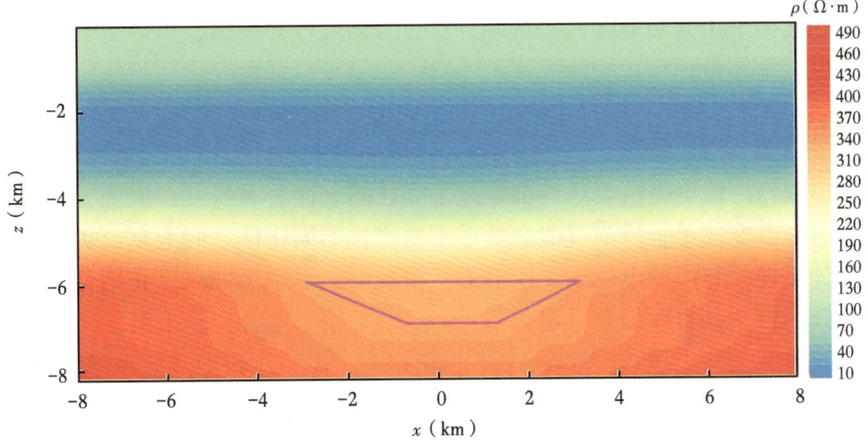

图 3-48 反演模式 2 下 $y=0$ 断面反演结果图

常出现，且电阻率偏高，是高阻围岩的综合效应，时频电磁数据导致反演结果的目标体横向位置有一点偏移，远离激励源的目标体右侧有低阻区扇形状扩展趋势。

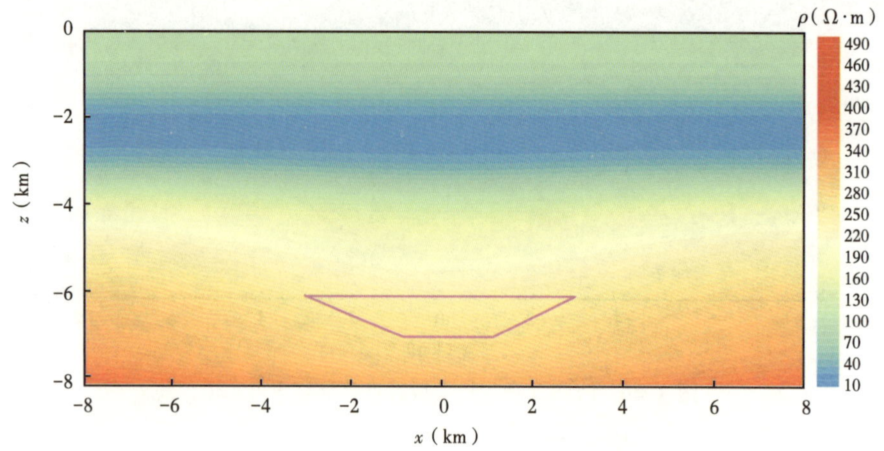

图 3-49　反演模式 3 下 $y=0$ 断面反演结果图

对比显示，大地电磁资料比重大时，反演结果更趋向于目标体分布光滑化，影响空间范围大（图 3-48）。时频电磁则会在一定程度上提高分辨率，其中的频率域数据反演的效果（图 3-49）与三种数据的联合反演结果（图 3-47）是类似的。另外，目标体反演结果只能在区域上呈现相对低阻区，受高阻围岩影响较大而比真电阻率大，也许增加迭代次数会改善这一现象。

3.3　三维广域电磁与大地电磁联合反演

对于深层油气勘探，大地电磁数据能够提供超深层盆地的区域背景电性结构，获得超深层盆地结晶基底及深大断裂构造的空间展布信息。一方面，天然源电磁场所产生的大地电流场在地下近似水平，使得大地电磁数据无法有效识别出含油气的高阻储层。另一方面，广域电磁法因采用大功率的人工场源，对高阻储层较为灵敏，可以有效地获得含油气高阻储层的电性结构特征。

3.3.1　三维联合反演算法

大地电磁法与广域电磁法反映的都是地下介质的电性分布特征，因此，这两种方法的联合反演与电磁数据的单独反演类似，并不需要构建不同物性之间的耦合关系。由于电磁反演问题的欠定性，与广域电磁或大地电磁反演类似，采用 Tikhonov 正则化方式来构建联合反演的目标函数。其目标函数可定义为：

$$\phi(\boldsymbol{m})=\alpha\phi_d^{\mathrm{WEM}}(\boldsymbol{m})+\beta\phi_d^{\mathrm{MT}}(\boldsymbol{m})+\lambda\phi_m^{\mathrm{Reg}}(\boldsymbol{m}) \tag{3-20}$$

式中，$\phi_d^{\mathrm{WEM}}(\boldsymbol{m})$ 与 $\phi_d^{\mathrm{MT}}(\boldsymbol{m})$ 分别为广域电磁和大地电磁的数据拟合差函数，定量刻画了反演地电模型响应数据相对于观测数据的拟合程度；$\phi_m^{\mathrm{Reg}}(\boldsymbol{m})$ 是联合反演地电模型的正则化函数，描述了反演模型的先验信息或者模型的分布特征；参数 α 与 β 为数据权重参数，控制着联合反演中广域电磁数据和大地电磁数据所占的相对比重；γ 为 Tikhonov 正则化参数，控制着联合反演中数据拟合项和模型正则化项在目标函数中的权重。

广域电磁与大地电磁数据拟合差函数分别为：

$$\phi_d^{\mathrm{WEM}}(\boldsymbol{m}) = \frac{1}{2}\| \boldsymbol{W}_d^{\mathrm{WEM}}[\boldsymbol{F}^{\mathrm{WEM}}(\boldsymbol{m}) - \boldsymbol{d}^{\mathrm{WEM}}]\|^2 \tag{3-21}$$

$$\phi_d^{\mathrm{MT}}(\boldsymbol{m}) = \frac{1}{2}\| \boldsymbol{W}_d^{\mathrm{MT}}[\boldsymbol{F}^{\mathrm{MT}}(\boldsymbol{m}) - \boldsymbol{d}^{\mathrm{MT}}]\|^2 \tag{3-22}$$

其中，$\boldsymbol{W}_d^{\mathrm{WEM}}$ 和 $\boldsymbol{W}_d^{\mathrm{MT}}$ 表示数据所包含的误差，分别为：

$$\boldsymbol{W}_d^{\mathrm{WEM}} = \mathrm{diag}\left(\frac{1}{\boldsymbol{w}^{\mathrm{WEM}}\boldsymbol{d}^{\mathrm{WEM}} + \varepsilon^{\mathrm{WEM}}}\right) \tag{3-23}$$

$$\boldsymbol{W}_d^{\mathrm{MT}} = \mathrm{diag}\left[\frac{1}{(\boldsymbol{w}^{\mathrm{MT}} + \varepsilon^{\mathrm{MT}})\boldsymbol{d}^{\mathrm{MT}}}\right] \tag{3-24}$$

除了数据拟合项外，联合反演中的模型正则化项与广域电磁或大地电磁单独反演中所采用的模型正则化项一致。采用最小结构模型和最平缓模型的混合正则化函数，此时正则化函数可表示为：

$$\phi_m^{\mathrm{Reg}}(\boldsymbol{m}) = \frac{1}{2}\| \boldsymbol{W}_n(\boldsymbol{m} - \boldsymbol{m}_{\mathrm{ref}})\|^2 \tag{3-25}$$

其中，$\boldsymbol{W}_m$ 为：

$$\boldsymbol{W}_m^{\mathrm{T}}\boldsymbol{W} = \alpha_x\boldsymbol{D}_x^{\mathrm{T}}\boldsymbol{D}_x + \alpha_y\boldsymbol{D}_y^{\mathrm{T}}\boldsymbol{D}_y + \alpha_z\boldsymbol{D}_z^{\mathrm{T}}\boldsymbol{D}_z \tag{3-26}$$

式中，$\boldsymbol{D}_x$、$\boldsymbol{D}_y$、$\boldsymbol{D}_z$ 分别为 x 方向、y 方向、z 方向上的一阶差分矩阵；参数 α_x、α_y、α_z 控制着模型结构在 x 方向、y 方向、z 方向上的平滑程度。该混合正则化方案一方面考虑了反演模型相对于参考模型的近似程度，另一方面又考虑了反演模型在不同方向上的变化程度。这使得先验的地质信息可以很方便地集成到协方差矩阵中，如地质断层、不连续性电性分界面等。

在所构建的联合反演目标函数式（3-20）中，广域电磁数据与大地电磁数据之间的权重对于联合反演的结果具有重要影响。如何选择这两种数据之间的比重需要仔细考虑与研究。为避免不同数据权重对联合反演结果的影响，可以采用另外一种方法来构建联合反演的目标函数：

$$\phi(\boldsymbol{m}) = \phi_d^{\mathrm{WEM}}(\boldsymbol{m}) \times \phi_d^{\mathrm{MT}}(\boldsymbol{m}) \times \phi_m^{\mathrm{Reg}}(\boldsymbol{m}) \tag{3-27}$$

在公式（3-27）所构建的目标函数中，广域电磁数据与大地电磁数据在联合反演过程中会具有相同的权重。

为求解联合反演目标函数公式（3-20）或公式（3-27）的最优解，与广域电磁或大地电磁三维反演类似，需要利用最优化算法来迭代求解目标函数。最优化算法的选择与广域电磁和大地电磁三维正演计算所采用的求解算法密切相关。当正演计算采用直接解法时，反演中模型的每一次更新都需要进行新的矩阵分解，即模型更新的次数越多，需要的矩阵分解次数也越多。考虑到大型稀疏矩阵的解法通常要消耗大量的计算机内存和时间，为减小反演迭代中矩阵分解的次数，相比拟牛顿法，高斯—牛顿最优化算法是更好的选择。并且，每次高斯—牛顿迭代中的正规方程可以使用预条件共轭梯度法求解，不仅可以避免显式地求解和存储灵敏度矩阵，减小计算量；而且还能够重复利用正演计算阶段所得到的系数矩阵分解结果，加快反演过程。然而，随着反演模型参数及数据规模的增加，三维正演所采用的直接解法需要巨大的存储和计算资源，这对于现有的计算设备往往难以承受。为此，当反演模型规模过大时，三维正演通常会采用迭代解法来进行求解。此时，拟牛顿最优化算法是更好的选择。

通过高斯—牛顿法或拟牛顿最优化算法，在每次迭代中需要获得目标函数式（3-20）的梯度或 Hessian 矩阵信息。假定当前模型向量为 $\boldsymbol{m}_k$，则联合反演目标函数的梯度为：

$$\boldsymbol{g}_k(\boldsymbol{m})=\nabla_m\phi(\boldsymbol{m})=\alpha\nabla\phi_d^{\mathrm{WEM}}(\boldsymbol{m}_k)+\beta\nabla\phi_d^{\mathrm{MT}}(\boldsymbol{m}_k)+\lambda\nabla\phi_m^{\mathrm{Reg}}(\boldsymbol{m}_k) \tag{3-28}$$

其中，

$$\nabla\phi_d^{\mathrm{WEM}}(\boldsymbol{m}_k)=\boldsymbol{J}_k^{\mathrm{WEM}}(\boldsymbol{W}_d^{\mathrm{WEM}})^{\mathrm{T}}\boldsymbol{W}_d^{\mathrm{WEM}}[\boldsymbol{F}^{\mathrm{WEM}}(\boldsymbol{m}_k)-\boldsymbol{d}^{\mathrm{WEM}}] \tag{3-29}$$

$$\nabla\phi_d^{\mathrm{MT}}(\boldsymbol{m}_k)=J_k^{\mathrm{MT}}(\boldsymbol{W}_d^{\mathrm{MT}})^{\mathrm{T}}\boldsymbol{W}_d^{\mathrm{MT}}[\boldsymbol{F}^{\mathrm{MT}}(\boldsymbol{m}_k)-\boldsymbol{d}^{\mathrm{MT}}] \tag{3-30}$$

$$\nabla\phi_m^{\mathrm{Reg}}(\boldsymbol{m}_k)=\boldsymbol{W}_m^{\mathrm{T}}\boldsymbol{W}_m(\boldsymbol{m}_k-\boldsymbol{m}_{\mathrm{ref}}) \tag{3-31}$$

目标函数的二阶导数可表示为：

$$\boldsymbol{H}_k(m)=\nabla_m^2\phi(\boldsymbol{m})=\alpha\boldsymbol{J}_k^{\mathrm{WEM}}(\boldsymbol{W}_d^{\mathrm{WEM}})^{\mathrm{T}}W_d^{\mathrm{WEM}}\boldsymbol{J}_k^{\mathrm{WEM}}+\beta\boldsymbol{J}_k^{\mathrm{MT}}(\boldsymbol{W}_d^{\mathrm{MT}})^{\mathrm{T}}\boldsymbol{W}_d^{\mathrm{WEM}}J_k^{\mathrm{MT}}+\lambda\boldsymbol{W}_m^{\mathrm{T}}\boldsymbol{W}_m \tag{3-32}$$

当采用式（3-28）的目标函数时，联合反演目标函数的梯度及 Hessian 矩阵可表示为：

$$\begin{aligned}&\boldsymbol{g}_k(m)=\nabla_m\phi(\boldsymbol{m})=\\&\phi_d^{\mathrm{MT}}(\boldsymbol{m}_k)\times\phi_m^{\mathrm{Reg}}(\boldsymbol{m}_k)\times\nabla\phi_d^{\mathrm{WEM}}(\boldsymbol{m}_k)\\&+\phi_d^{\mathrm{WEM}}(\boldsymbol{m}_k)\times\phi_m^{\mathrm{Reg}}(\boldsymbol{m}_k)\times\nabla\phi_g^{\mathrm{MT}}(\boldsymbol{m}_k)\\&+\phi_d^{\mathrm{WEM}}(\boldsymbol{m}_k)\times\phi_d^{\mathrm{MT}}(\boldsymbol{m}_k)\times\nabla\phi_m^{\mathrm{Reg}}(\boldsymbol{m}_k)\end{aligned} \tag{3-33}$$

$$\begin{aligned}&\boldsymbol{H}_k(m)=\nabla_m\boldsymbol{g}_k(\boldsymbol{m})=\\&\phi_d^{\mathrm{MT}}(\boldsymbol{m}_k)\times\phi_m^{\mathrm{Reg}}(\boldsymbol{m}_k)\times\boldsymbol{J}_k^{\mathrm{WEM}}(\boldsymbol{W}_d^{\mathrm{WEM}})^{\mathrm{T}}\boldsymbol{W}_d^{\mathrm{WEM}}\boldsymbol{J}_k^{\mathrm{WEM}}\\&+\phi_d^{\mathrm{WEM}}(\boldsymbol{m}_k)\times\phi_m^{\mathrm{Reg}}(\boldsymbol{m}_k)\times\boldsymbol{J}_k^{\mathrm{MT}}(\boldsymbol{W}_d^{\mathrm{MT}})^{\mathrm{T}}\boldsymbol{W}_d^{\mathrm{WEM}}\boldsymbol{J}_k^{\mathrm{MT}}\\&+\phi_d^{\mathrm{WEM}}(\boldsymbol{m}_k)\times\phi_d^{\mathrm{MT}}(\boldsymbol{m}_k)\times\boldsymbol{W}_m{}^{\mathrm{T}}\boldsymbol{W}_m\end{aligned} \tag{3-34}$$

由于联合反演最优化过程与单独反演并无多大差别，因此，所开发的广域电磁数据及大地电磁数据的反演模块能够复用在三维联合反演中。

3.3.2 联合反演网格参数化策略

在三维反演中，网格的参数化过程定义了反演中地电模型的未知量，通过将研究区域剖分为一系列的规则网格或非结构网格，然后通过反演搜索得到每一个网格单元的电性参数，从而获得地下介质电性分布特征。然而，这种剖分方式所得到的网格单元数（即地电模型的未知量）通常要远远超过测量的数据量，导致电磁三维反演问题成为超欠定性问题。因此，通常需要利用正则化方式（如最平滑模型约束）来对反演参数进行约束。为解决反演中的欠定性问题，另一个有效的方法是将反演问题转化为几个特定参数的反演问题，如球形异常体的半径和电阻率参数。这种参数化方法需要获得较为准确的地质先验信息，从而构建合适的反演参数。

在超深层油气勘探中，深反射地震数据可以有效地划分出地下岩层的分界特征，利用地震反射数据所获得的波阻抗界面通常也会呈现出电阻率界面特征。因此，在大地电磁与广域电磁联合反演中，可以将预先所获得的电阻率分层信息作为先验模型集成到联合反演中，从而降低反演的欠定性。此外，在超深层油气勘探中，浅部地质构造特征可以通过常规的地球物理探测方法来确定。因此，在反演中，可以将已获得的浅部构造的电阻率结构也作为一部分先验信息集成到联合反演中。

综上所述，在大地电磁与广域电磁的联合反演中，将采用两种反演网格参数化方案进行测试：一种是常规的基于模型网格剖分的方式；另一个种是基于模型网格剖分和模型结构剖分的混合参数化方式。在混合参数化方式中，对深层的目标区采用网格剖分参数化方式，提高对深层目标体的分辨率；而对浅部及背景电性结构，利用已有的电阻率结构先验信息，采用模型结构剖分参数方式，如对于层状背景地层，将每个地层的电阻率作为反演的未知量。联合反演网格的混合参数化如图 3-50 所示。其中蓝色网格线定义的网格为常规的网格剖分方式；红色网格线所定义的为层状背景地层的结构剖分方式，每一层均由多个常规网格单元组合而成。在绿色目标区域，采用模型网格剖分，每个单元网格的电阻率为反演未知量，从而提高目标区域的反演分辨率。浅部蓝色区域为已知的构造信息，包含了常规探测所获得的地质结构，集成到联合反演中形成约束条件。

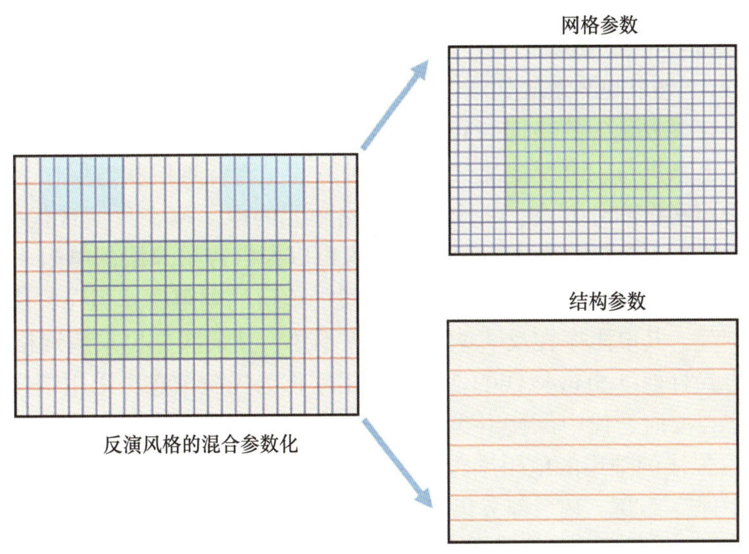

图 3-50　基于网格剖分与结构剖分的联合反演混合参数化示意图

对于上述反演网格的混合参数化方式，每一个结构参数均包含了多个常规网格单元，则可表示为：

$$M_k = \sum_{i=1}^{N_k} m_i \tag{3-35}$$

式中，m_i 是常规网格剖分网格单元的反演参数；M_k 是结构剖分的反演参数。在反演迭代中，目标函数对结构剖分的反演参数的梯度可表示为：

$$g_{M_k} = \frac{1}{N_k}\sum_{i=1}^{N_k} g_i \tag{3-36}$$

其中，g_i 为目标函数对网格剖分中第 i 个反演参数的梯度，且有：

$$\boldsymbol{g}(\boldsymbol{m}) = (g_1,\ g_2,\ \cdots,\ g_{\mathrm{k}},\ \cdots,\ g_{N_m})^{\mathrm{T}} \tag{3-37}$$

则目标函数对反演参数的梯度为：

$$\boldsymbol{g}(\boldsymbol{m}) = |g_{m_1},\ g_{m_2},\ \cdots,\ g_{m_{Nc}},\ g_{M_1},\ g_{M_2},\ \cdots,\ g_{M_{Np}}|^{\mathrm{T}} \tag{3-38}$$

式中，N_c 为基于网格剖分的反演参数的个数；N_p 是基于结构剖分的反演参数个数。

3.3.3 超深层地电模型试验

为了验证联合反演中混合参数化方案的合理性及有效性，利用如图 3-51 所示的超深层地电模型，电阻率为 10 Ω · m 的低阻目标体埋藏于层状背景地层中，其中低阻目标体的顶部埋深为 6km，最大埋深为 8km。层状背景地层的第一层电阻率为 100Ω · m，厚度为 2km，第二层电阻率为 40Ω · m，厚度为 1km，第三层电阻率为 200Ω · m，厚度为 3km，第四层为结晶基底层，电阻率为 500Ω · m。采用常用的 $E\text{-}E_z$ 广域电磁测量方式来进行广域电磁数据观测，在距目标体中心水平距离 10km 处布设两条发射线，发射点间隔为 2km，形成 18 个发射场源。采用 10 个发射频点，发射频率范围为 10Hz～500s 成对数等间隔分布。测点均匀分布在（0，20km，0）×（4km，16km，0）的平面测网中。点距为 2km，共形成 77 个测点，整个观测系统如图 3-52 所示。

为了测试混合参数化中的结构剖分策略对广域电磁反演的影响，在此采用不同的反演约束条件对广域电磁进行三维反演测试。第一种方式是将背景层状地层作为反演的初始模型，反演网格采用网格剖分方式，每个反演网格单元的电阻率在反演迭代中均可以变化；若测区内同时采集有大地电磁数据时，大地电磁可以提供背景地层的电阻率分布。第二种方式是在第一种方案的基础上，将地下 3km 以浅的地层的电阻率作为先验信息，采用结构剖分方式进行剖分，其电阻率在反演迭代中保存不变。其余部分仍采用网格单元剖分进行反演；第三种方式将地下 5km 以浅的地层的电阻率作为先验信息，采用结构剖分方式进行剖分，其电阻率在反演迭代中保存不变。其余部分仍采用网格单元剖分进行反演；第四种方式将地下 6km 以浅的地层的电阻率作为先验信息，采用结构剖分方式进行剖分，其电阻率在反演迭代中保存不变。其余部分仍采用网格单元剖分进行反演。

图 3-53 给出了不同反演约束条件所获得广域电磁三维反演在 y = 10km 垂直剖面处的电阻率结果。为便于对比，图 3-53a 展示的是理论模型在 y = 10km 垂直剖面处的电阻率分布。对于第一种反演方案，由于未加任何约束条件，从图 3-53b 中可以看出，反演所得到的低阻目标体主要集中在浅部的相对低阻薄层中（即背景介质的第二层中），与目标体的真实位置相差甚远。这主要是由于电磁波在传播过程中，倾向于沿着相对低阻层传播，电

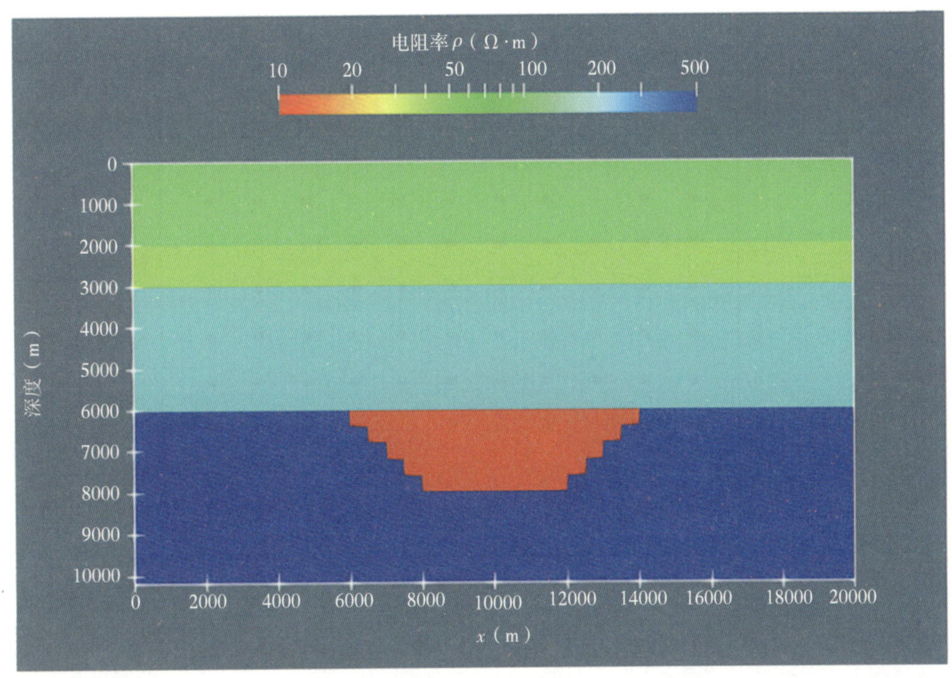

（a）垂直剖面示意图

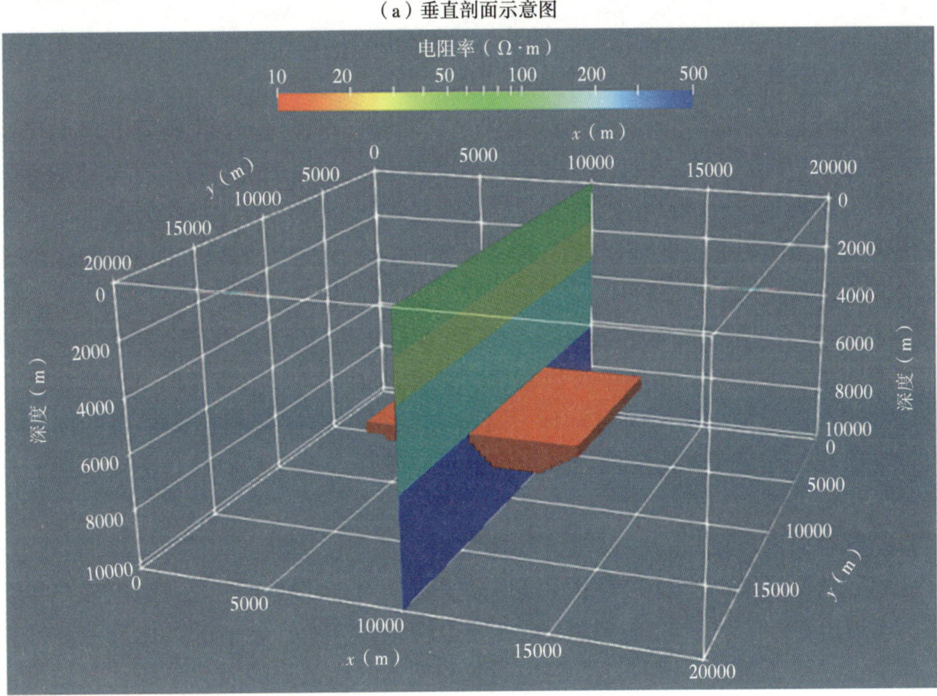

（b）三维示意图

图 3-51 超深层地电模型垂直剖面示意图和三维示意图

磁波能量主要集中在第二层中，故反演所得到的结果无法反映出深部的信息。图 3-53c 给出的是第二种反演约束条件下（将地下 3km 以浅的地层电阻率作为先验信息）所获得的反演结果。从图中可以看出，低阻日标体的轮廓已刻画出来，但其位置较目标体的真实位

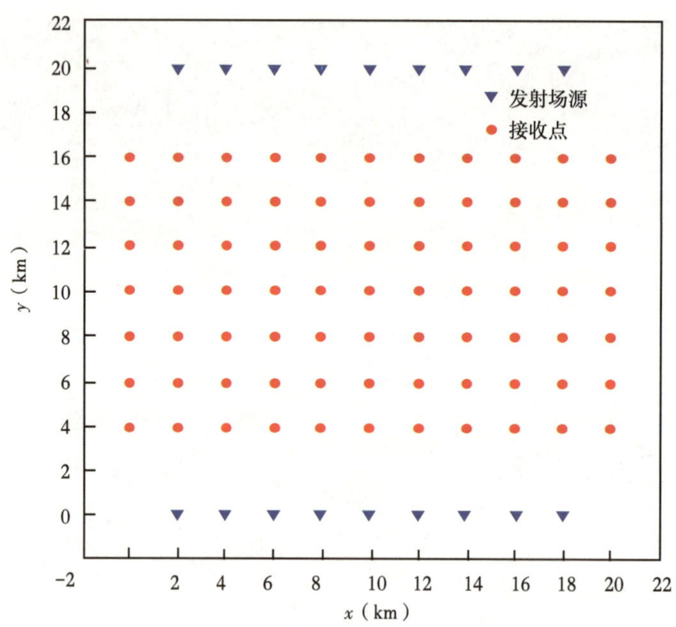

图 3-52　超深层地电模型广域电磁观测系统平面示意图

置向上发生偏差；另外，在低阻体的上方，出现了虚假的异常高阻结构，表明不完整的浅部约束无法有效获得深部的电性结构。

图 3-53d 给出的是第三种反演约束条件下（将地下 5km 以浅的地层电阻率作为先验信息）所获得的反演结果。与图 3-53c 相比，该种约束条件下所获得的反演结果除异常体的位置发生偏离外，异常体的形态与真实模型比较接近。另外，该种约束条件下反演结果不再出现虚假的高阻异常，表明随着浅部约束条件的增强，广域电磁三维反演能够获得更为准确的深部电性结构。

图 3-53e 给出的是第四种反演约束条件下（将地下 6km 以浅的地层电阻率作为先验信息）所获得的反演结果。从图中可以看出，该种约束条件下所获得低阻异常体的电阻率分布及位置均接近于真实的低阻目标体，反演结果很好地恢复了超深层目标体的电性特征。通过与前几种约束条件的反演结果相比，可以发现，对于超深层目标体探测，如果能够获得较为精确的浅部地电结构信息，并将其作为三维反演的先验信息，通过广域电磁三维反演，能够获得比较可靠的深部三维反演结果。因此，如何获得可靠的浅部地电结构，并将其运用到超深层地电模型的三维反演中是关键。对于广域电磁与大地电磁三维联合反演而言，大地电磁数据反演能够获得区域背景电性结构，而广域电磁数据反演能够获得局部目标体精细结构。因此，通过基于结构剖分和基于网格剖分的混合参数化方式可以提高对深部目标体的分辨能力，从而获得更为可靠的反演结果。

图 3-54 至图 3-56 为不同约束条件下超深层地电模型的广域电磁三维反演结果图，从中可以看出，不同约束条件下广域电磁反演存在较大差异，对超深层目标体的恢复也各不相同。

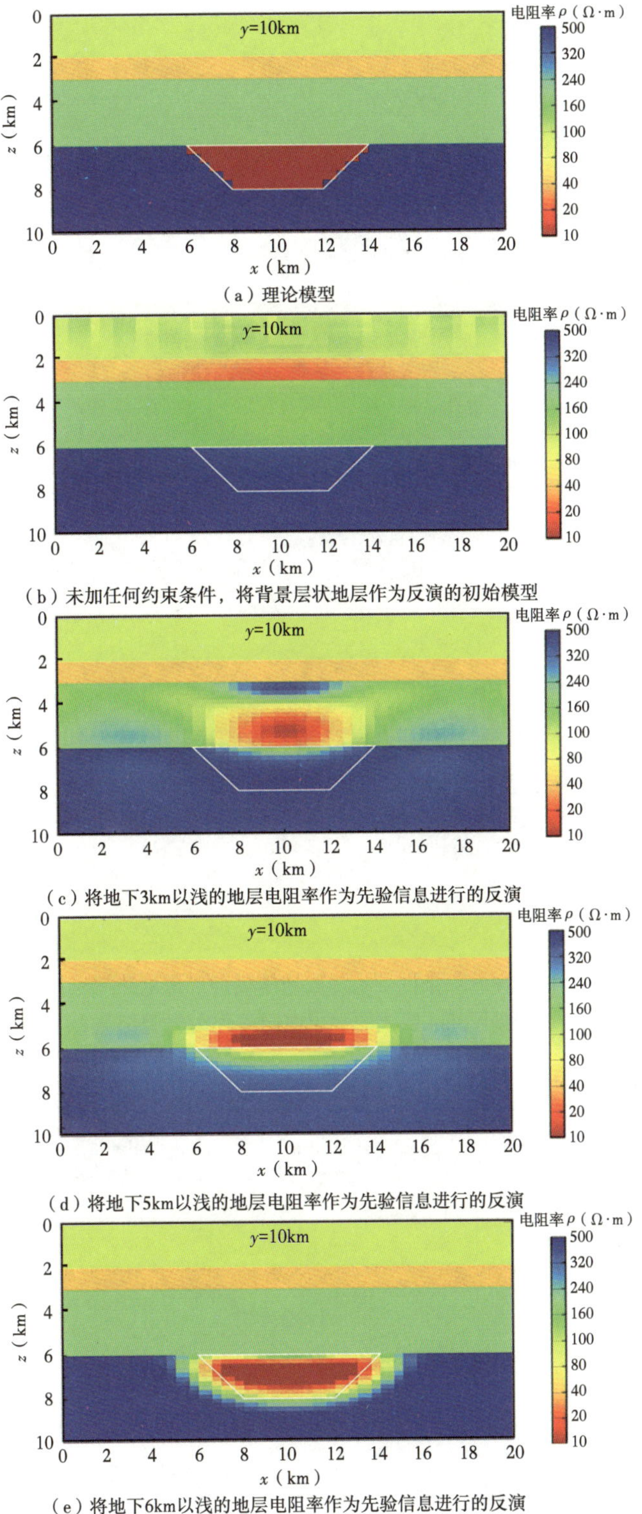

（a）理论模型

（b）未加任何约束条件，将背景层状地层作为反演的初始模型

（c）将地下3km以浅的地层电阻率作为先验信息进行的反演

（d）将地下5km以浅的地层电阻率作为先验信息进行的反演

（e）将地下6km以浅的地层电阻率作为先验信息进行的反演

图 3-53　不同约束条件下超深层地电模型反演结果的垂直剖面图

（白色实线框为真实模型区域）

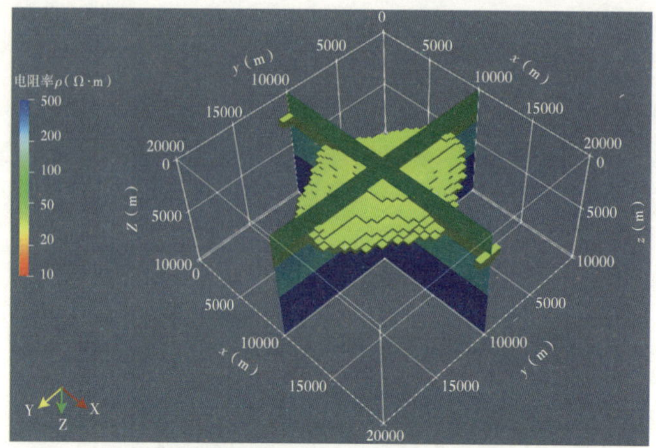

图 3-54　第一种约束条件下超深层地电模型广域电磁三维反演结果（未加任何约束条件）

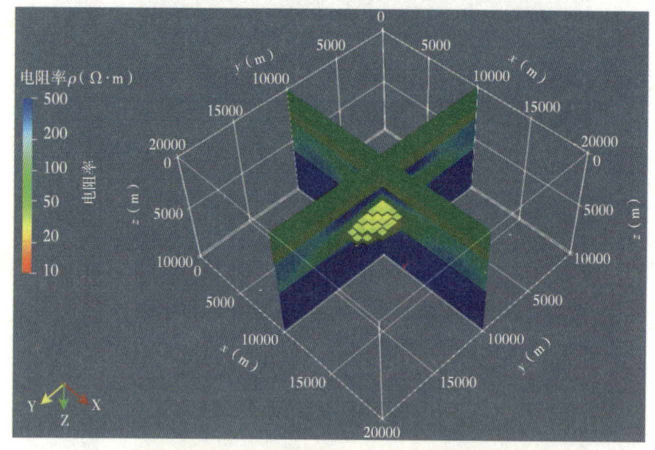

图 3-55　第二种约束条件下超深层地电模型广域电磁三维反演结果
（将地下 3km 以浅的地层电阻率作为先验信息）

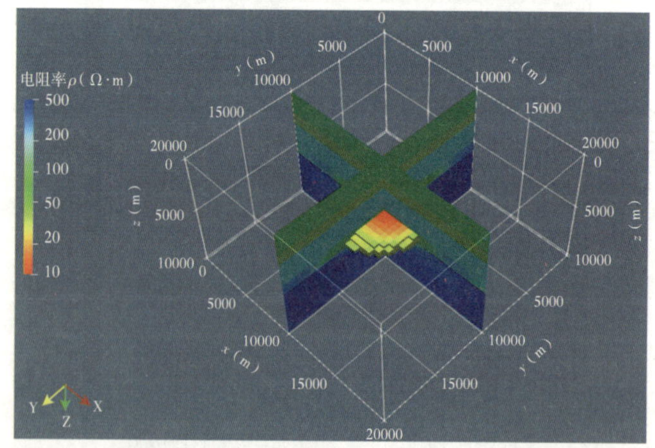

图 3-56　第三种约束条件下超深层地电模型广域电磁三维反演结果
（将地下 5km 以浅的地层电阻率作为先验信息）

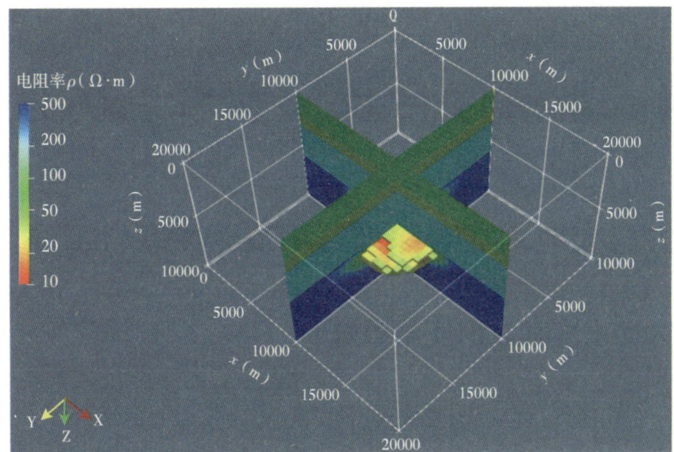

图 3-57　第四种约束条件下超深层地电模型广域电磁三维反演结果
(将地下 6km 以浅的地层电阻率作为先验信息)

4　重磁联合反演解释新方法

4.1　三维重力与大地水准面深部结构及物性联合反演

4.1.1　重力与大地水准面联合反演算法

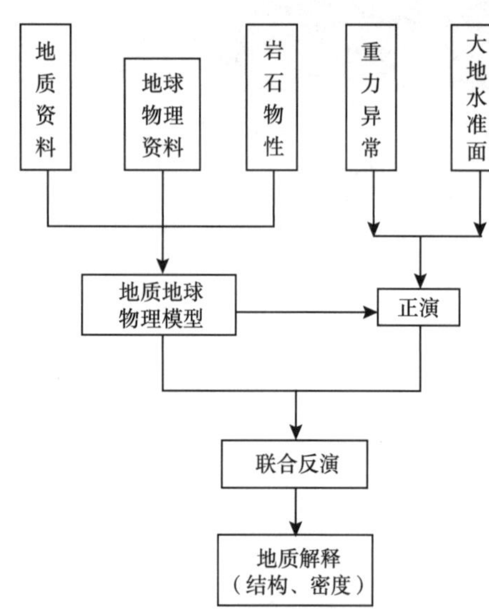

图 4-1　子课题实施技术路线

围绕超深层勘探目标，建立了以岩石物理性质分析为基础，以已知地质及地球物理资料为约束，通过层状变密度模型进行重力和大地水准面异常正演及联合反演，获得超深层三维地质结构及其密度分布特征的技术路线（图4-1）。

4.1.1.1　地质地球物理模型研究

重力及大地水准面等是地下密度体分布引起的地球物理响应，其异常特征反映了不同深度、不同尺度的密度异常体特征。为更好地提取深层构造特征，需建立针对深层构造研究使用的地质、地球物理模型。

结合规则正六面体剖分和层状介质模型，提出以层状模型为基础，层内介质按规则水平剖分，建立层内六面体几何模型剖分的模型方案（图 4-2），可有效表征不同的目标层，也可提高计算效率。模型的密度分布特征采用横向可变密度，垂向层内线性变密度的赋值方案，建立基本的地质地球物理模型，供超深层结构研究使用。

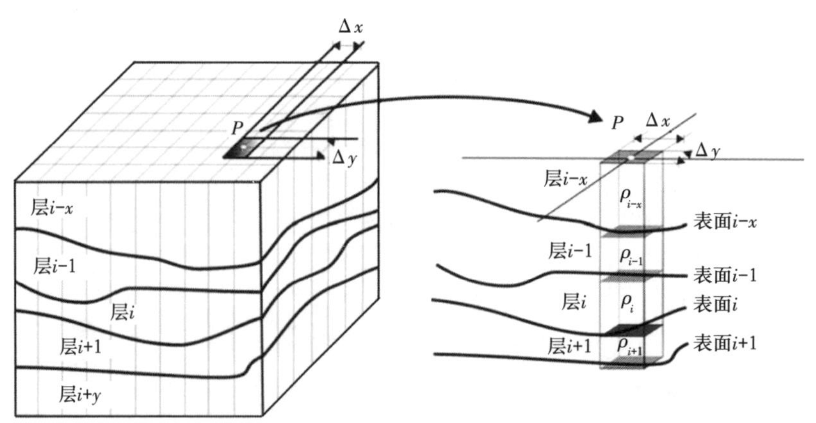

图 4-2　地质地球物理模型示意图

依据基本的地质地球物理模型，结合具体应用区细化模型特征，开展联合反演使用。具体包括：

（1）基本构造特征信息研究。结合地震、钻井、地质等资料，建立详细的几何特征约束，细化层位（包括断层）特征。对钻井等信息，建立约束信息表。

（2）岩石物理性质特征分析。围绕应用区，搜集整理已有岩石及地层密度资料，开展必要的密度等岩石物性测试分析（露头、井心），研究横向、垂向等密度分布特征，实现合理的密度参数赋值。

（3）模型反馈调整。结合重力与大地水准面正反演，通过数据与模型的相互反馈，实现几何结构与密度分布特征的动态调整，最终建立合理的地质地球物理模型。

4.1.1.2　重力及大地水准面异常正演计算

在地质地球物理模型研究基础上，选择以正六面体为基本的计算单元，按层状介质进行模型剖分，纵向密度变化符合线性特征，横向密度可变，据此开展正演计算。重力异常及大地水准面异常正演计算公式如下：

$$\Delta g_{\mathrm{FTP}}(\rho)=G\rho_0\left|\left|\left|x\ln(y+r)+y\ln(x+r)-z\arctan\left(\frac{xy}{zr}\right)\right|_{x_1}^{x_2}\right|_{y_1}^{y_2}\right|_{z_1}^{z_2}+$$

$$G\gamma\left|\left|\left|-xy\ln(r+z)-\frac{z^2}{2}\arctan\left(\frac{xy}{zr}\right)+\frac{x^2}{2}\arctan\left(\frac{yz}{xr}\right)+\frac{y^2}{z}\arctan\left(\frac{xz}{yr}\right)\right|_{x_1}^{x_2}\right|_{y_1}^{y_2}\right|_{z_1}^{z_2}\tag{4-1}$$

$$\Delta N_{\mathrm{FTP}}(\rho)=\frac{G\rho_0}{g}\left|\left|\left|xy\ln(z+r)+yz\ln(x+r)+xz\ln(y+r)-P\right|_{x_1}^{x_2}\right|_{y_1}^{y_2}\right|_{z_1}^{z_2}+$$

$$\frac{G\gamma}{3g}\left|\left|\left|xyr+\frac{y}{2}(y^2+3z^2)\ln(x+r)+\frac{x}{2}(x^2+3z^2)\ln(y+r)-z^3\arctan\left(\frac{xy}{zr}\right)\right|_{x_1}^{x_2}\right|_{y_1}^{y_2}\right|_{z_1}^{z_2}\tag{4-2}$$

4.1.1.3　快速算法

根据正六面体重力异常公式，异常表达可分为两部分：$g(x,y,z)=\rho S(x,y,z)$，其中 $S(x,y,z)$ 与物性无关，称其为几何构架，ρ 为模型密度（姚长利等，2003）：

$$S(x,y,z)=G\sum_{i=1}^{2}\sum_{j=1}^{2}\sum_{k=1}^{2}(-1)^{i+j+k}\left[(x_i-x)\ln(y_j-y+r)+(y_j-y)\ln(x_i-x+r)-(z_k-z)\tan^{-1}\frac{(x_i-x)(y_j-y)}{(z_k-z)r}\right]\tag{4-3}$$

将模型所有的几何构架 $S(x,y,z)$ 值存储起来，可将大量的正演计算变成几何构架与对应物性（密度）简单的乘法运算，模型正演计算量几乎消失，该存储策略提高了计算速度。但随着测区数据和模型剖分程度的提高，模型所需要的集合构架存储量大大增加，不利于实际操作。

若模型的剖分和数据网格采取某种对应关系，则同一层模型各单元之间的集合构架会具有特定的等价性，利用该性质，可使每层的构架存储量减少到只相当于一个模型单元的存储量。

将模型均匀划分，且将其与规则网格的测点对应，设水平观测面上任一测点 $P(k,l)$ 与地下模型单元 $\rho(k,l)$ 相对应，任意单元 $\rho(i,j)$ 在网格点 $P(k,l)$ 的几何构架为 $S(i,j,k,l)$，其中 $i=1,2,\cdots,m;j=1,2,\cdots,n;k=1,2,\cdots,m;l=1,2,\cdots,n;m,n$ 是测区网格大小。

几何构架 S（i，j，k，l）具有以下平移等效性和互换对称性：

$$S(1,1,k,l)=\cdots=S(i,j,i+k-1,j+l-1)=L=(m-k+1,n-l+1,m,n) \tag{4-4}$$

$$S(1,1,k,l)=S(i,j,i+k-1,j+l-1)=(i+k-1,j+l-1,i,j) \tag{4-5}$$

结合公式（4-4）、公式（4-5），任何几何构架的计算都可通过以下等价计算公式得到：

$$S(i,j,k,l)=S(1,1,|k-i|+1,|l-j|+1) \tag{4-6}$$

也就是说，任意单元 $\rho(i,j)$ 的几何构架 $S(i,j,k,l)$ 与特定单元 $\rho(1,1)$ 产生的几何构架 $S(1,1,k',l')(k'=|k-i|+1=1,\cdots,m;l'=|l-j|+1=1,\cdots,n)$ 完全相同。因此只要计算好单元 $\rho(1,1)$ 产生的几何构架 $S(1,1,k,l)(k=1,2,\cdots,m;l=1,2,\cdots,n)$，并保存起来，当要计算任意单元 $\rho(i,j)$ 的 $S(i,j,k,l)$ 时，便可利用上边的等价计算公式得到结果，大大提高了计算速度。

同理，大地水准面异常亦可表述为类似几何格架与密度分布的函数，同样具有几何格架的平移等效性和互换对称性，因此重力异常与大地水准面异常均可以基于该分析进行快速计算。

为进一步结合提出的层状模型进行快速计算设计，建立了基本格架剖分单元与层状模型的关系，使层状模型可通过简单的对应关系形成规则化的剖分网格，供快速计算使用。

4.1.1.4 重力与大地水准面联合反演

首先结合先验信息（地质、地球物理、岩石物性等资料）确定反演目标的初始模型，在进行正演计算的基础上，利用实测数据与正演数据残差按重力与大地水准面理论公式建立联合反演目标函数，必要时可通过已知信息（如目标层深度、密度等）引入约束项，通过迭代反演目标层结构及密度分布，反演算法可采用广义最小二乘反演算法等计算方法。

通过试验对比分析，最小长度解法和共轭梯度迭代解法等两种反演方法的效果较好，结合其对数据及模型的分辨对比为联合反演策略及算法提供了有效支撑。

最小长度解法对目标值 m 的求解可转化为求解在 $d-Gm=0$ 约束下使 $L=m^{\mathrm{T}}W_m m$ 呈极小值的 m 值，其利用拉格朗日乘子法易于求解。共轭梯度法通过建立模型与数据综合评价的目标函数：$\phi=\|W_d(d-Am)\|^2+\alpha\|W_m W_e m\|^2$，通过求导运算构造搜索方向通过迭代进行求解。

4.1.2 重力模型试算

为了测试提出的快速正演算法，分别利用层状结构模型和三维密度模型对算法及程序进行了测试。

测试实例 1：中国西部莫霍面结构及其重力效应计算

选取中国西部青藏高原及周边地区为研究区，根据莫霍面深度进行了单界面重力异常的正演计算工作。为适应快速正演算法，研究中根据莫霍面的起伏情况在其起伏范围内沿垂向进行了较细的网格剖分以适应快速正演中几何格架构建。实际计算中采用了密度差为

0.35g/cm^3。图4-3、图4-4、图4-5分别显示了莫霍面埋深、重力异常及大地水准面异常特征。

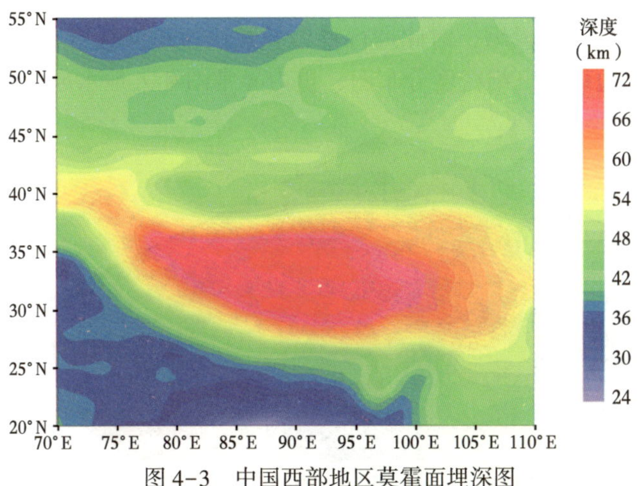

图4-3 中国西部地区莫霍面埋深图

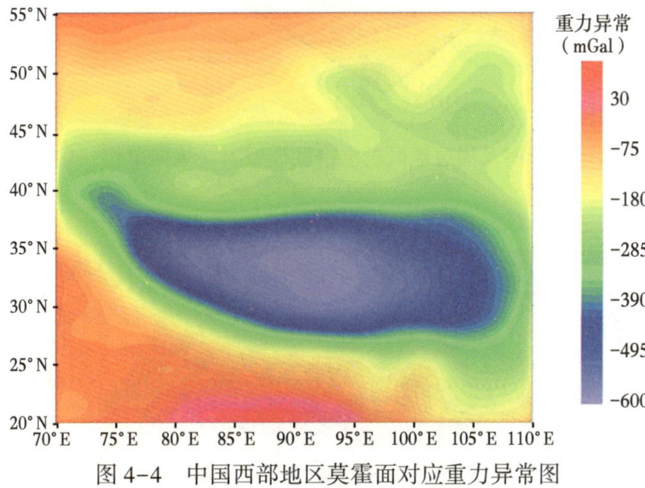

图4-4 中国西部地区莫霍面对应重力异常图

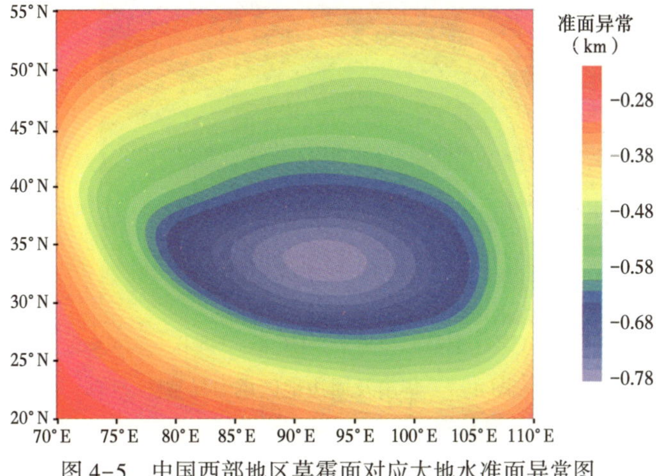

图4-5 中国西部地区莫霍面对应大地水准面异常图

测试实例 2：华南及周边地区三维密度分布及其重力效应计算

为测试重力异常快速正演算法，选取华南及周边地区为研究区，通过前人层析成像等研究成果建立三维密度分布模型，对此进行重力异常快速正演计算，图 4-6、图 4-7、图 4-8 分别为华南及周边地区三维密度分布图、重力异常图和大地水准面异常图。

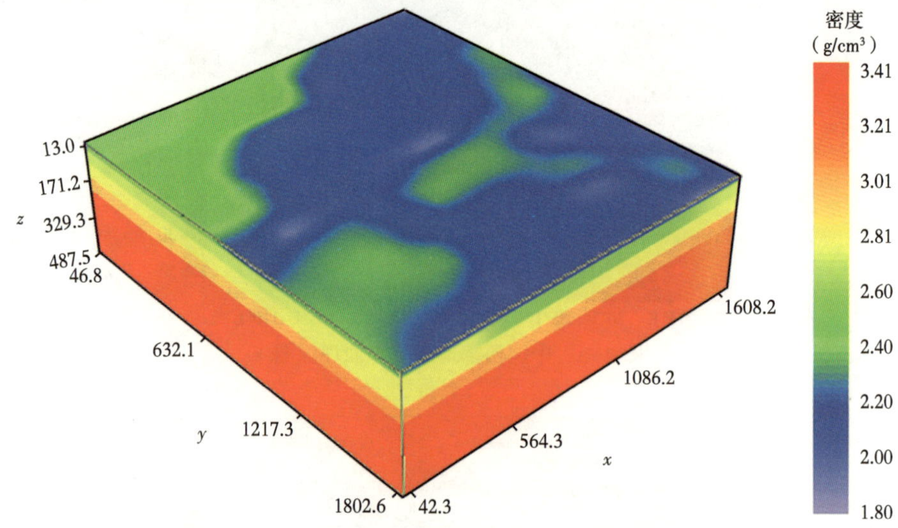

图 4-6　华南及周边地区三维密度模型图（垂向单位：100m）

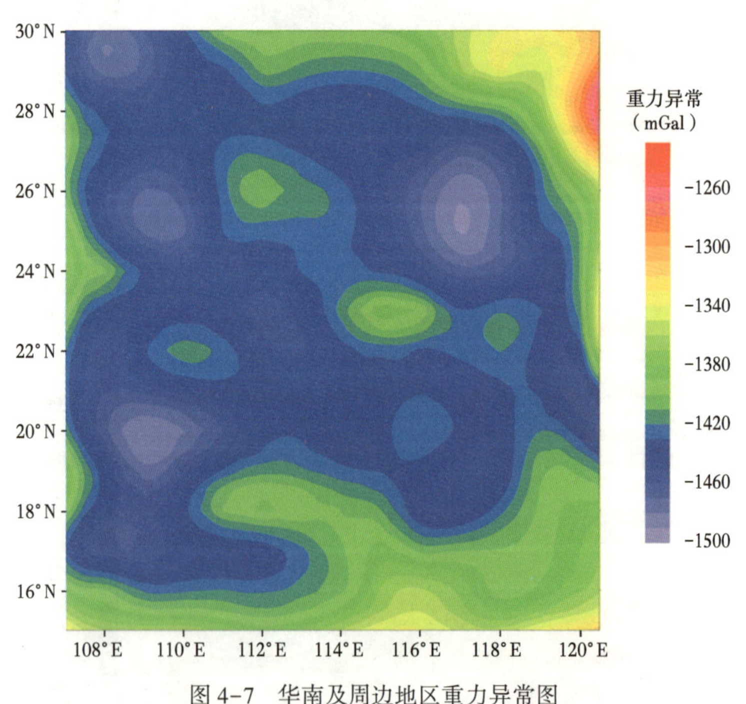

图 4-7　华南及周边地区重力异常图

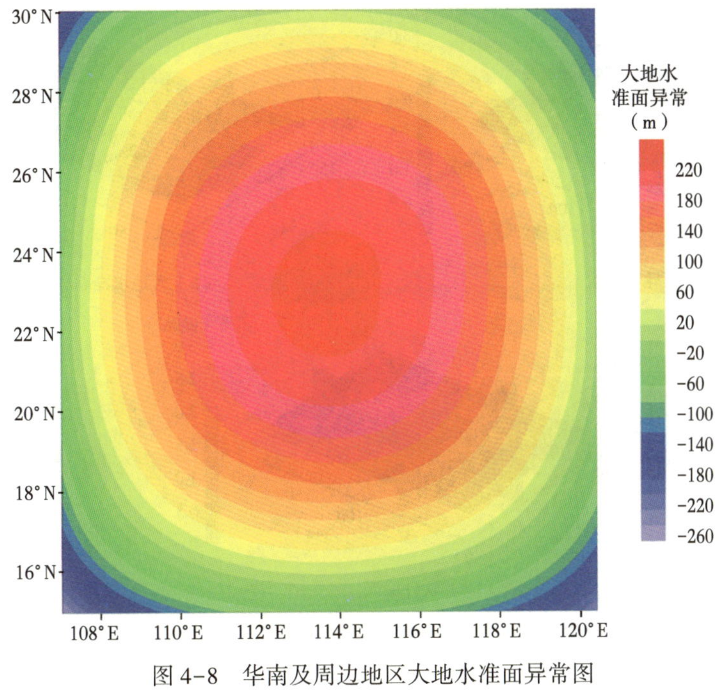

图 4-8　华南及周边地区大地水准面异常图

4.1.3 反演算法测试

对 4.1.1 中的反演问题采用共轭梯度迭代解法，通过深部单一构造体模型进行了实验研究。反演区域范围为 205km×155km×50km，其中异常体的大小为 55km×55km×25km，顶面埋深 15km，底面埋深 40km，异常体密度为 3000kg/cm^3（图 4-9）。图 4-10 和图 4-11 显示了两种数据单独反演及联合反演的效果，可以看出联合反演对较好反映地下目标体范围，减少了大地水准面异常在大尺度模型体反演的不确定度。

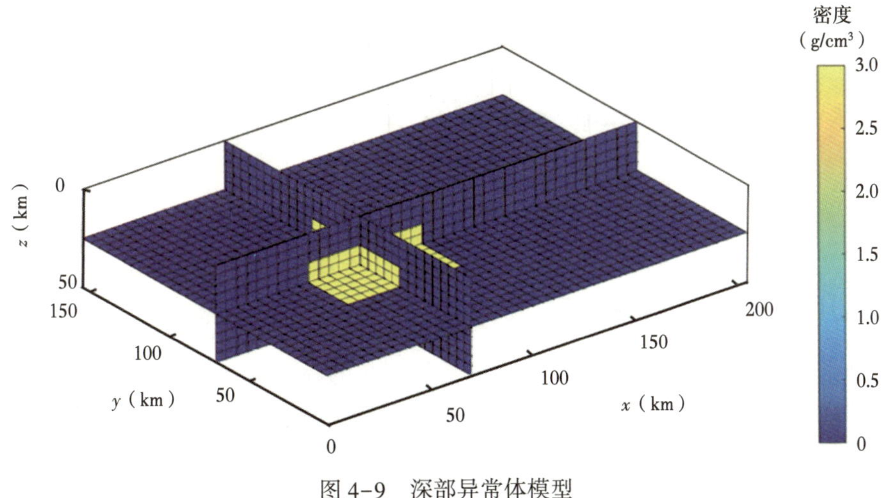

图 4-9　深部异常体模型

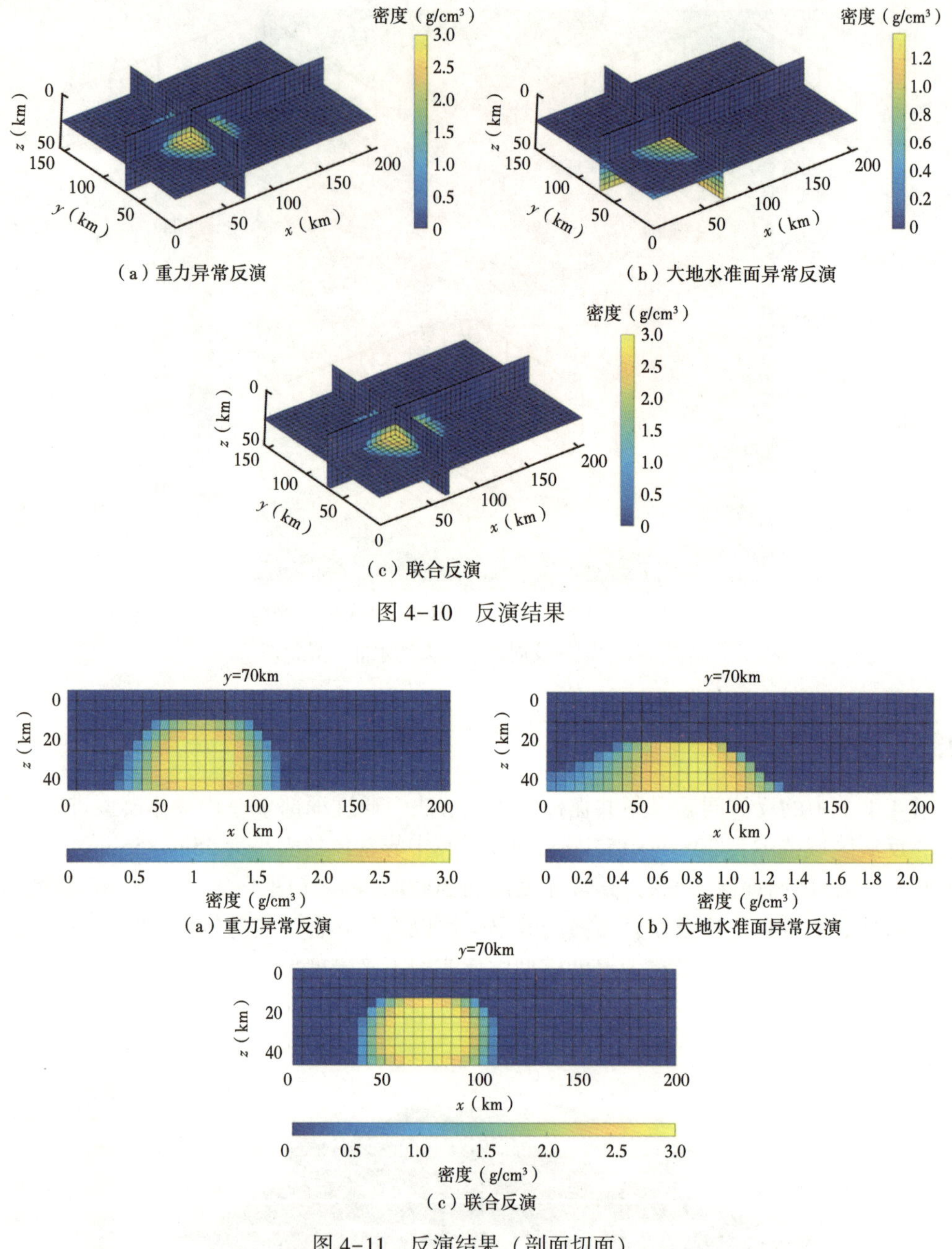

（a）重力异常反演

（b）大地水准面异常反演

（c）联合反演

图 4-10　反演结果

（a）重力异常反演

（b）大地水准面异常反演

（c）联合反演

图 4-11　反演结果（剖面切面）

4.1.4　四川盆地深部结构研究初步成果

重力异常及大地水准面异常均是地下异常体引起的叠加异常场，因此研究深部结构有必要研究其浅部及深部地壳（岩石圈）的结构特征以分离相应场源的异常信号，有效提取深部目标层的异常信息。因此，结合四川盆地的已有的地震等资料，利用重力异常反演等建立四川盆地区域性构造格架（图 4-12），首先对大尺度地壳和岩石圈结构特征进行了初步重力异常及大地水准面异常的联合反演。

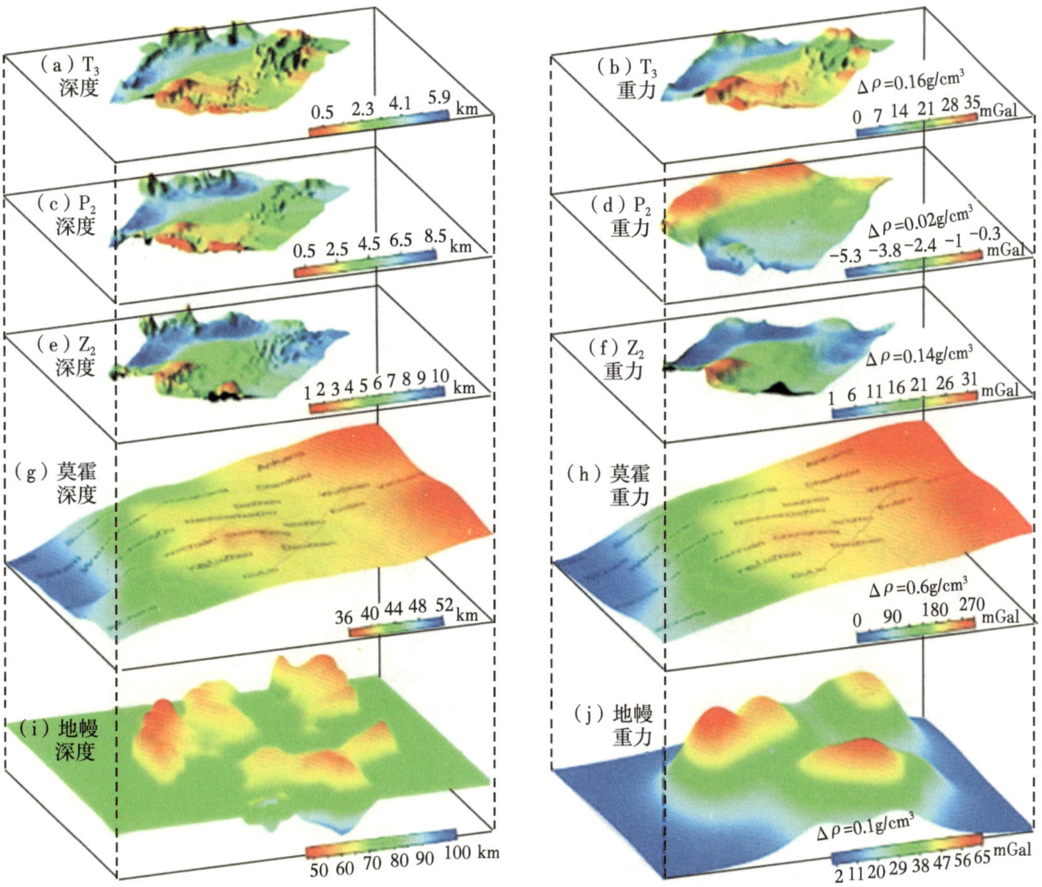

图 4-12　四川盆地构造格架图

根据 crust1.0 建立四川盆地反演初始模型（图 4-13，模型深度 200km，非均匀剖 60 层，上 20 层间隔 500m，中间 30 层间隔 2.16km，下 10 层间隔 12.5km），以四川盆地布格

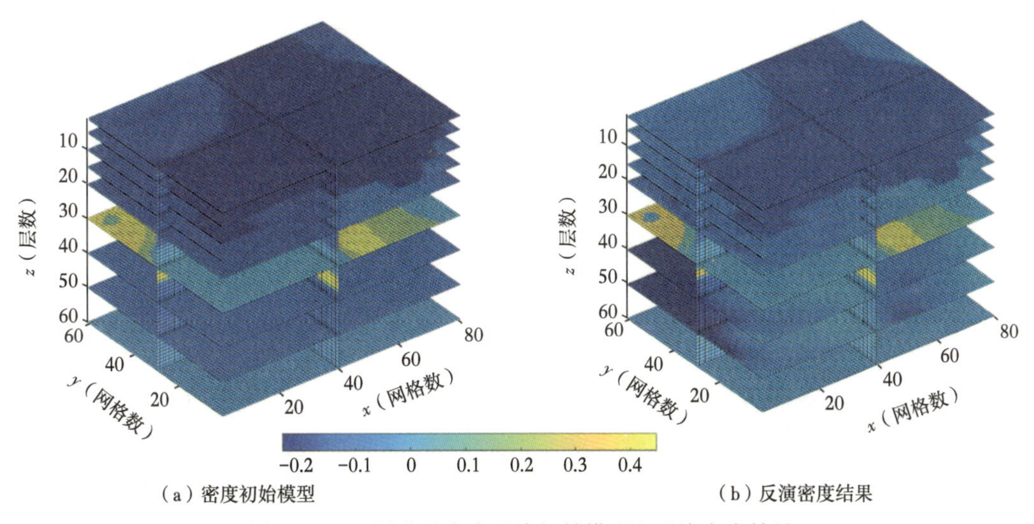

（a）密度初始模型　　（b）反演密度结果

图 4-13　四川盆地密度反演初始模型和反演密度结果

重力异常（图4-14a）和大地水准面异常（图4-14b）为观测值，进行重力和大地水准面联合反演。最终反演结果的三维密度分布特征如图4-13b所示，不同深度上的密度分布情况如图4-14所示。图4-15展示了该联合反演随迭代次数变化的收敛情况。

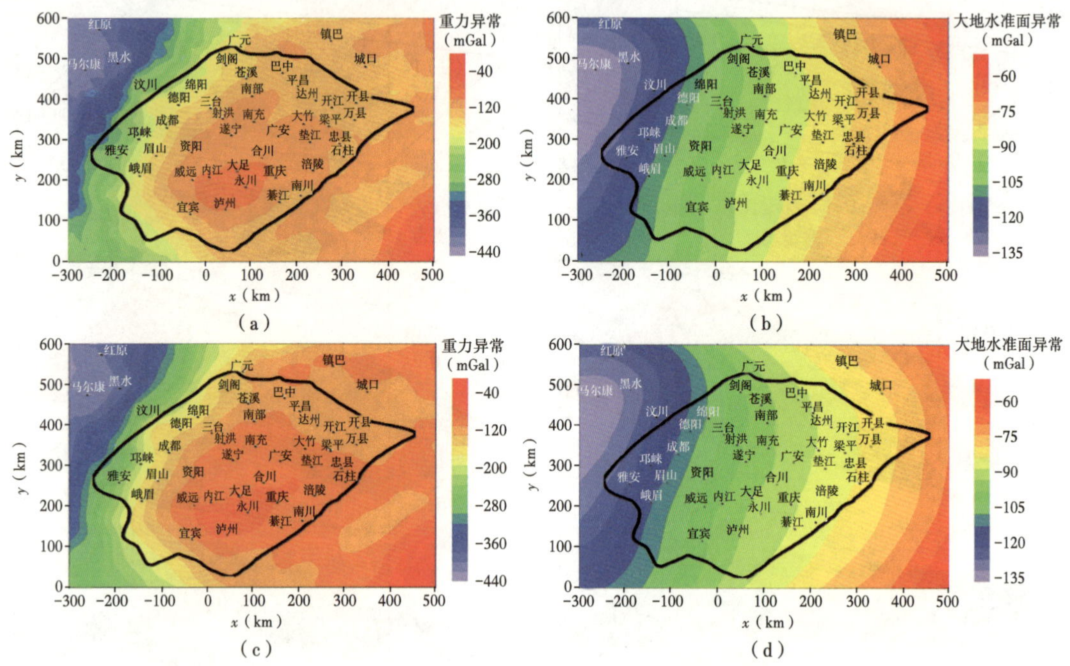

图4-14　四川盆地布格重力异常（a）和大地水准面异常（b），联合反演结果正演重力异常（c）和大地水准面异常（d）

重力和大地水准面联合反演密度结果的重力异常正演（图4-16c）和大地水准面异常正演（图4-16d）结果能够分别拟合四川盆地布格重力异常（图4-16a）和观测大地水准

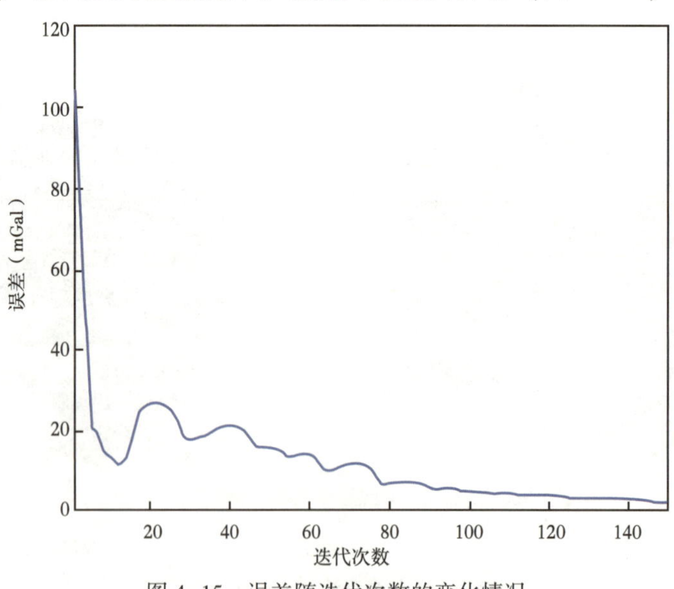

图4-15　误差随迭代次数的变化情况

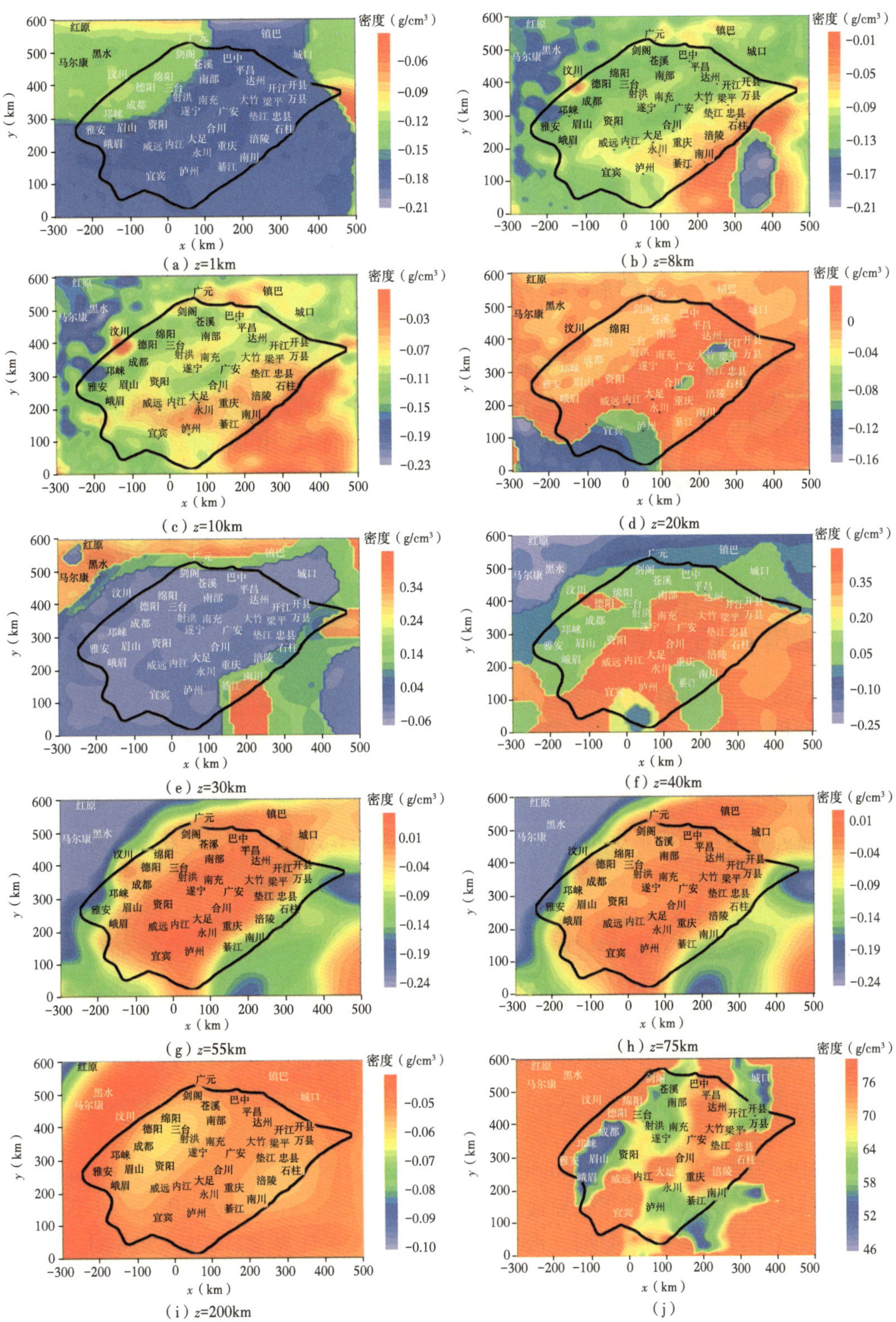

图 4-16 四川盆地不同深度密度反演结果（a—i）和高速体分布深度（j）

面异常（图 4-16b），同时反演结果误差随着迭代次数增加在逐渐变小（图 4-15），反演结果正演异常与观测值特征分布的一致性和反演结果的收敛性均从侧面体现了该反演方法和结果的有效性。

四川盆地重力和大地水准面联合反演的结果显示其在 53~75km 以深范围内存在高密度异常体（图 4-16g 至图 4-16h），其深度分布特征和不同深度上的密度分布特征与四川盆地该深度范围内真实存在的地幔高速体（图 4-16j）相对应，进一步说明了该重力和大地水准面联合反演方法和反演结果的可靠性。

4.2 三维重磁逐层截频优化下延成像

重磁位场向上延拓能够压制局部和浅部的“干扰”异常，反映区域和深部的信号；向下延拓能够增强水平方向上“叠加”的弱异常，突出局部和浅部的信号。重磁位场在观测面上为已知且观测面上半空间无源的情况下，重磁位场向上延拓满足拉普拉斯方程，其解存在且唯一，向上延拓为适定问题。但是，在观测面下半空间有源时，重磁位场向下延拓不满足解的唯一性，即使下半空间无源，向下延拓的解也发散，因此，向下延拓属不适定性问题。而可靠的大深度重磁下延方法技术可为深层—超深层初始建模提供重要的特征参数。

4.2.1 重磁下延不稳定性特征分析

由于位场下延问题数学上是一个不适定问题，笔者对影响位场下延效果的主要因素进行了对比分析。

图 4-17 为一简单的球体（$h=1.5$km，$r=0.5$km，$\Delta\rho=0.2\text{g/cm}^3$）密度异常体模型重力异常下延的结果对比。随着下延深度增加，下演异常的幅度迅速增大，周边计算点的随机误差被显著放大，干扰了对有效异常的识别。在接近场源深度时，干扰放大到难以识别有效异常的程度。

图 4-18 为两个水平棱柱体重力异常 Tikhonov 正则化下延与随机误差干扰对下延效果的影响。下延深度为 0.5km（较浅场源中心深度的一半），加入的随机干扰的幅度为理论异常的 10%（0.4mGal）。对比可见：（1）下延过程具有低通滤波性质，下延异常的随机干扰得到明显抑制；（2）水平位置不同的两个棱柱体密度重力异常能够有效分离，基本上不受随机干扰影响；（3）下延异常的幅值大于原始理论异常值，下延过程具有放大作用；（4）下延异常与理论异常趋势一致，但主体异常两侧出现与主体异常特征相反的弱的伴生假异常。

图 4-19a 为地面磁异常 Tikhonov 正则化下延不同深度的对比。对于一个 100m 埋深的垂直磁化球体产生的 20nT 的正磁异常和-2nT 的负磁异常，Tikhonov 正则化法下延经过磁性球体中心（下延深度 100m）时，产生极大值为 68nT 的磁异常。下延 150m 时，磁异常值下降为 56nT，仍比地面异常大。负异常位置逐渐向外扩展。其断面成像如图 4-19b 所示。

另外，对比不同深度 Tikhonov 正则化下延算子的波谱响应特征可知，下延拓算子的形态虽然对不同深度 h 大小有所变化，但是总体上近似于一种带通滤波算子，算子的起点为

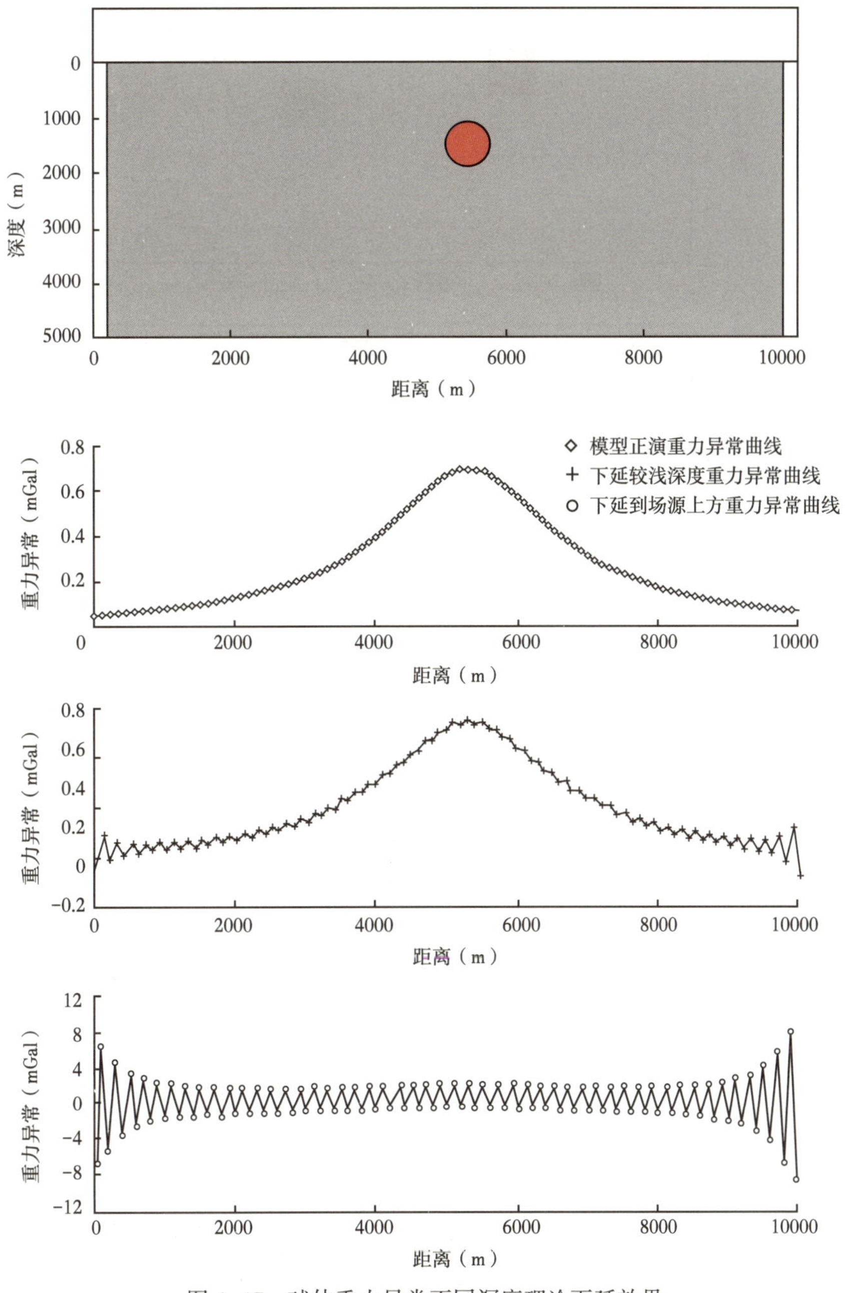

图 4-17 球体重力异常不同深度理论下延效果

1，随着延拓深度的增大其带通宽度逐渐缩小，算子的极值对应的波数在减小，但是算子的极值大小保持没有改变（图 4-20）。正是如此，随着延拓深度的增加，在不改变阻尼因子和迭代次数的情况下，下延算子保持低波数异常幅度不变的同时在逐渐缩小带通宽度，从而压制中高和高波数异常。

图 4-21 为基于 Tikhonov 正则化算法提出的带通滤波下延方法对埋深为 5km 的密度球体重力异常进行的下延成像效果。可见，下延异常中心与场源位置均对应良好。尽管重力

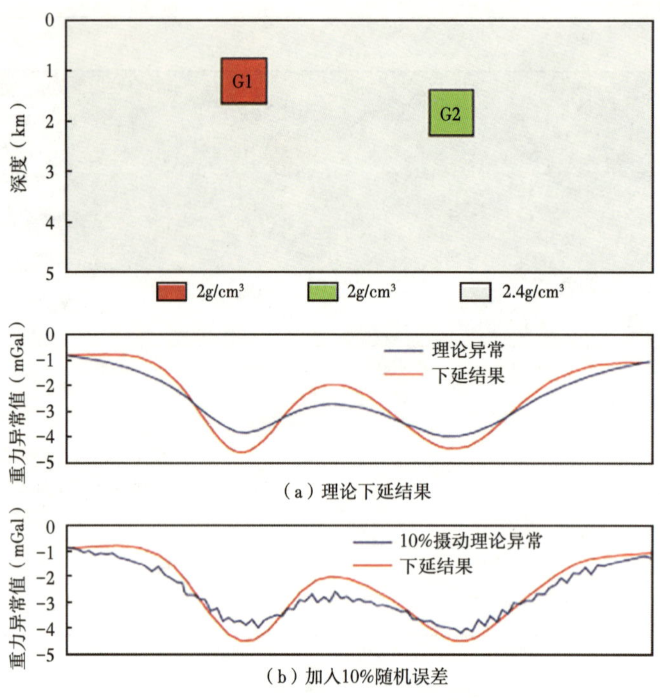

图 4-18　随机干扰对球体重力模型解析下延的影响

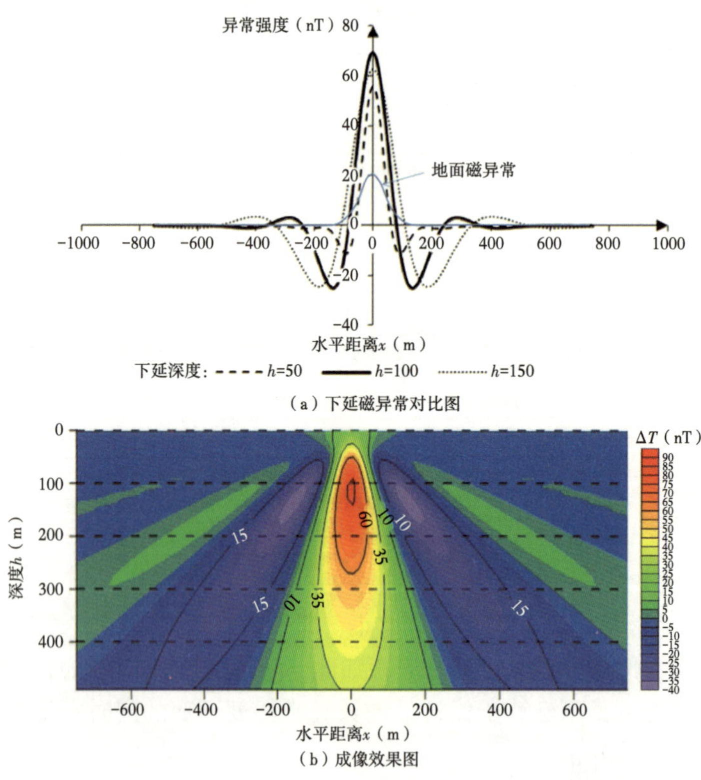

图 4-19　磁异常不同深度 Tikhonov 正则化下延效果

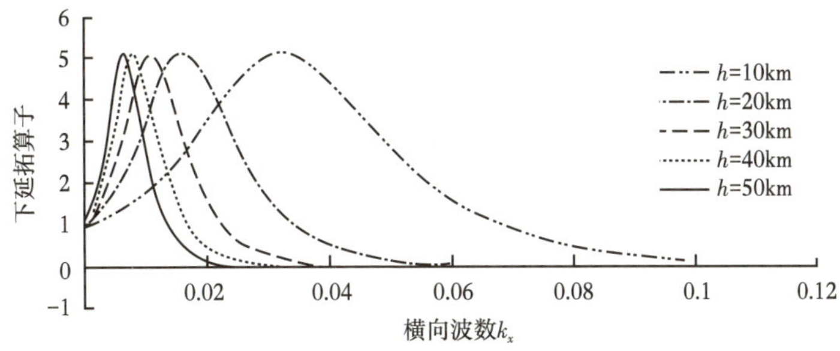

图 4-20 不同深度 Tikhonov 正则化下延算子的波谱响应特征

异常没有负异常成分，但下延过程在中心正异常两侧产生了伴生负异常，而且伴生负异常影响范围随着深度向周边扩散，其影响深度达到埋深的两倍以上，不利于识别垂直叠加异常。

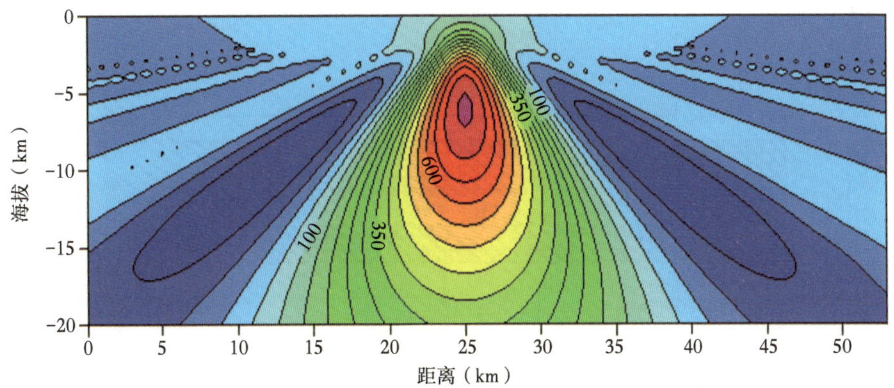

图 4-21 球体重力异常 Tikhonov 正则化下延成像效果

根据上述理论模型结果，可归纳出目前 Tikhonov 正则化下延的主要特点：

（1）从数学上来说，向下延拓是一个典型不适定问题。不论是重力异常还是磁异常，不论是高频信号还是低频信号，原始异常中的任何变化都可能导致下延结果的不稳定性。由于实际数据处理中存在观测误差和计算误差，以及浅表层不均匀物性产生的高频异常，下延过程对这些异常具有显著的放大作用，导致有效信号无法识别。

（2）Tikhonov 正则化下延具有压制高频干扰的特点，从而实现了过场源的稳定下延计算。但会在主体异常周边伴生假异常，虽然假异常的强度较小，但其影响的范围随深度增大，改变深层构造弱信号的分布形态特征。因此，在下延过程中需要尽量压制假异常的强度及影响空间，提高成像结果的可靠性，或在异常成像的分析解释中需要专门对假异常进行判别和剔除。

（3）一般的 Tikhonov 正则化下延算子具有带通滤波的特点，而且其带通宽度随着延拓深度的增大逐渐缩小。因此，为了提高对深层弱异常的成像效果需要对低频段进行精细的频带划分。

4.2.2 逐层截频正则化下延方案

根据重磁位场叠加原理，地下地质体在地面产生的重磁位场 g 用地下水平层块剖分（$i=1,2,3,\cdots,n$）的格林等效密度层的重力效应 g_i 叠加而成（图 4-22）。格林等效层具有层块状形态和等效密度任意大小的特点。下延至各等效层顶面的重力异常与该等效层及以下各等效层的重力效应之和相等。地面以上空间没有场源分布（无密度体），满足拉普拉斯方程，可以进行向上延拓及各分量之间的转换。而由于地下空间存在场源（密度体），其位场不满足拉普拉斯方程 $\nabla^2\varphi=0$，只能用泊松方程 $\nabla^2\varphi=-4\pi G\rho(x,y,z)$ 表示。若能逐层剥离地下各格林等效层的重力效应，即消除各层密度体的影响，则可逐层下延到地下各格林等效层的顶面，获得各层顶面重力位场分布，形成地下空间重磁位场的三维数据体，从而进行任意的水平或垂向重磁成像分析。

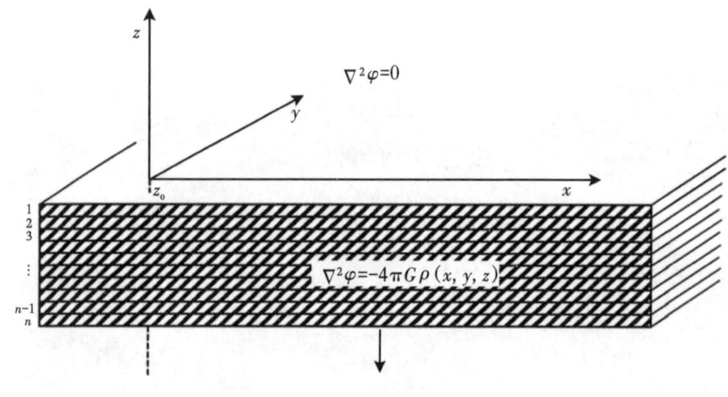

图 4-22　格林等效层剖分方案

按照上述层块剖分方案，地面重力异常 g 等于地下各格林等效层重力效应之和，即：

$$g=g_1+g_2+g_3+\cdots+g_n \tag{4-7}$$

两边均做傅里叶变换则有：

$$P_g=GG^*=P_1+P_2+P_3+\cdots+P_n \tag{4-8}$$

式中，G 为重力异常 g 的频谱；G^* 为其复共轭频谱；P_1，P_2，P_3，…，P_n 为对应的格林等效层重力效应 g_1，g_2，g_3，…，g_n 的功率谱。

实际数据功率谱具有宽频特征，各层频谱相互叠加，无法有效识别和划分。对多种简单形体的重磁异常的波谱特征的研究表明，相对而言，水平薄板重磁异常的振幅谱 $A(\mu)$ 具有较窄频宽的特征，是用于表征复杂层状构造重磁异常波谱特征的最有效的数学工具之一（王谦身，2003）。

当满足厚层格林等效密度层条件时，功率谱具有分段连续特征，可利用功率谱斜率估算格林等效层的埋深 h：

$$h=-[\ln(P_2)-\ln(P_1)]/[4\pi(r_2-r_1)] \tag{4-9}$$

式中，r_2、r_1 分别表示对于功率谱线性段高、低频段的圆频率（圆波数）。$r=\sqrt{u^2+v^2}$ 对，

u，v 为对应 x 方向和 y 方向的频率（波数）。对于一般情况，可利用样条函数拟合功率谱曲线，获得不同密度等效层的有效埋深。显然，位场功率谱曲线特征与场源深度有密切的关系（Pawlowski，1994）。

采用更精细的格林等效层的概念可以更有效地进行重磁异常的位场拟合、构建及转换。据此，提出利用格林等效层逐层截频优化方案实现高分辨率正则化下延成像。

下面以重力场下延算法为例，说明逐层优化下延成像方法原理（图 4-23）。

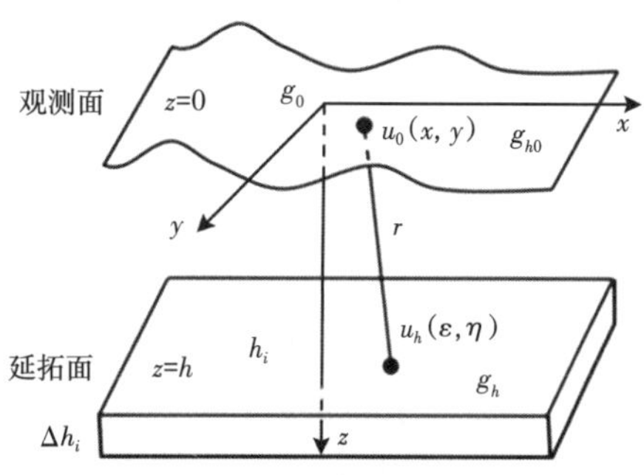

图 4-23　逐层优化下延格林等效层模型 Δh_i

若地面观测重力场 g_0 可通过地下各格林等效层的重力效应 $g_i(i=1,2,3,\cdots,n)$ 的叠加场 g 来逼近，即：

$$g_0=g+n=\sum_{i=1}^{N} g_i+n \tag{4-10}$$

下延到地下 h_i 格林等效层顶面的位场值：

$$g_{hi}=\Psi_{hi}g_0 \tag{4-11}$$

其中，Ψ_{hi}为下延第 i 层的正则化下延算子：

$$\Psi_{hi}=\mathrm{e}^{2\pi rh_i}/1+\alpha_i\mathrm{e}^{\beta_i(r-r_i)\lambda_0} \tag{4-12}$$

其中，r 为圆波数；λ_0 基波波长；α_i，β_i 和 r_i 分别为对应 i 层的正则化参数、滤波指数和截频参数。下延过程中截频滤波可压制观测重力场中的高频干扰。为了计算位场数据偏差泛函，先将下延位场再上延至地面，得到上延回返位场值 g_{i0}。

$$g_{i0}=\phi_{hi}g_{hi} \tag{4-13}$$

其中，ϕ_{hi}为上延算子。

$$\phi_{hi}=\mathrm{e}^{-2\pi rh_i} \tag{4-14}$$

设位场数据偏差泛函为：

$$F_{\mathrm{misfit}}=\|g_{i0}-g_0\|^2 \tag{4-15}$$

为了建立稳定泛函，对下延至第 i 格林等效层的位场值进行约束 g_{hi}。设下延稳定泛函为：

$$F_{\mathrm{downcont}}=\|g_{hi}-\overline{g_{hi}}\|^2 \tag{4-16}$$

$$\overline{g_{hi}}=\sum_{i=1}^{N} g_{hi}/N \tag{4-17}$$

联合这两个泛函建立最优化目标函数：

$$F_i=\min(\|g_{i0}-g_0\|^2+\gamma_i\|g_{hi}-\overline{g_{hi}}\|^2)=c_i\varepsilon^2 \tag{4-18}$$

式中，ε 为重力观测误差；g_{hi}、$\overline{g_{hi}}$分别为对应第 i 层的下延值及平均值；γ_i 和 c_i 分别为对

应第 i 层优化的阻尼因子（拉格朗日因子）和松弛系数（$c_i \geqslant 1$）。

利用阻尼最小二乘法，可实现自适应逐层求取第 i 层的下延参数（r_i，α_i，β_i，γ_i 和 c_i）的最优值。最后，利用各层的优化下延参数，构建地下重力位场三维数据体，并实现任意水平面和垂直断面的重力位场成像。

对于磁异常 T_0 或其波谱函数 $T_0(u, v)$ 可以先利用伪重力转换关系，将磁异常 T_0 转换为磁源重力异常 T_g。

$$T_g = \mathrm{FFT}^{-1}\left\{\frac{Gp}{2\pi J}\times\frac{\sqrt{u^2+v^2}\,T_0(u,v)}{[i(P_0u+Q_0v+R_0\sqrt{u^2+v^2})][i(Pu+Qv+R\sqrt{u^2+v^2})]}\right\} \tag{4-19}$$

式中，G 为万有引力常数；ρ 为地质体的密度；J 为地质体的磁化强度；(P_0, Q_0, R_0) 为地磁方向余弦；(P, Q, R) 为地质体磁化方向余弦；u 和 v 分别为对应 x 和 y 方向的波数。

然后再利用上述方法，获得磁异常下延位场三维数据体，并对磁异常下延位场进行任意水平面和垂直断面的磁异常成像。

值得注意的是，由于磁异常是由含有磁性矿物的地质体所产生，而实际上能产生磁异常的地质体主要是火山岩、侵入岩或相关的变质岩。因此，磁异常下延层位需要结合钻井和地震资料来约束。

根据上述逐层优化下延成像过程，可归结为自适应正则化下延的技术流程图（图 4-24）。该下延方法的主要技术特点有：

（1）结合地震剖面和密度测井资料，针对性确定初始参数；

（2）数据低通滤波，压制干扰，不用事先去噪；

（3）逐层优选下延参数，无须人为干预；

（4）截频增强识别不同层段波谱异常特征，具有一定的空间分辨率。

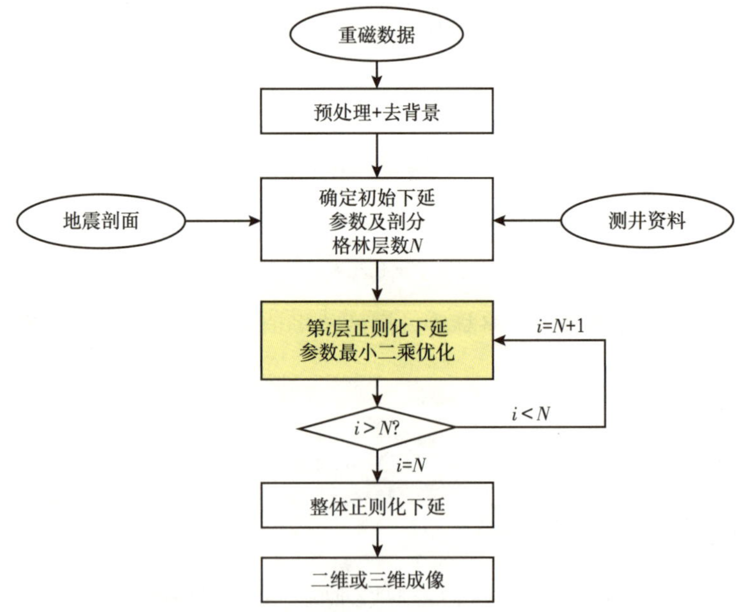

图 4-24　逐层优化正则化下延技术流程

4.2.3 逐层截频优化下延模型试验

4.2.3.1 球体模型试验分析

针对三个不同深度（4km、6km、10km）同一密度差（0.2g/cm^3）的球体重力异常进行正则化下延断面成像。

图 4-25 为本算法对三个不同深度球体异常正则化下延成像及其截频曲线特征。可以看出，不同深度球体异常下延成像中心基本上对应球体中心位置；下延异常中心对应截频曲线陡变带；不同深度球体异常对应的截频参数值随深度减小。不同下延深度的截频曲线中均存在截频效应，对于上述剖面数据，截频扰动的波数为 0.04，扰动深度大致在 10km。对于埋深为 10km 的球体重力异常，其成像深度与截频扰动深度大致重叠，其信号峰与扰动峰特征难以有效分离。

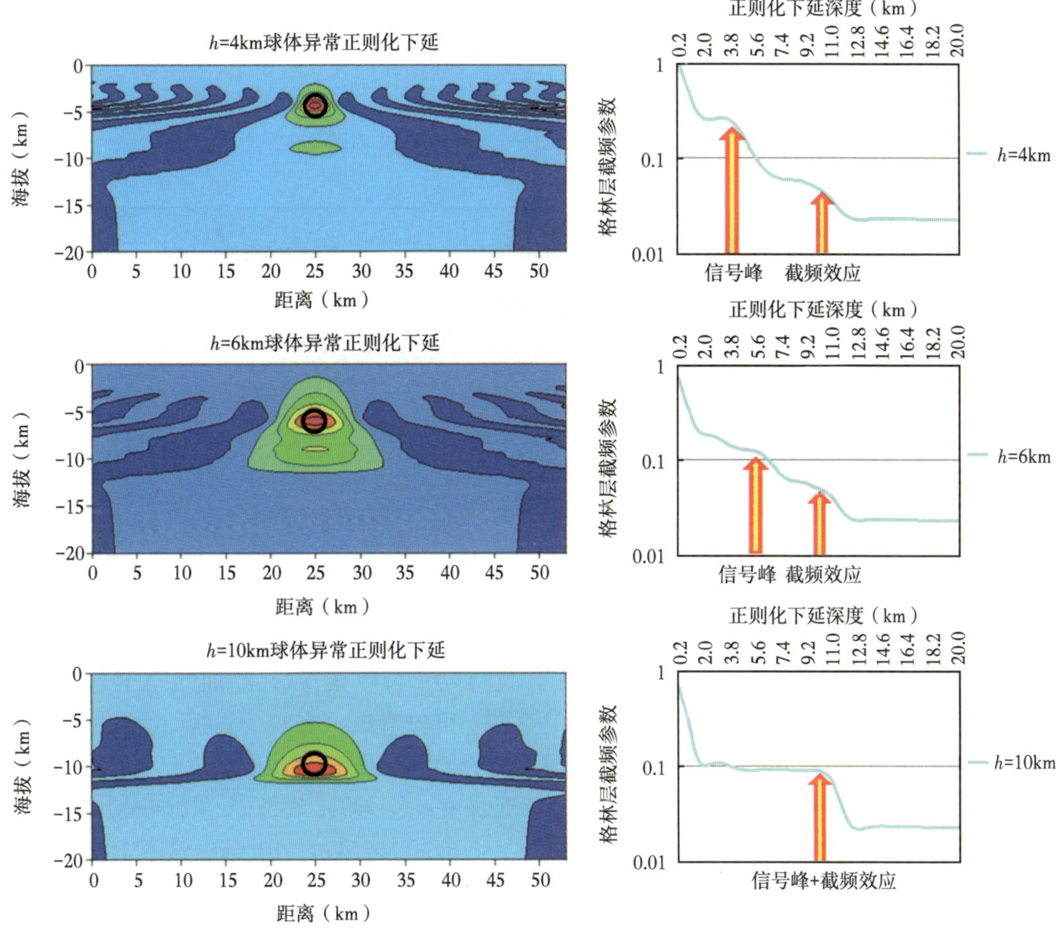

图 4-25 正则化下延成像及其截频曲线特征

图 4-26 为不同深度球体异常下延成像中心与模型中心位置的误差分析。可见，三个单独球体重力场下延异常中心位置与不同深度场源位置对应良好，中心埋深误差小于 11%。

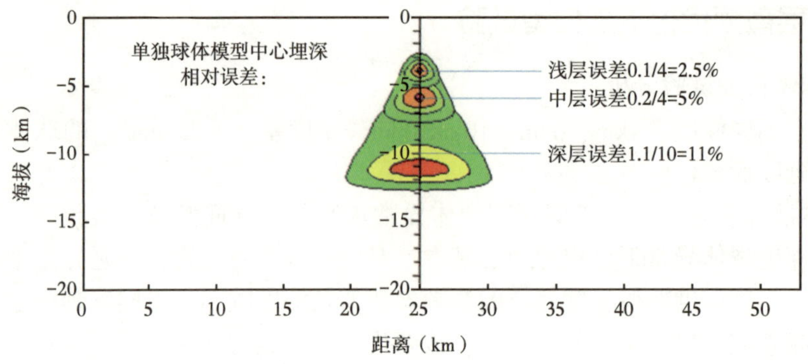

图 4-26　球体重力异常下延成像中心与球体中心位置对比

此外，对同一坐标位置、不同深度（4km、6km、10km）的三球体密度体的叠加重力异常模型进行正则化下延断面成像。图 4-27 为垂向叠加模型正则化下延断面成像结果。可见，下延异常出现 4 个异常中心，其中，三个较强异常中心（4. 6km、6. 5km、10. 6km）与三个密度体的中心位置（4km，6km，10km）基本对应；相对误差分别为 0. 6/4、0. 5/6 及 0. 6/10，最大相对误差为 15%。最下面一个弱异常为截频扰动异常。

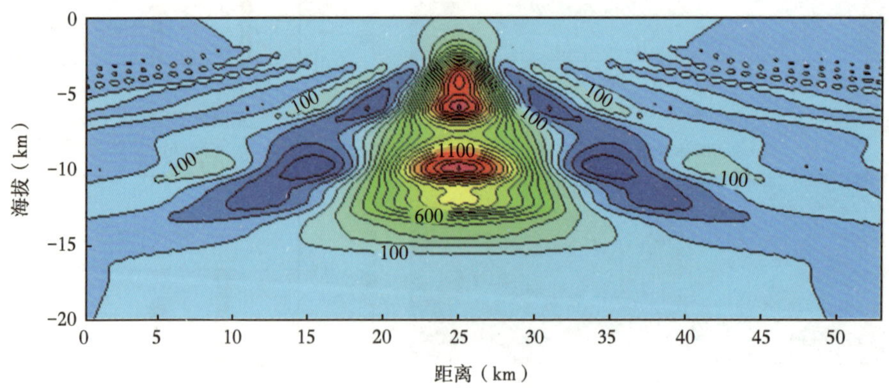

图 4-27　垂直叠加球体模型重力场下延异常与场源位值对比

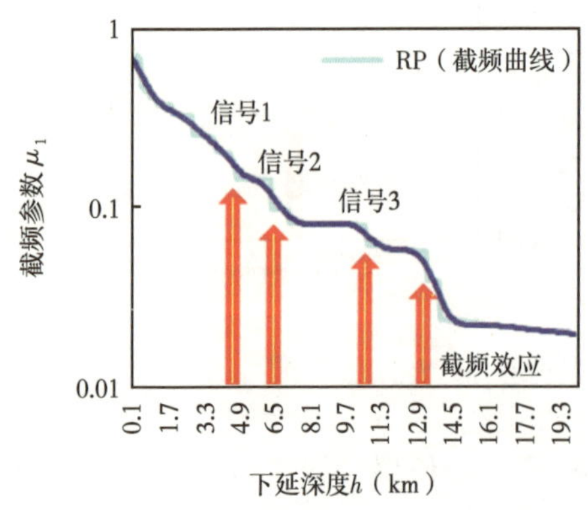

图 4-28　正则化下延截频参数曲线特征

图 4-28 为截频参数 μ_1 曲线与下延深度的关系图。可以看出，有四个截频曲线陡变带，对应不同的截频参数 μ_1（0. 2、0. 15、0. 08、0. 04）及下延深度 h（4. 6km、6. 5km、10. 6km、13. 3km）。其中，4. 6km、6. 5km、10. 6km 这三个深度的截频扰动波数均为 0. 04，与不同的深度单独下延成像时的扰动波数一致。

4. 2. 3. 2　层状模型试验分析

考虑到沉积盆地中层状地层构造是最典型的地质模型之一，于是对单独的层状模型异常及不同深度层状模型的叠合异常进行正则化下延数值模拟试验分析。

图 4-29 为三个不同深度（3. 5km、6. 5km、9. 5km）层状（水平尺寸与垂向延伸之比 =7）密度体（0. 2g/cm^3）重力异常单独正则化下延成像结果与实际模型中心位置的对比图。可见，三个单独层状重力场下延异常中心的形态具有水平拉长的椭圆形特征，中心点位置与不同深度场源位置对应良好，中心埋深误差均小于 10%。

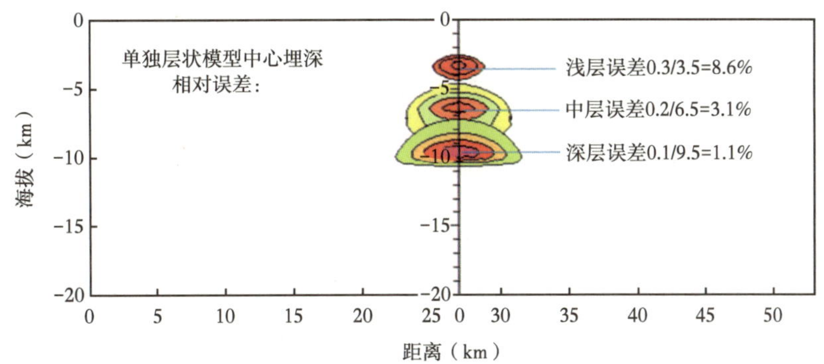

图 4-29　不同深度层状模型重力场下延异常与场源位值对比

图 4-30 为同一坐标位置、不同深度（3. 5km、6. 5km、10. 5km）的三个层状密度体（由上往下三个密度体的水平尺寸与垂向延伸之比分别为 3、7、11）的叠加重力异常模型进行正则化下延断面成像结果（模型 1）。可见，下延异常也出现四个异常中心，异常聚焦主要集中在上面三个异常中心，最下面的异常为截频扰动异常。其中，最上面的异常中心呈现局部上凸，类似于断鼻构造形态，这是由于浅部异常强度较弱所致。利用插值切割提取增强技术，将三个主要的局部异常提取出来，如图 4-31 所示。三个主要异常中心与三个层状密度体的中心位置基本对应。相对误差分别为 0. 4/3. 5、1. 1/6. 5 及 1/10. 5，最大相对误差为 17%。

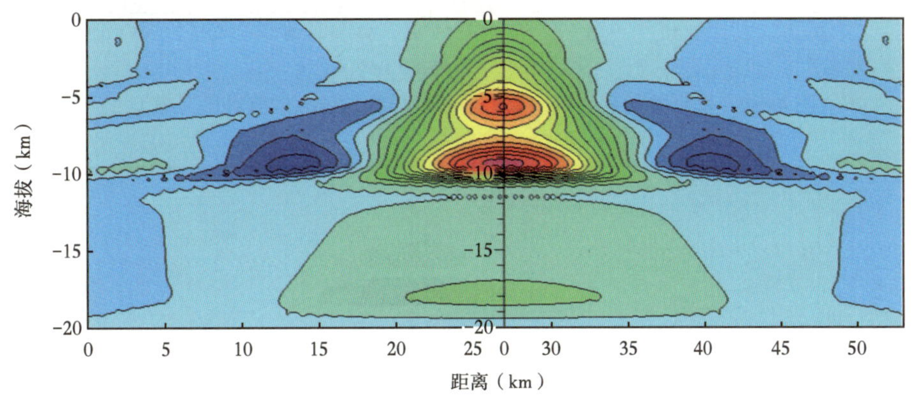

图 4-30　垂直叠加层状模型重力场下延异常与场源位值对比（模型 1）

图 4-32 为另一组叠合异常的正则化下延断面成像效果（模型 2）。叠加异常由同一坐标位置、不同深度（3. 5km、6. 5km、9. 5km）的三个层状密度体（由上往下三个密度体的水平尺寸与垂向延伸之比分别为 11、3、7）的重力异常叠合而成。从图 4-32 可见，下

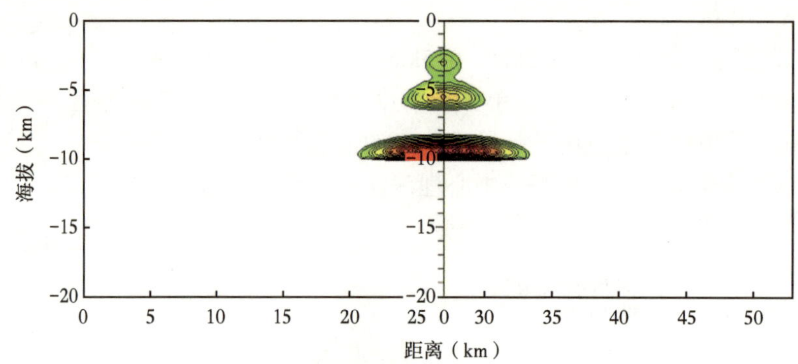

图 4-31　垂直叠加层状模型重力场下延异常插值切割结果（模型 1）

延异常断面中出现三个异常中心，异常聚焦主要集中在上面两个异常中心，最下面的异常为能量扩散扰动效应。由于场源的等效性，浅层（3.5km）水平层（水平尺寸与垂向延伸之比为 11）的异常等效为较深层场源的异常。利用插值切割提取增强技术，将两个主要的局部异常提取出来，如图 4-33 所示。两个主要异常中心与两个层状密度体的中心位置基本对应。相对误差分别为 0.5/6.5 及 0.9/9.5，最大相对误差为 10%。显然，不同的层状模型的组合关系可能会导致不同的成像效果。

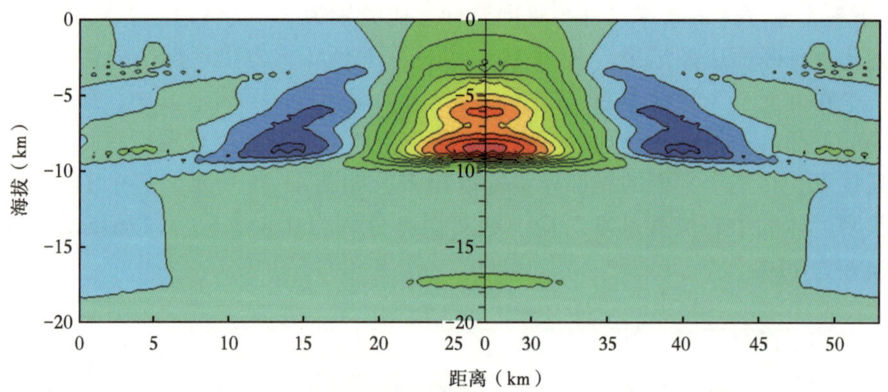

图 4-32　垂直叠加层状模型重力场下延异常与场源位值对比（模型 2）

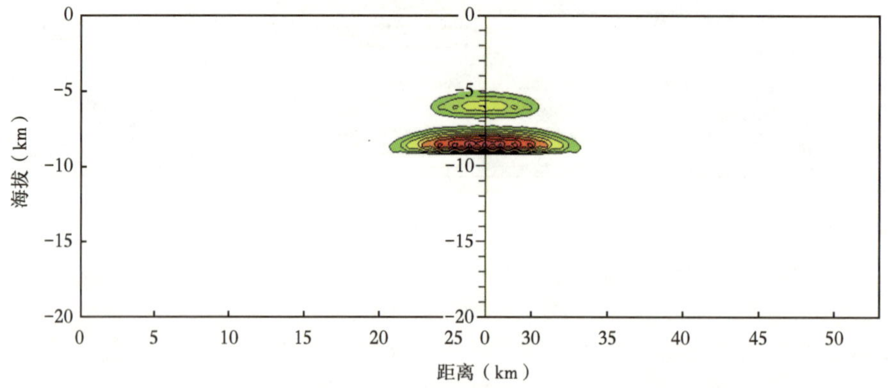

图 4-33　垂直叠加层状模型重力场下延异常插值切割结果（模型 2）

总之，球体叠合模型异常的自适应正则化下延成像效果较好，主要的场源异常均可有效成像；对于层状叠合模型异常，如果层状模型上下叠合关系由浅至深是层状模型的水平尺寸由小到大，则自适应正则化下延可以识别提取所有场源的异常中心；若层状模型由浅至深上下叠合关系不是水平尺寸由小到大，则自适应正则化下延可能不能有效识别提取大水平尺度的浅层层状场源的异常。这是层状体低频异常的等效性的具体体现。

4.2.3.3 层块模型参数对下延成像的影响分析

为了定量分析层块模型的扁度 E（长度/厚度=X/L）和深度 D 对下延成像的分辨率的影响，开展了 35 组层块模型下延成像试验，并对相关参数进行了回归分析。图 4-34 为在最佳的下延参数（形态校正系数 P_0 和背景压制半径 R_0）情况下获得的块体模型重力场下延成像。

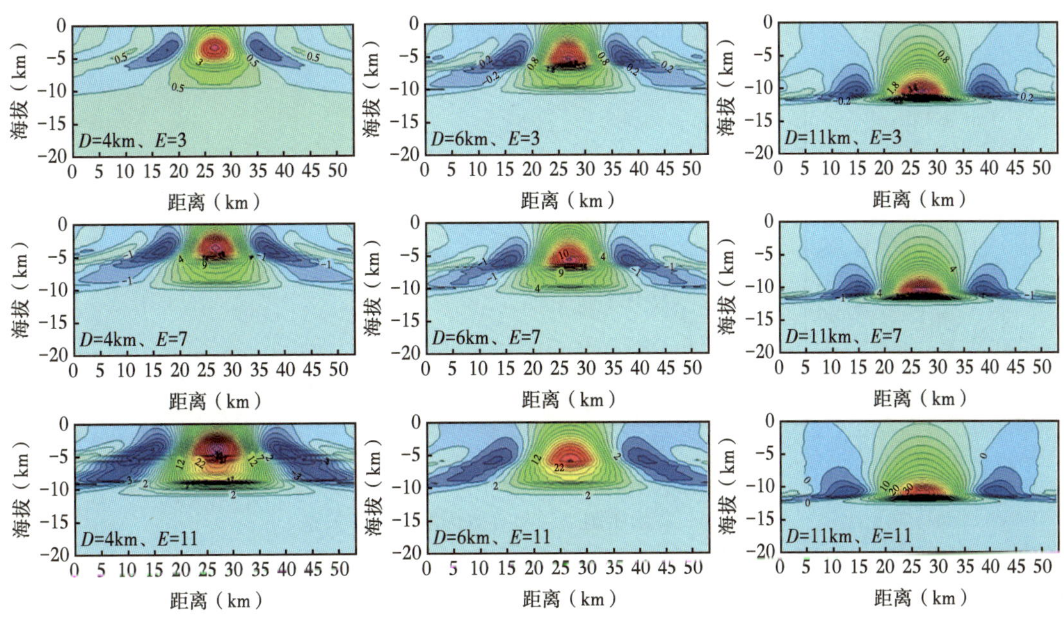

图 4-34 不同深度 H 和不同扁度 E 块体模型重力场下延成像试验

根据 35 组层状模型试验结果，开展了形态校正系数 P_0 与形态参数 FP 的回归分析（图 4-35）得到形态校正系数 P_0 与形态参数 FP 的统计关系：

$$P_0 = 0.119\ln(\mathrm{FP}) + 0.54 \tag{4-20}$$

同时开展了背景压制半径 R 与等效深度 D 的回归分析（图 4-36），获得了背景压制半径 R 与等效深度 D 的统计关系：

$$R = 2.319D^{0.662} \tag{4-21}$$

综上所述，可以有效选择形态校正系数 P_0 和背景压制半径 R，可提高对不同深度地质体的成像精度。利用优化参数对叠加三层的板块状模型重力场进行正则化下延，最大深度相对误差为 17%，初步解决了重力异常垂向分辨率低的问题。

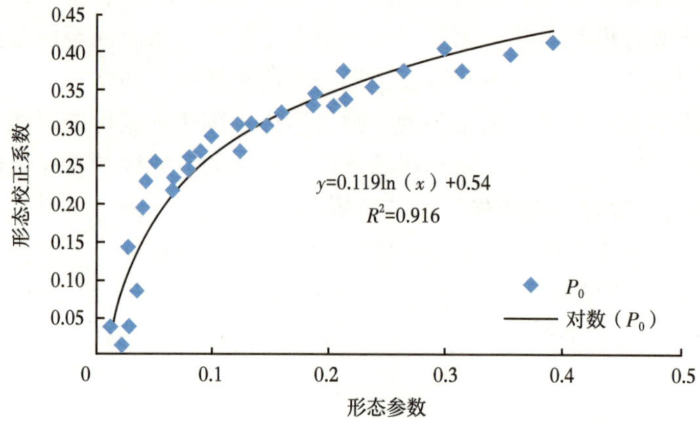

图 4-35　形态校正系数与形态参数的回归关系

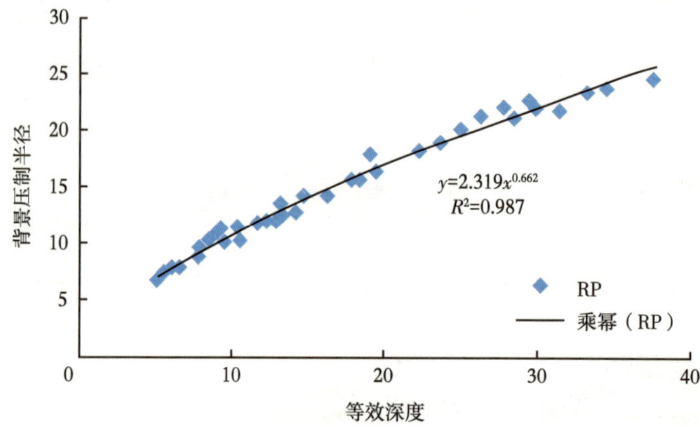

图 4-36　背景压制半径与等效深度的回归关系

4.2.3.4　随机干扰试验分析

图 4-37 为自适应正则化下延技术对深度在 6000m、半径为 1000m、密度差为 0.2g/cm³ 的球体重力理论异常（点距为 1km）叠加异常极值 10%的随机干扰异常的正则化下延成像结果。可以看出随机干扰，类似于浅源地质体，在正则化下延中在浅层产生了局部扰动，影响深度在 2~2.5km 的范围，为点距的 2~2.5 倍。

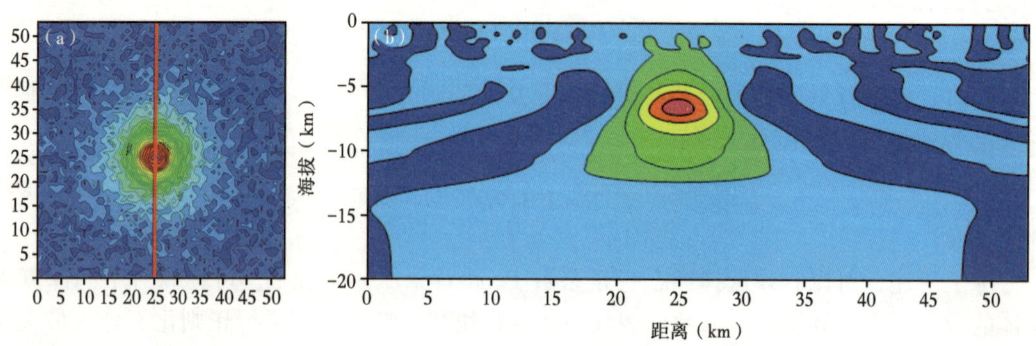

图 4-37　叠加极值 10%的随机干扰的球体模型重力场及下延成像

图 4-38 为对叠加 20%随机干扰的球体重力异常（点距为 0.5km）的自适应正则化下延成像效果。与图 4-37 对比可以看出，随机干扰强度的增大，对深层成像产生了一定的波动；但由于点距缩小了一半，浅层碎片化程度增加，其在浅层的衰减加快，主要影响深度仅为 1.5~2km，为点距的 3~4 倍。因此，位场成像总体形态不变，成像中心与球体中心深度的误差小于 20%。

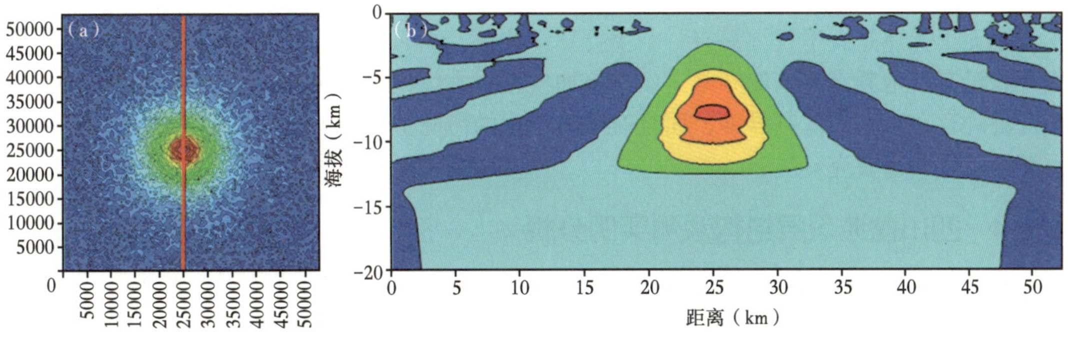

图 4-38 叠加极值 20%的随机干扰的球体模型重力场及下延成像

图 4-39 为球体+板块体叠加模型异常在有和无随机干扰情况下正则化下延成像的效果图。中间场源为三个垂直叠加的板块体（中心位置位于 $x=27$km，$y=27$km，深度分别为 4km、6km、10km 和长度分别为 3km、7km、11km，长宽比均为 7），两侧场源为深度分别为 4km、6km，半径均为 2km 的球体。与无干扰情况下的叠加模型异常下延结果（图 4-

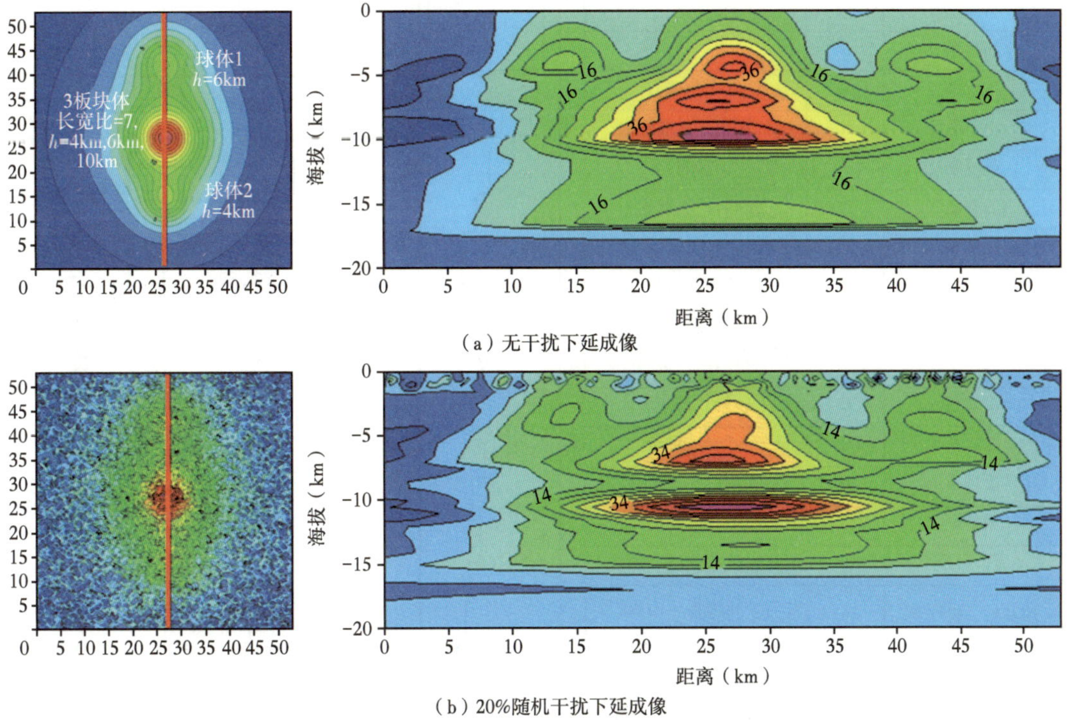

图 4-39 无干扰和有干扰的球体—板块体叠加模型正则化下延成像

39a）对比可见，20%的随机干扰主要影响浅层成像，影响深度为 2km；但随机干扰使深层成像特征复杂化，降低了成像分辨率；由于不同深度叠加模型异常频谱特征的重叠，导致下延参数优选不准，导致成像误差，甚至产生假异常。如图 4-39a 中埋深 6km 的球体 1，正则化下延成像时分解为水平位置错开的 4km+7km 的两个不同深度的异常。在有干扰的情况下，这种分离特征更加突出（图 4-39b）。

对比图 4-34、图 4-37、图 4-38 和图 4-39 发现，在简单模型异常优化下延成像中，不论是无干扰还是有干扰，只有一个主要异常特征，没有明显的调谐效应，即在主频异常之外，没有其他频率的谐波异常。而在叠加模型异常优化下延成像中，除主要异常外，在较深处均存在次生的低频异常，而且有随机干扰的情况下，谐波的特征复杂化。这个问题需要今后进一步研究解决。

4.2.4 四川盆地深层结构预测实例分析

4.2.4.1 四川盆地地层物性参数特征

为了认识全盆地各地层岩石物性参数特征，采集测试了 700 多块四川盆地及周边不同层系的岩石样品和岩心标本的物性参数，并结合收集的地层物性实测资料，对四川盆地及周边露头和岩心样品的物性参数进行了分层解释（图 4-40）。密度界面至少可划分出新近系与古近系、三叠系与二叠系、泥盆系与志留系及中元古界与古元古界等四个界面，与地

地层		
系	代号	岩性
第四系	Q	
新近系	N	
古近系	E	红褐色砾岩
白垩系	K	红褐色含砂质泥岩
侏罗系	J	砂岩
三叠系	T	砂岩、石灰岩
二叠系	P	石灰岩、砂页岩、玄武岩
石炭系	C	石灰岩
泥盆系	D	含泥质灰岩
志留系	S	粉砂岩、页岩
奥陶系	O	砂岩、石灰岩
寒武系	C	砂岩、页岩
震旦系	Z	石灰岩、白云岩、砂岩
南华系	Nh	砂岩
青白口系	Qb	凝灰岩、流纹岩、霏细岩
蓟县系、长城系	Pt_2	片岩、花岗岩、闪长岩、辉绿岩
古元古界—新太古界	Ar_3—Pt_1	混合岩、片麻岩

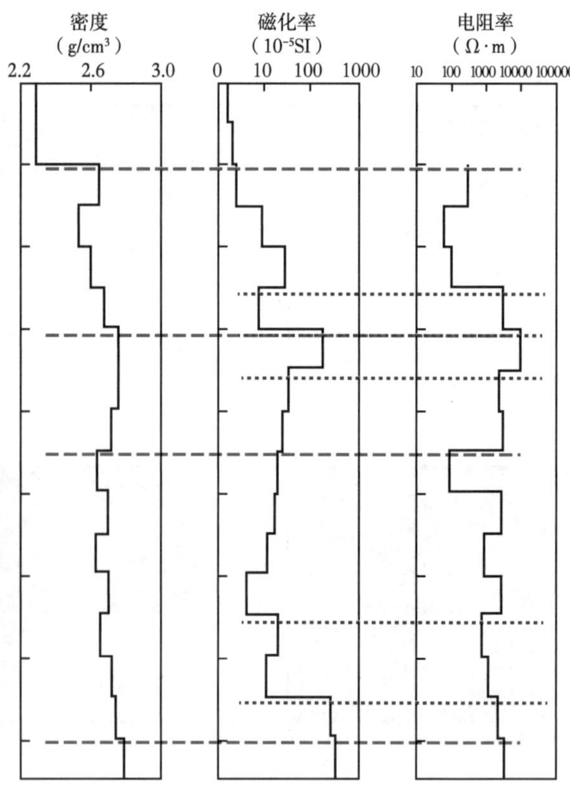

图 4-40 四川盆地岩石物性统计值及主要物性界面

红色—密度界面，蓝色—磁性界面

震速度界面有良好对应关系；磁性界面至少可划分出侏罗系与三叠系、三叠系与二叠系、二叠系与石炭系、震旦系与南华系及上元古界与中元古界等五个界面。其中，二叠系和古元古界—太古宇磁性较强，与四川盆地普遍发育的峨眉山火山岩及结晶基底变质岩有关。总体来看，地层岩石密度和磁化率界面与电阻率界面有一定的正相关性，其中，密度与电阻率的正相关关系比与磁化率的更强。显然，由于厚度和深度不同，不同地区不同物性层引起的重磁异常在波谱特征上会存在差异。利用这种波谱特征差异可以识别和预测不同物性层的空间分布。

4.2.4.2 重磁异常波谱结构分析

图 4-41a 为四川盆地及周边地区的布格重力异常图。从平面看，四川盆地的重力异常以大足重力高为中心，西北部和西南部重力明显降低，而东北部异常略有降低，东南部略有上升。图 4-41b 为四川盆地及周边地区的航磁异常图。盆地范围的航磁强异常主要集中在川北、川西南和川东地区。主要的线性异常为北东向和北西向。

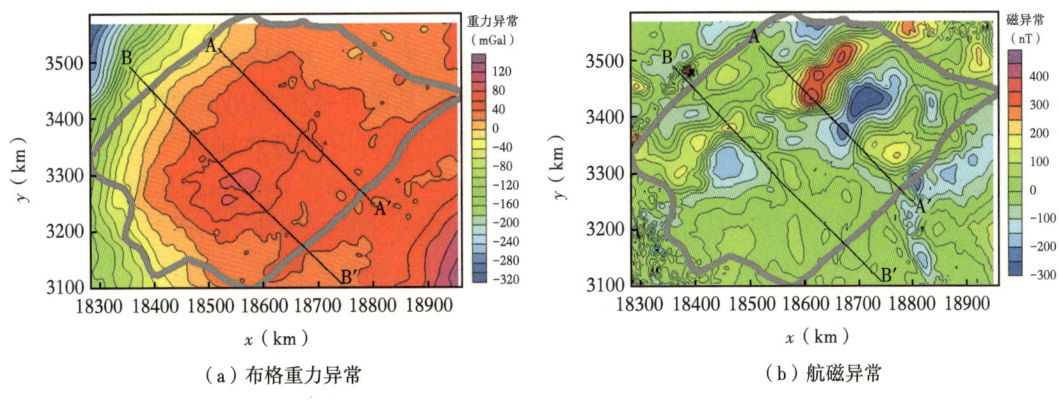

图 4-41 四川盆地及周边地区布格重力异常和航磁异常

通过傅里叶变换对图 4-42 重磁异常进行对数功率谱计算和等效层深度估计，可以大致识别和划分四川盆地重磁异常的波谱结构特征（图 4-43）。从图 4-43a 中重力波谱曲线的分段性来看，四川盆地的波谱曲线大致可划分出超低频、低频、中频和高频等五个近似

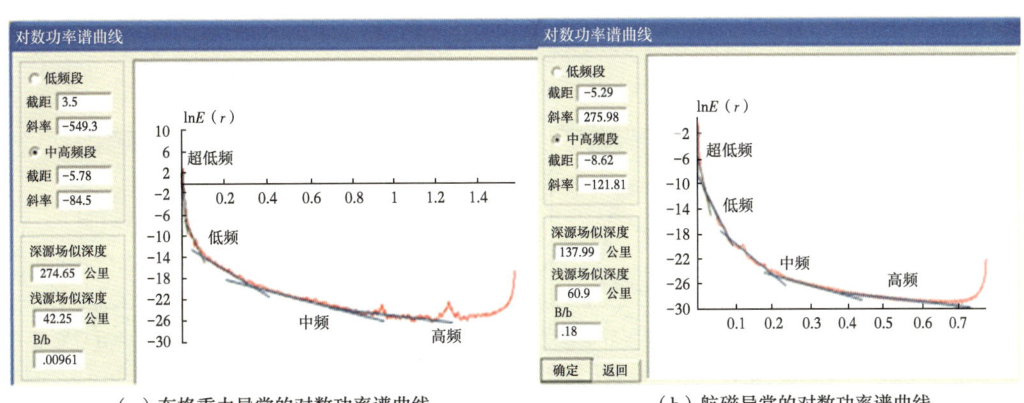

（a）布格重力异常的对数功率谱曲线

（b）航磁异常的对数功率谱曲线

图 4-42 四川盆地布格重力异常和航磁异常的对数功率谱曲线

线段，对应异常源的等效深度分别为 274.65km、42.25km、9.79km、6.07km 和 2.05km。图 4-43b 为航磁异常的频谱曲线。通过线段拟合可以识别出 6 个线性层段，对应的等效深度分别为 137.99km、60.9km、42.68km、13.49km、6.83km 和 2.7km。其中，重磁波谱特征预测的沉积盆地和下地壳等效层深度基本一致。可见，利用重磁对数功率谱曲线能对中高频线性段（15km 以浅）有较好的识别效果，但对低频和超低频段（对应深层和超深层）的线性段，由于波谱曲线连续变化，无法确定有意义的线段位置，预测物性层等效深度的可靠性差。因此，通过重磁对数波谱曲线无法有效识别深层—超深层地下物性结构特征。

4.2.4.3 重磁异常逐层优化截频特征

笔者提出了逐层优化截频和整体三维下延重磁成像的专利技术（CN107678068A），可实现对深层—超深层密度结构进行较高精度的识别和划分。对于航磁异常通过伪重力变换，也可实现磁异常下延分层结构研究（文百红等，2020）。

图 4-43a 展示了四川盆地布格重力异常下延 50km 的逐层优化截频曲线及拟合偏差的分层特征。从截频曲线拐点和拟合偏差极值点可看出，从浅至深至少可划分出 10 个格林等效层，对应的 10 个等效深度分别为 1.1km、3.4km、6.1km、9.5km、14.8km、19.4km、26.2km、29.0km、35.2km、42km。相应地，从图 4-43b 四川盆地航磁异常逐层优化特征曲线中，可以识别出至少 9 个格林等效层，其对应的等效深度分别为 3.7km、7.3km、9.7km、13.8km、18.9km、24.8km、34.4km、42.1km、45.2km。其中，12km 以浅的沉积层中识别出三个沉积构造，重力截频参数随深度几乎连续减小，而磁场减小过程中在 4km 处出现一个强异常变化，与图 4-40 中四川盆地普遍发育的二叠系峨眉山组火成岩密切相关。在 12km 以深的地层结构中可识别和划分出下延重力和磁力与幂函数拟合偏差较小、密度和磁性变化不大的褶皱基底（等效深度 14km），对应图 4-40 中的震旦系、南华系和青白口系；在其下存在密度和磁性变化较大、偏差值增大的结晶基底（等效深度

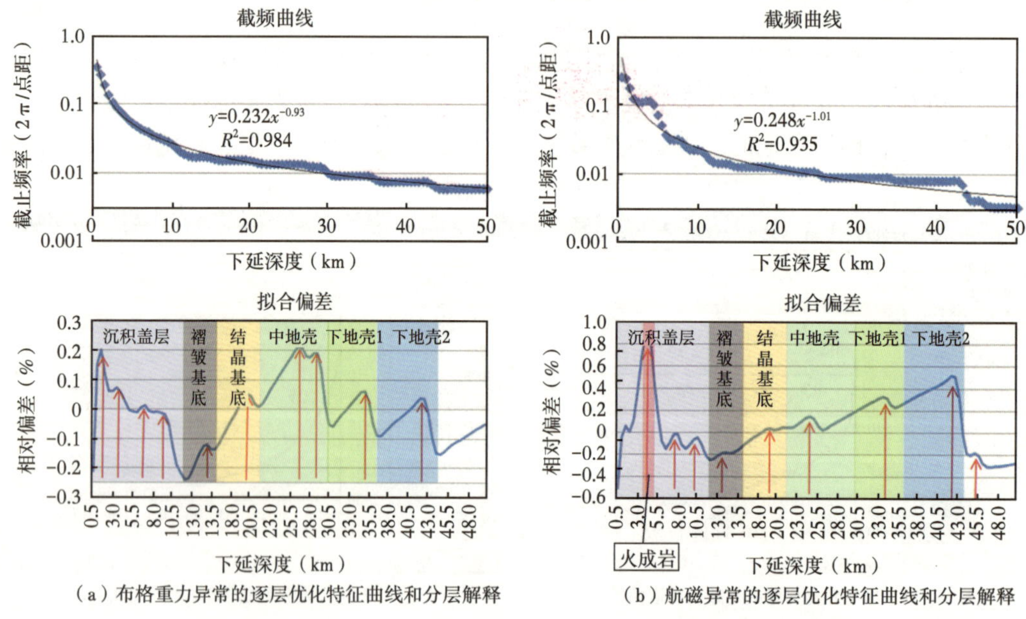

（a）布格重力异常的逐层优化特征曲线和分层解释　（b）航磁异常的逐层优化特征曲线和分层解释

图 4-43　布格重力异常和航磁异常逐层优化特征曲线和分层解释

19km），包括图 4-40 的中元古界、古元古界和新太古界；密度变化最大而磁性相对较小的中地壳（等效深度 25～29km）；密度相对较小而磁性相对较大的下地壳 1（等效深度 34km）及密度相对较大而磁性最大的下地壳 2（等效深度 41km）。推测地壳至上地幔的过渡带即莫霍面的平均深度为 43km。

与图 4-42 重磁对数功率谱曲线特征对比可见，逐层优化截频分析不仅可较高精度地识别和划分中深层沉积盖层的物性结构，而且在 10～50km 的超深层，可提供比对数功率谱曲线更丰富的地层结构信息，为深层—超深层油气构造研究提供新技术支持。

4.2.4.4 重磁异常下延成像效果

在四川盆地选择了有勘探资料比对的四条大剖面进行同剖面的重力逐层优化下延成像测试（图 4-44）。其中 GJ1 剖面和 GJ3 剖面为中国石油勘探开发研究院重新拼接偏移的地震深度剖面，MT18 剖面为东方地球物理勘探有限责任公司实测和反演的大地电磁剖面，DSR08-10 剖面为中国地质科学院处理拼接和偏移成像的深地震反射剖面。背景为收集的四川盆地及周边地区 1:20 万的布格重力异常数据。为了便于对比分析，笔者针对不同勘探深度剖面采用不同垂向剖分方案进行了全盆地重力逐层截频优化和整体三维下延，并提取相应剖面下延数据进行重力异常剖面成像。

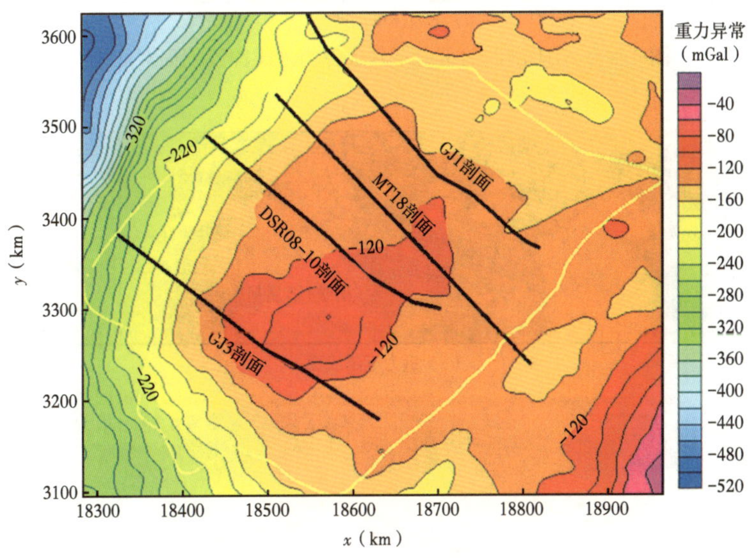

图 4-44 四川盆地测试剖面位置

图 4-45a 为 GJ1 剖面重力逐层优化下延成像效果，图 4-45b 为相应的地震深度剖面。分析表明，由于中—新元古生界比下古生界密度差异大且均匀性好，褶皱基底与上覆沉积盖层之间的分界面比较容易识别。此外，由于构造活动和压实作用，导致主要地层构造之间的密度差异，还可对沉积盖层细分五个密度层。总体上与地震深度剖面解释层位有一定的对应关系。

图 4-46 为 MT18 剖面重力下延成像与电阻率反演剖面的对比。分析表明，川西火成岩发育区对应于下延重力异常和电阻率异常高值区，华蓥山构造基底变质岩隆起区，具有较高的下延重力和电阻率异常，广探 2 井揭示的中浅层沉积岩具有较低的下延重力和电阻

率异常。根据下延重力异常奇点分布和畸变特征，可细分七个沉积构造层，它们在基底形态特征和主控断裂分布上有较好的一致性，说明电阻率与密度有一定的相关性。

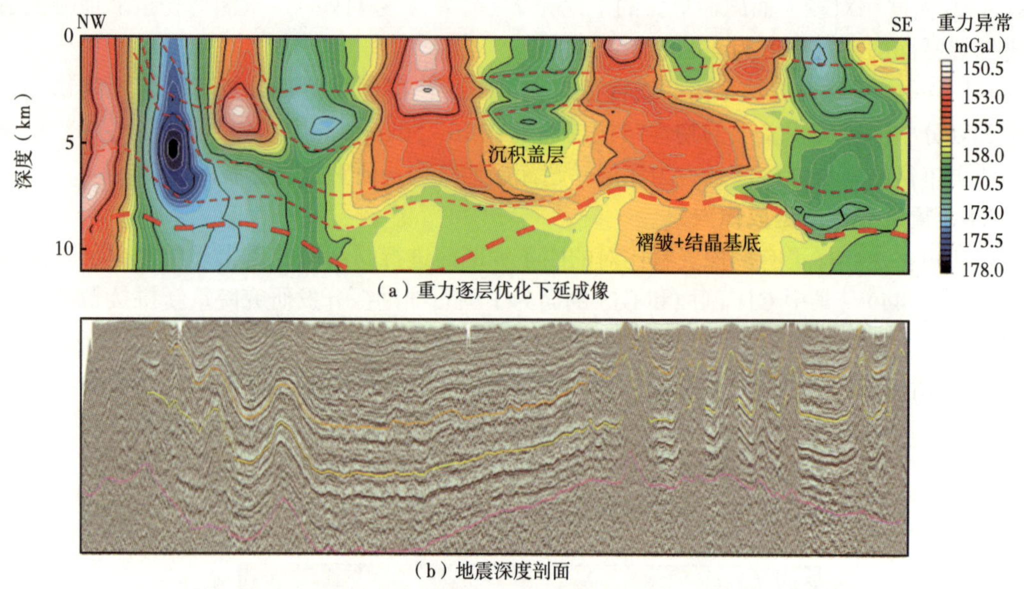

（a）重力逐层优化下延成像

（b）地震深度剖面

图 4-45　GJ1 剖面的重力下延成像与地震深度剖面对比图

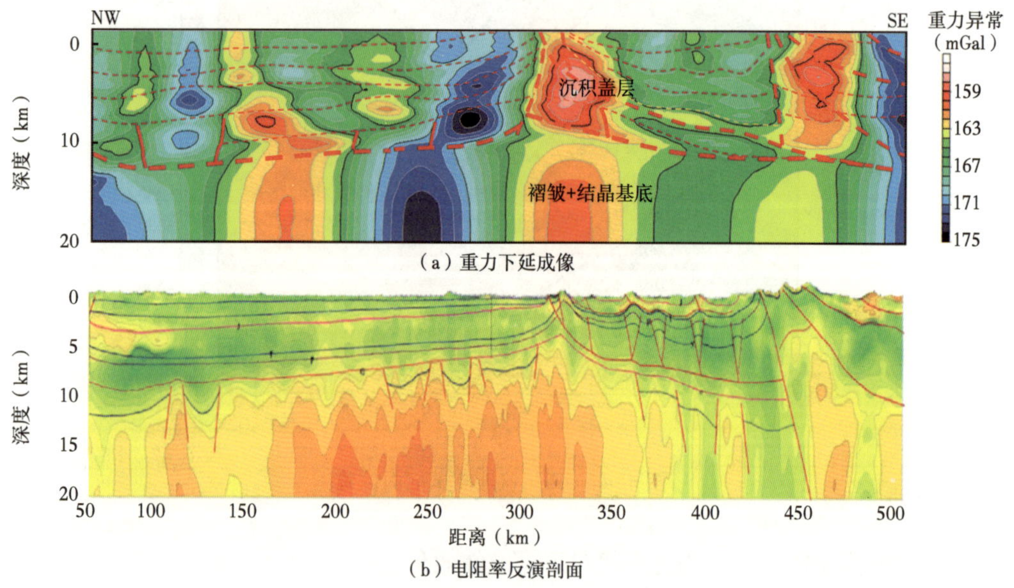

（a）重力下延成像

（b）电阻率反演剖面

图 4-46　MT18 剖面的重力下延成像与电阻率反演剖面对比图

图 4-47 为川中深地震反射剖面重力下延成像与地震剖面的对比。为了与深地震结构的对比，重力成像深度达到 60km，垂向剖分间隔为 1km。由于莫霍面与下地壳的密度具有最大的密度差异，根据下延重力异常最大梯度变异带，在 42～45km 划分出莫霍面，与地震剖面对应良好。另外，根据下延重力异常的奇点分布和畸变特征，在沉积盖层、褶皱基底、结晶基底和中下地壳中划分出七个次级物性构造层，而这些物性层在深地震剖面上

只有微弱的同相轴反射特征。而在剖面西北部接近莫霍面的区域还揭示出一个下延重力异常楔状体。根据文献（王海燕等，2017）的观点，推测为地壳俯冲体。这为其提供了一个重力反演解释依据。

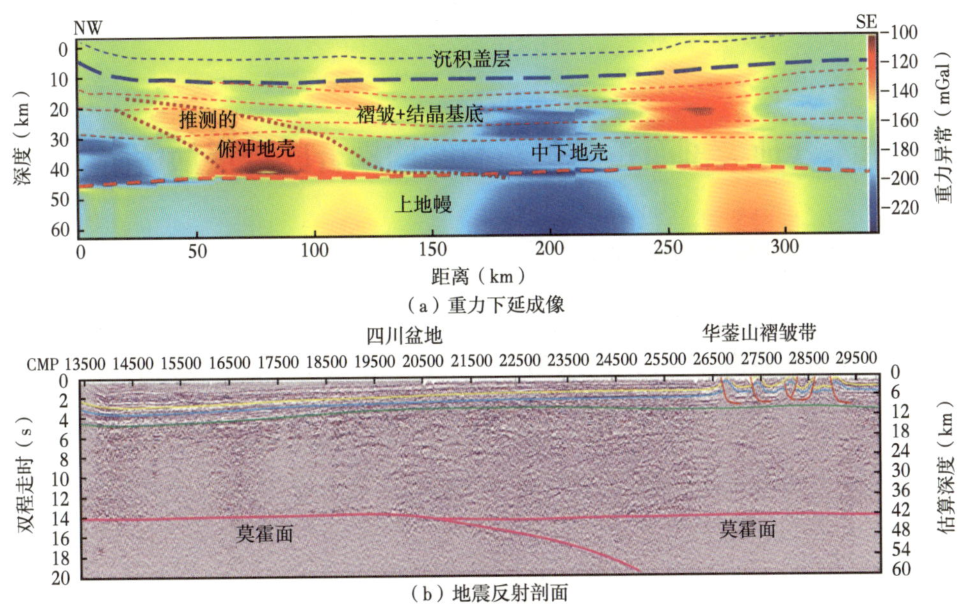

图 4-47 DSR 剖面的重力下延成像与地震反射剖面对比图

图 4-48 展示了 GJ3 剖面重力下延成像与地震剖面的对比。由于基底变质岩与上覆沉积岩的密度差异较大，在基底隆起顶面出现明显的下延重力异常变异带，据此划分出褶皱基底顶部起伏面，与地震解释的震旦系灯影组底界基本一致。此外，由于沉积盖层中不同地层密度也存在区域性差异，根据下延重力异常奇点和畸变特征，可进一步划分出五个次级物性层，与地震反射同相轴具有较高的相似性。说明重力逐层优化下延成像结果是有效和可靠的。

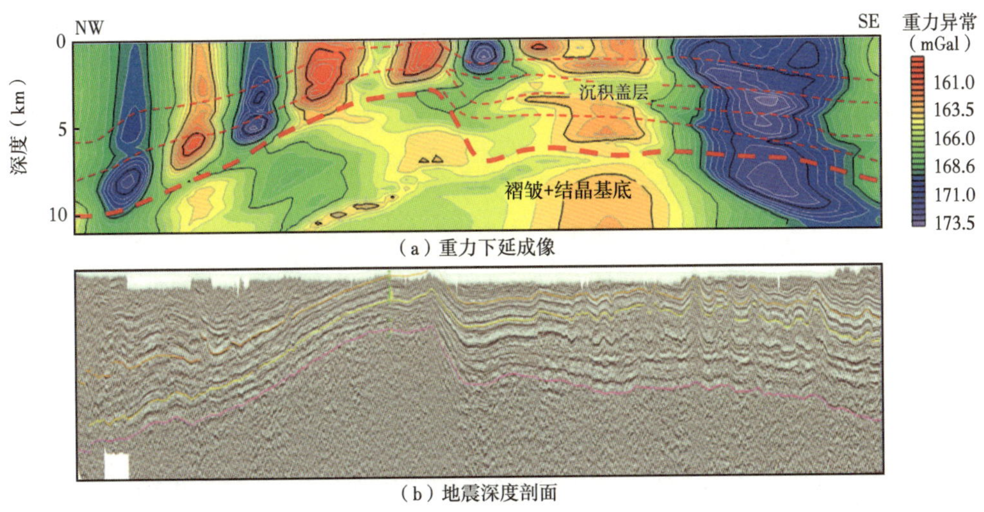

图 4-48 GJ3 剖面的重力下延成像与地震深度剖面对比图

5 方法与应用

5.1 塔里木盆地大剖面重磁电新型结构耦合联合反演解释

5.1.1 塔里木盆地岩石物性资料

2019 年收集了 TLE-1、TLE-2、TLE-3、TLE-5、TLE-6 和 TLE-7 六条骨干剖面数据，以及库车地区九条剖面的大地电磁数据，目前三维大地电磁反演可利用的数据共计 2922 个测点。同时，依据国土资源部、中国石油、中国石化历年来采集、整理的重磁资料，编拼了全区 1:200000 的塔里木盆地重磁异常图。重磁异常图范围为东经 76°~91°，北纬 36°~42°，面积约 560000km^2。图 5-1 红框范围为新方法技术试验区。

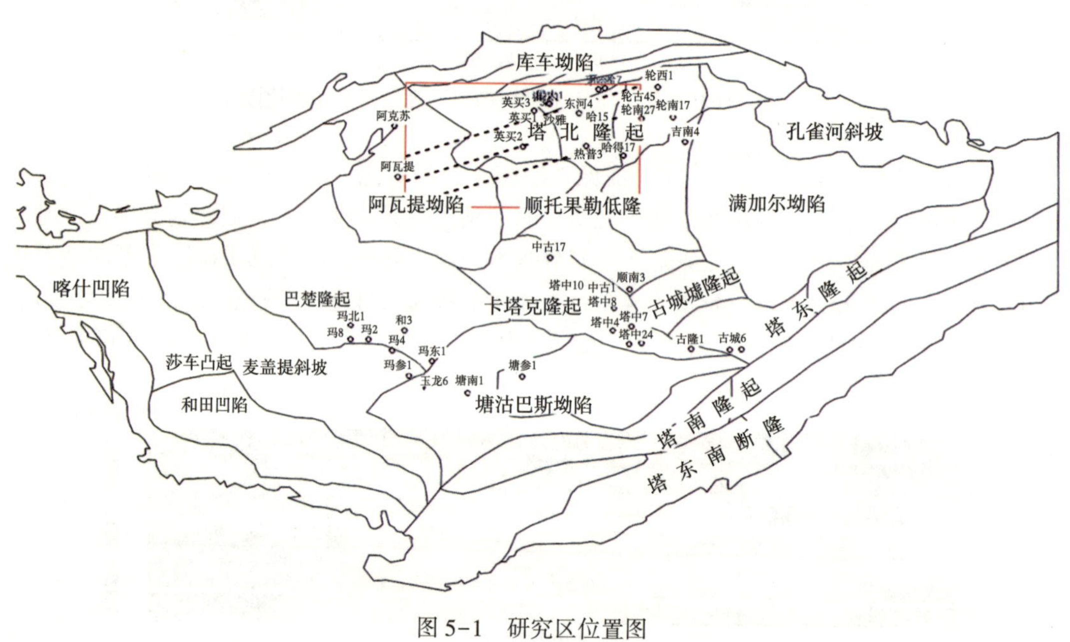

图 5-1 研究区位置图

综合测井资料，东方地球物理公司的岩石物性统计结果，以及长江大学的岩石物性研究成果（表 5-1），给出了建立塔里木重磁电模型的岩石物性。但是，鉴于长江大学物性统计所采用的样品数和样品的代表性相对不足，而且其统计特征明显与其他稳定克拉通地块如四川和下扬子及鄂尔多斯等的目标层物性存在差异，所以结合这些地区的物性对反演和解释的物性，对物性进行了统一和综合分析，最终获得塔里木盆地重磁电模型的电阻率、密度、磁化率的参考值。

表 5-1　塔里木盆地岩石标本物性参数

地质年代	BGP 测井电阻率（Ω·m）	BGP 岩性电阻率（Ω·m）	长江大学清水电阻率（Ω·m）	长江大学盐水电阻率（Ω·m）	电阻率范围（Ω·m）	电阻率参考值（Ω·m）	BGP 岩性密度（g/cm^3）	长江大学密度（g/cm^3）	下扬子密度（g/cm^3）	四川密度（g/cm^3）	密度范围（g/cm^3）	参考值（g/cm^3）	BGP 岩性磁化率	长江大学磁化率（10^{-5}SI）	下扬子磁化率（10^{-5}SI）	磁化率范围（10^{-5}SI）	参考值（10^{-5}SI）
Q	20~100		102	4.4	2~100	10	1.85	2.35	2.04		2.35~2.55	2.4	0.2	86	12~220	0.2~103.5	5
N	2~16		25	1.0				2.4	2.13(2.46)					77	0~220		
E	2~15		212	8.8				2.55	2.23~2.28 -2.23(2.72)					103.5	0~360		
K	2~16	900-135 -1000	695	21.1	2~30	21.1	2.49	2.64	2.42~2.52	2.56 2.71~2.64	2.64	2.64	5~17~1345	3.5	0~200	3.5	3.4
J	4~48	200-500 -1031-480	560	22.6	4~48	22.6	2.53~2.65~ 2.53	2.55	2.59~2.59		2.53~2.55	2.55	28~100~89 -59~490~84	21.7	0~1000	21.7	21.7
T	3~44		185	8.5	3~10	8.5		2.5	2.68~2.71		2.5	2.5		12	0~300	12	12
P	6		1276	82.3	6~100	82.3		2.67	2.64~2.67	2.68	2.67	2.67		6.4	0~300 0~50	6.4	6.4
C	24	23495	3849	136.6	24~150	136.6	2.58~2.69	2.68	2.70		2.68	2.68	7~30	0.1	0~50	7~30	7
D			2025	58.3	1~60	58.3		2.68	2.59		2.68	2.68		137	0~65	7~30	19
S			1273	35.3	1~40	35.3		2.64	2.55~2.52	2.61	2.64	2.64		62.5	0~65	7~30	19
O	100~1000		4051	224.8	100~500	224.8		2.74	2.64~2.70		2.69	2.69		19	0~30	7~30	19
∈			3173	106.9	100~200	106.9		2.73	2.72~2.71 2.55~2.77		2.69	2.69		14.3	0~30	7~30	14.3
Z_2		6500~ 7500	1612	90	90~150	92	2.69~2.70~ 2.71	2.71	2.71~2.66	2.73	2.70	2.70	20~26	220.8	0~30	20~26	20
Z_1					40~100	85		2.81			2.65	2.65		12.4		12.4~26	12.4
Nh			1596	98	90~200	98		2.69			2.72	2.72		0.1		0.1~26	0.1
Qn			3861	96		96		2.69						0.1			
Jxb			3989	104		104		2.91						77.5			
Pt_1			1023	42		42		2.73	2.68	2.85				132.9	小于 200		
Pt			1849	60		60											
Ar		8500~ 10804			100~1000	500	2.71~2.70		2.70		2.70~2.79	2.75	161~80		628~3768	80~161	200

5.1.2 塔北凹陷的重磁电震资料

对塔里木盆地内塔北隆起和库车凹陷地区东西长 300km，南北宽 160km，面积为 48000km^2 矩形区域（图 5-2 红框）进行了重磁电三维联合反演。利用的重磁数据为 1∶200000，大地电磁资料相对分布稀疏，测点位置如图 5-3 所示。

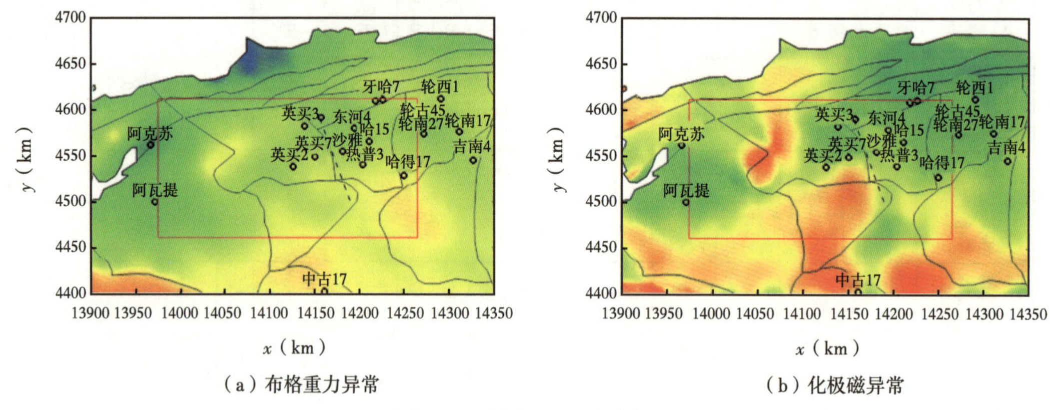

（a）布格重力异常　　（b）化极磁异常

图 5-2　研究区重磁异常图

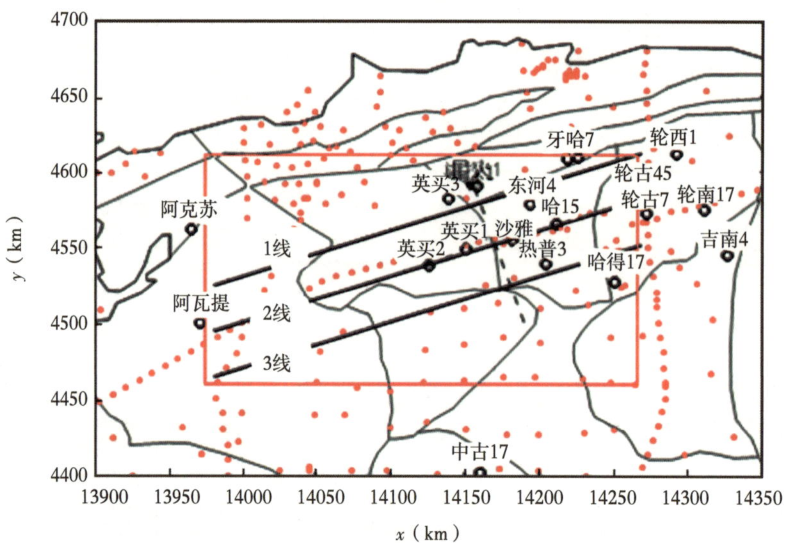

图 5-3　大地电磁测点分布与测线位置图

在三维重磁电震联合反演中利用寒武系以上地层已知地震资料进行约束。地震约束资料共有 5 层，分别为 t8、tg22、tg51、tg6 和 tg8，对应地层为新生界底、石炭系底、志留系底、奥陶系底和寒武系底，每一层对应的物性按塔里木地区的物性统计给定。

5.1.3 塔北重磁电联合反演试验

利用 2.1 节中建立的重磁电三维新型结构耦合算法，对上述塔北重力、磁法和大地电磁数据进行了地震约束的重磁电联合反演。

5.1.3.1 三维剖分建模

重磁电建模充分考虑了浅层地震资料的约束控制和重点目标层的分布，反演以莫霍面以上地层的精细刻画为重点。大地电磁反演采用了全部测点数据进行反演。反演水平方向网格剖分为等间距 5km，纵向深度按对等间距剖分 66 层，深度计算范围 0~100km，利用二维反演的结果作为初始模型。三维重力反演水平方向网格间距均为 5km，纵向网格间距 0.5km，深度计算范围为 0~50km，深部莫霍面参考了全球地壳模型作为深部约束，反演初始模型为从 2.4~3.3g/cm^3 的梯度模型。三维磁法反演网格大小同重力一致，反演初始模型为 0。

5.1.3.2 三维联合反演收敛性

图 5-4 展示了三维联合反演重磁数据的拟合情况，以及重磁电三维联合反演数据拟合差随迭代的下降曲线，通过拟合情况可以认为联合反演达到了预期的精度。

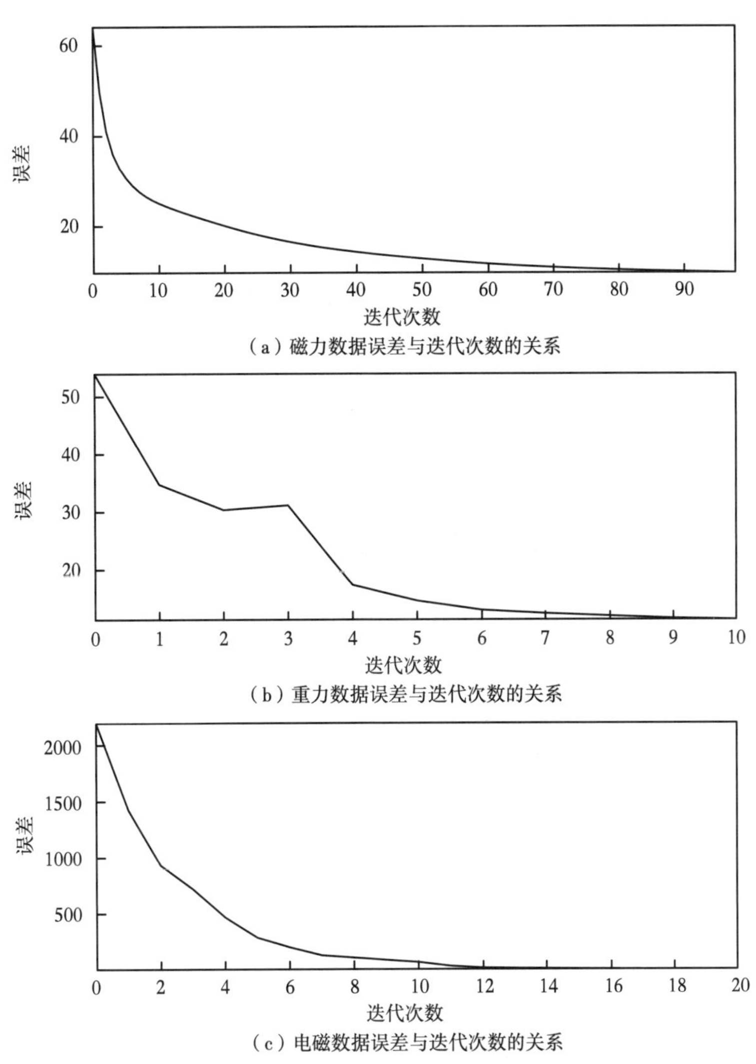

(a) 磁力数据误差与迭代次数的关系

(b) 重力数据误差与迭代次数的关系

(c) 电磁数据误差与迭代次数的关系

图 5-4 三维重磁电联合反演收敛曲线

5.1.3.3 三维联合反演平面特征

重磁电三维联合反演的结果以深度切片的形式展示（图 5-5）。结合地震约束，利用

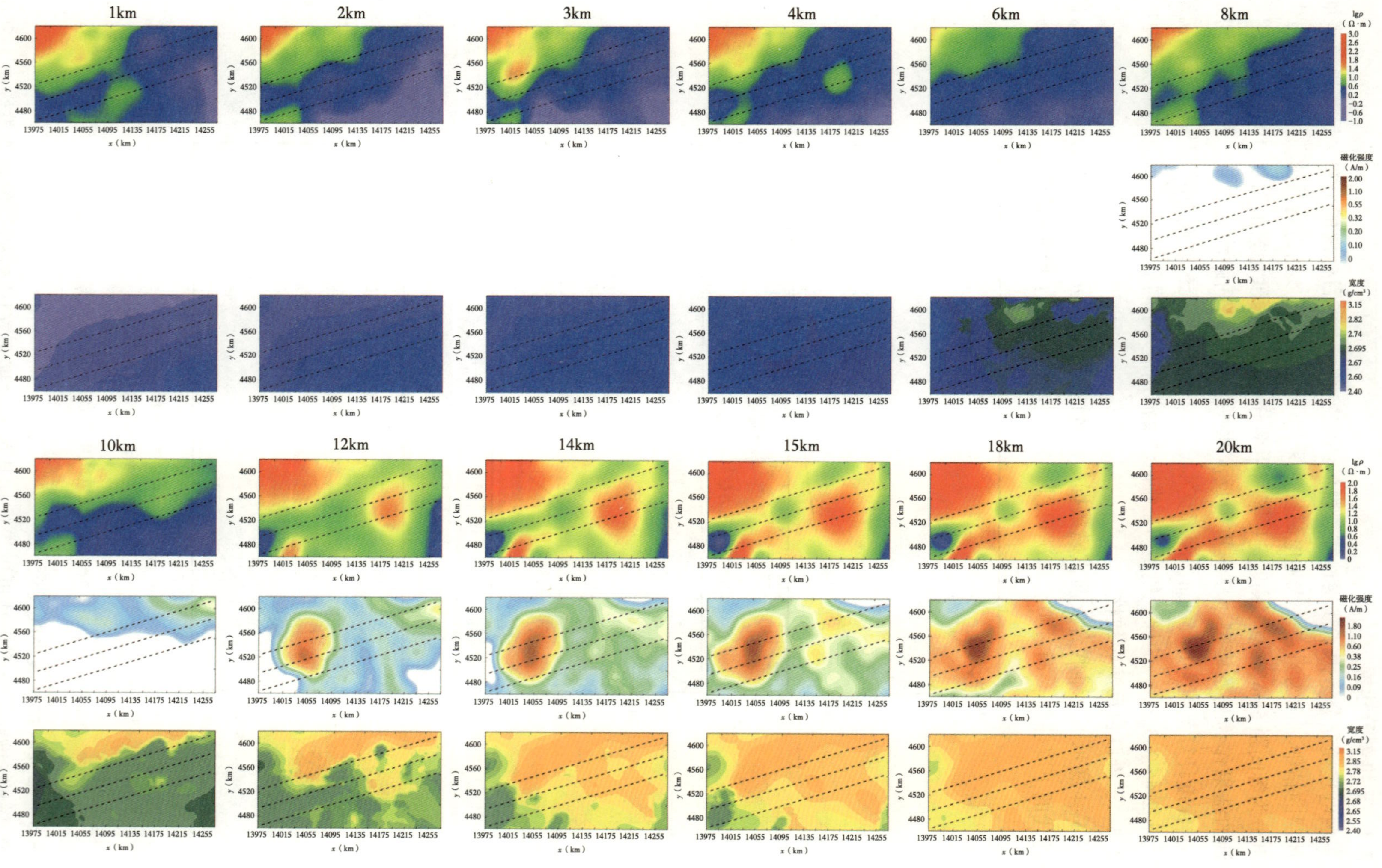

图 5-5 塔北隆起电阻率（上）、磁化强度（中）和密度（下）联合反演 1~20km 深度切片

研究区统计的物性资料，对研究区重磁电三维联合反演结果进行了地质—地球物理综合解释。获得了震旦系—南华系残留地层厚度图。(图 5-6)。从图中可知，震旦系—南华系目标层在反演的重磁电物性特征上相对下伏地层为低阻、低密和无—弱磁，这套残留地层在研究区沉积厚度一般在几百米至 3500m；沿三条剖面由西至东，中段为相对明显的厚沉积区，西段和中段以东存在有一定残留厚度的高阻高密和高磁的古隆起构造。

从三维联合反演结果的深度切片可见，电阻率、磁化强度和密度随着深度增加，深部电阻率、密度和磁化强度数值逐渐增加，整体上反映了塔里木盆地深部元古宇—新太古界的构造轮廓和各构造单元的物性接触关系，同时体现了区域地质结构在三类物性结果上存在深部构造的一致性，这也验证了耦合地震约束信息下联合反演突出了深部区域构造一致性的效果，为进一步综合解释奠定了基础。

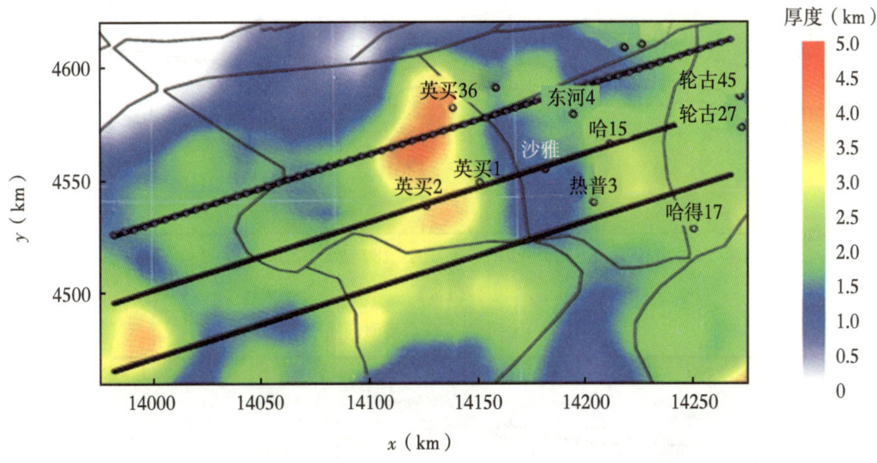

图 5-6 塔北隆起重磁电震联合反演解释的震旦系—南华系残留地层厚度图

5.1.3.4 三维联合反演平面特征

提取研究区的三维重磁电反演结果中北东东向的剖面（图 5-5 中黑色虚线），并进行了地质地球物理综合解释，反演与综合解释结果如图 5-7 至图 5-9 所示。通过剖面结果可知，测线 2 浅部在寒武系及其以上地层约束下，深层在高密高磁和高阻基底之上残留的一套相对低阻、低密和无—弱磁的地层即综合解释推断的震旦系—南华系残留地层的分布。测线西段 20~120km 范围内和中段以东 180~230km 范围内揭示存在高阻高密和高磁的古隆起构造。测线 1 西段 40~100km 范围内和东段 230~280km 范围内揭示存在高阻高密和高磁的古隆起构造。测线 3 西段 30~100km 范围内和中段以东 200~240km 范围内揭示存在高阻高密和高磁的古隆起构造。

在充分利用寒武系以上地震资料约束下，首次对塔里木盆地开展了重磁电三维联合反演，获得了研究区电阻率、磁化强度和密度三维结构。相比于传统单一非地震反演，耦合地震信息的重磁电三维联合反演减少了反演多解性，提高了深层地质体刻画能力。

lg ρ
(Ω·m)
1.50
1.25
1.00
0.75
0.50
0.25
0
z (km)
x (km)
(a) 电阻率联合反演剖面
磁化强度
(A/m)
1.80
1.10
0.60
0.38
0.25
0.16
0.09
0
y (km)
x (km)
(b) 磁化强度联合反演剖面
密度
(g/cm³)
3.15
2.85
2.78
2.72
2.695
2.68
2.65
2.55
2.40
y (km)
x (km)
(c) 密度联合反演剖面
y (km)
古隆起
古隆起
Q—E K—C D+S O Є3 Є2+Є1 Z Nh
x (km)
(d) 综合解释剖面

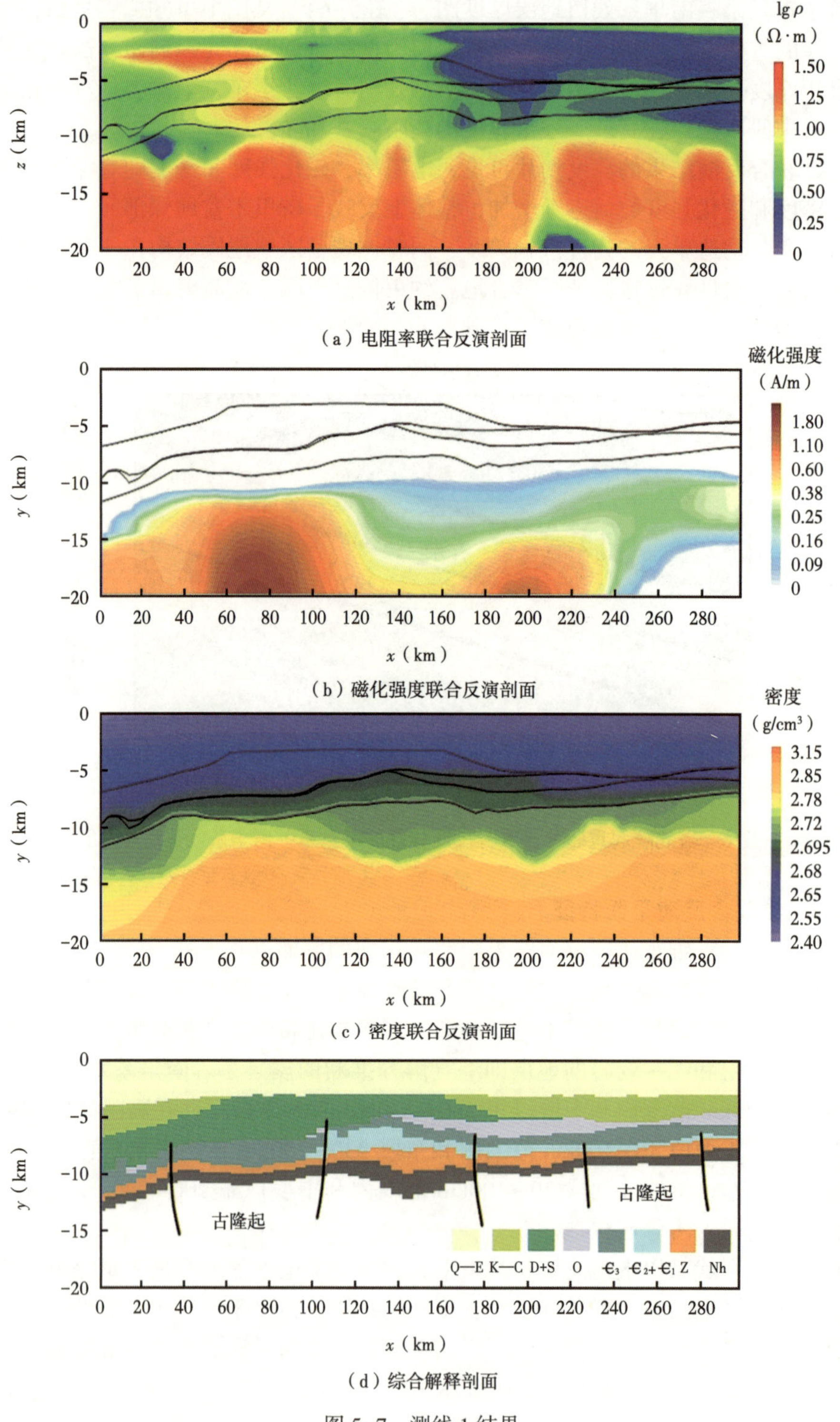

图 5-7 测线 1 结果

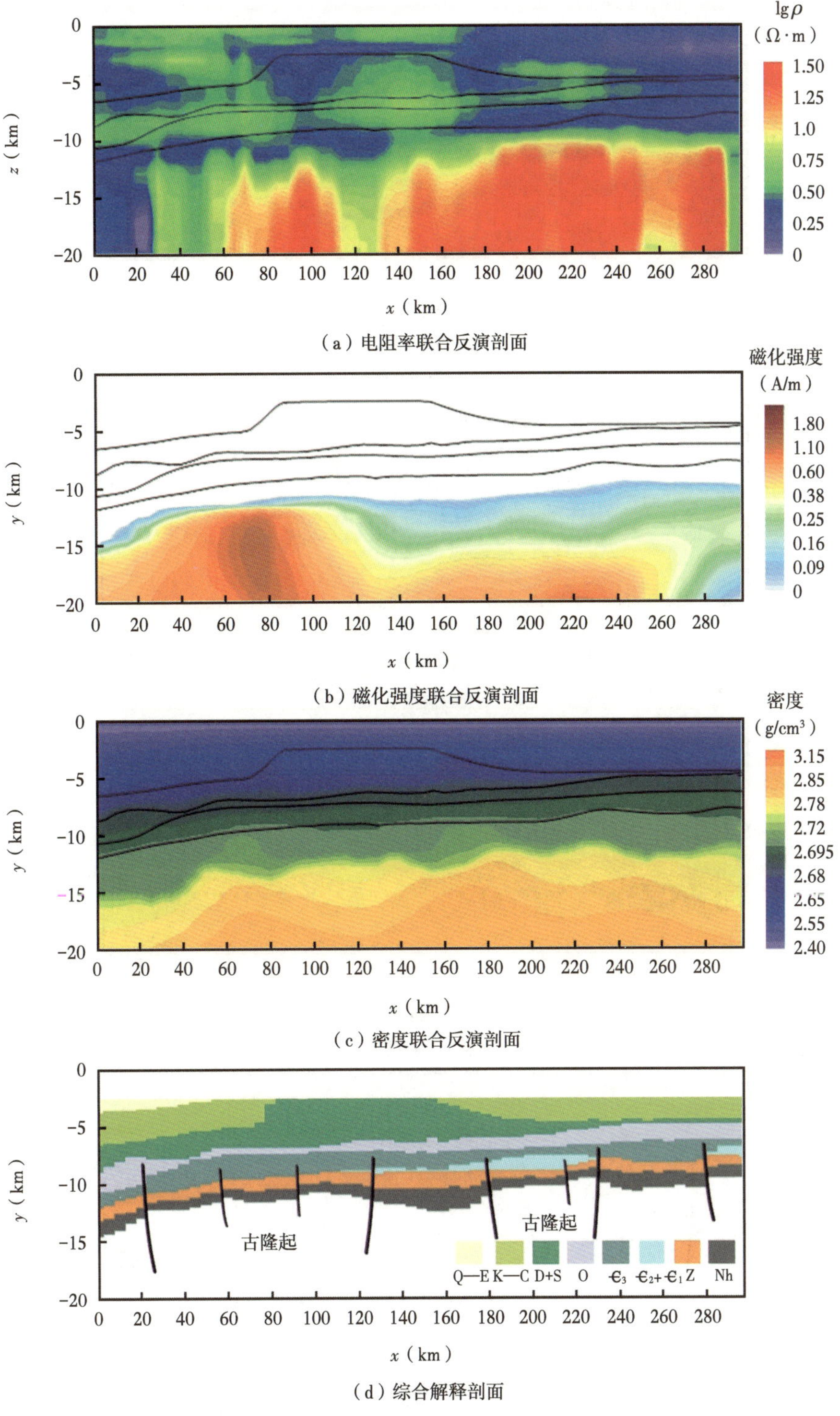

(a)电阻率联合反演剖面

(b)磁化强度联合反演剖面

(c)密度联合反演剖面

(d)综合解释剖面

图 5-8 测线 2 结果

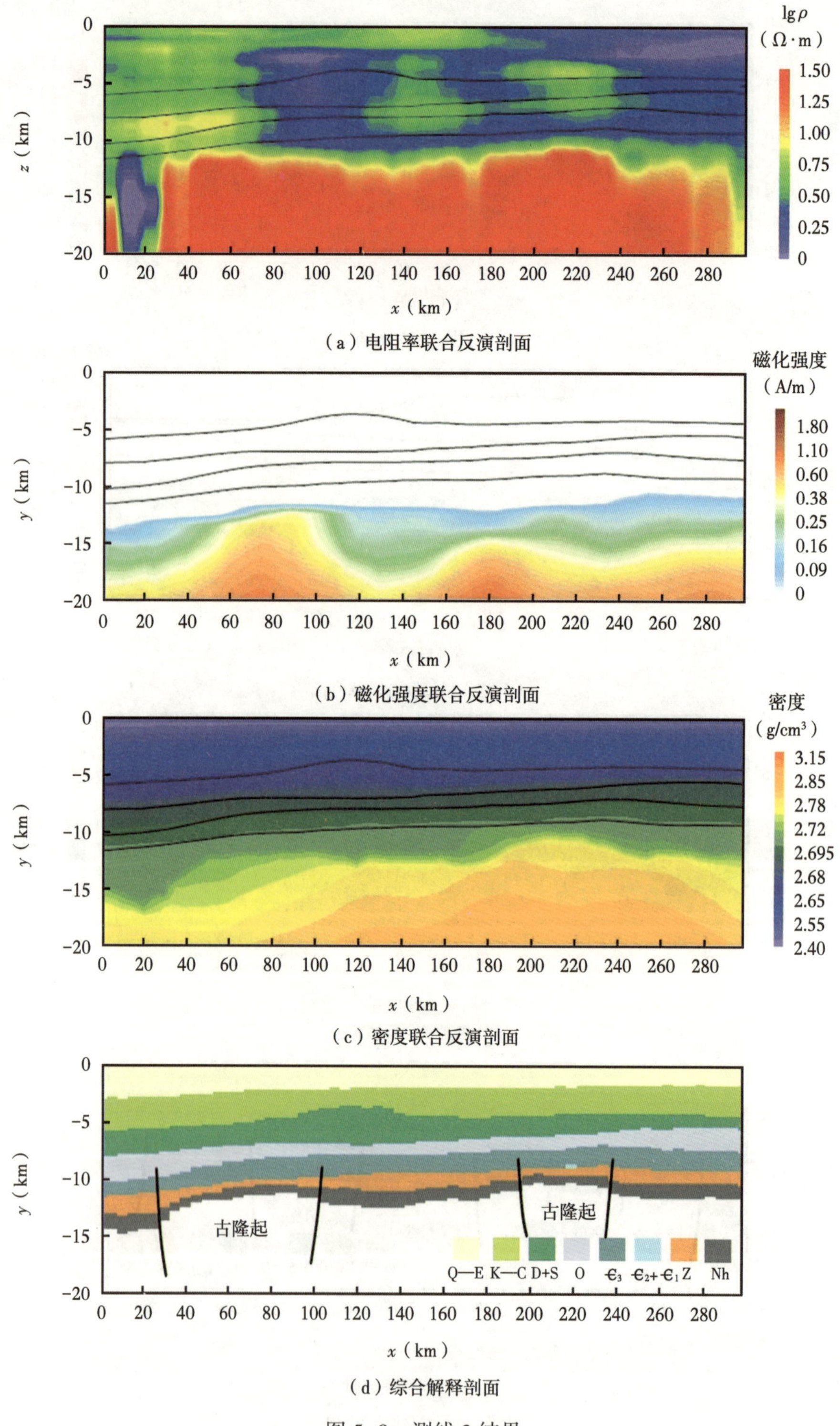

图 5-9 测线 3 结果

5.2 四川盆地大剖面大地电磁—重力联合反演解释

5.2.1 MT 实测数据及初步反演

以往的钻井及地震勘探表明，四川盆地川中地区震旦系油气的分布与深部裂谷的发育有一定关系。2015 年在川中高石梯—龙女寺地区部署了 4 条重磁电测线，共计 600km，基本落实了地腹断裂性质及展布特征，初步查明了区内前震旦纪裂谷分布位置。为了进一步了解川中高石梯—龙女寺地区震旦系裂谷发育特征，理清高石梯—龙女寺构造的地层分布和深层岩浆岩发育特征，以及工区北部的地质特征和发育情况，为下一步部署提供依据，提出有利勘探目标。于是，在该区部署了超深层重、磁、电勘探试验工作。

工区位于四川省中东部及重庆市北部，绵阳—南充—广安—涪陵—武隆地区。全区部署重、磁、电勘探测线 1 条，点距 500~3000m（图 5-10），剖面直线总长度 418km，重、磁、电测点同点位布设，MT 坐标点 366 个；其中重力、磁力采用宽线采集方式，三条平行测线。

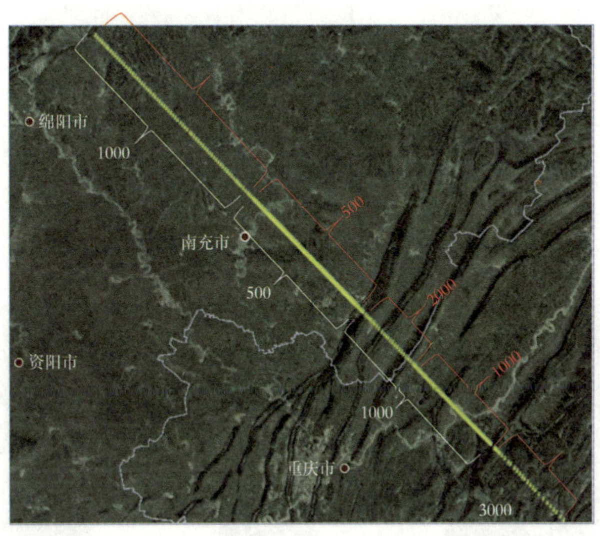

图 5-10 测线部署及测点密度（左侧为重磁力测点点距，右侧为电法测点点距）

MT 测点资料质量总体较好：二级品达到 77%。其中，一级品占 36%；二级品占 41%，合格品占 19%，不合格品占 4%，品质分类如图 5-11 所示。二级品以上测点主要分布在测线的中北部，不合格品主要分布在测线的南部山区。大部分测点电干扰严重，有些是可见电干扰源造成，还有部分是未见电干扰源。测点布设区域地表条件复杂，施工期内下雨频繁，利于布点的点位大部分都是水田，不理想的布设点造成测点质量下降。

研究区中北部以 K-H-K-H 形曲线为主，还有 H-K-H-K 形和 K-H-K 形；研究区中南部以 H-K 形曲线为主，如图 5-12 所示。

对测线的 MT 数据进行了预处理和静校正，图 5-13 为预处理后 TM 模式的视电阻率与相位拟断面图。为了充分利用以前的 MT 资料，将 2015 年在该区测线北部采集的 75km 数据与此次数据进行拼接，整体进行了二维反演，初步反演结果如图 5-14 所示。从图中可

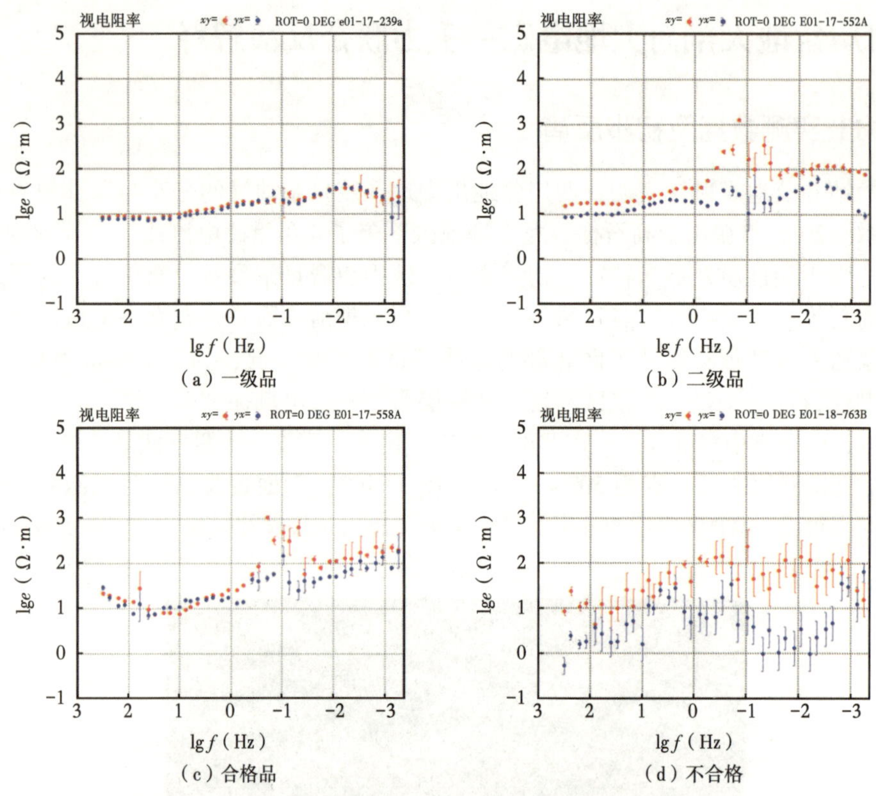

（a）一级品　（b）二级品

（c）合格品　（d）不合格

图 5-11　研究区内不同等级的视电阻率曲线

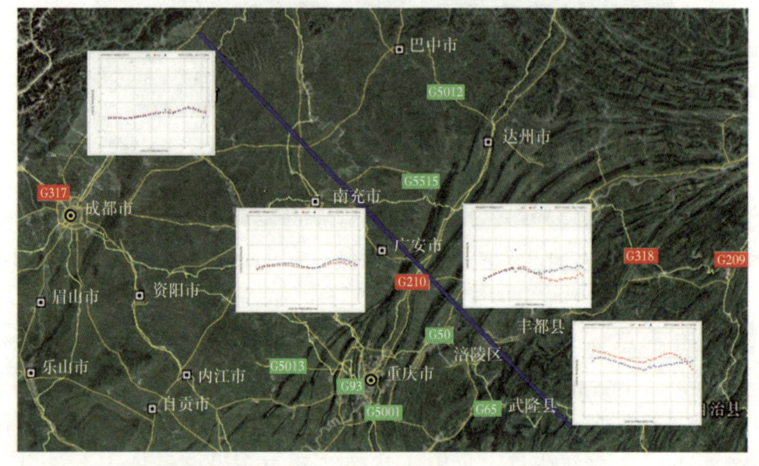

图 5-12　研究区内典型视电阻率曲线分布图

以看出，研究区的电性分层明显，主体呈现高—低—高—低—高特征，与曲线类型以及研究区的地层电性有良好的对应关系。电阻率反演结果也与布格重力异常特征（图 5-15）相一致。电阻率反演剖面从 75km 开始，高阻电性基底逐渐隆起，布格重力异常升高，在 310km 附近基底埋深最浅，布格重力异常达到最大值，随后逐渐向南电性基底随之加深，布格重力异常也逐渐降低。

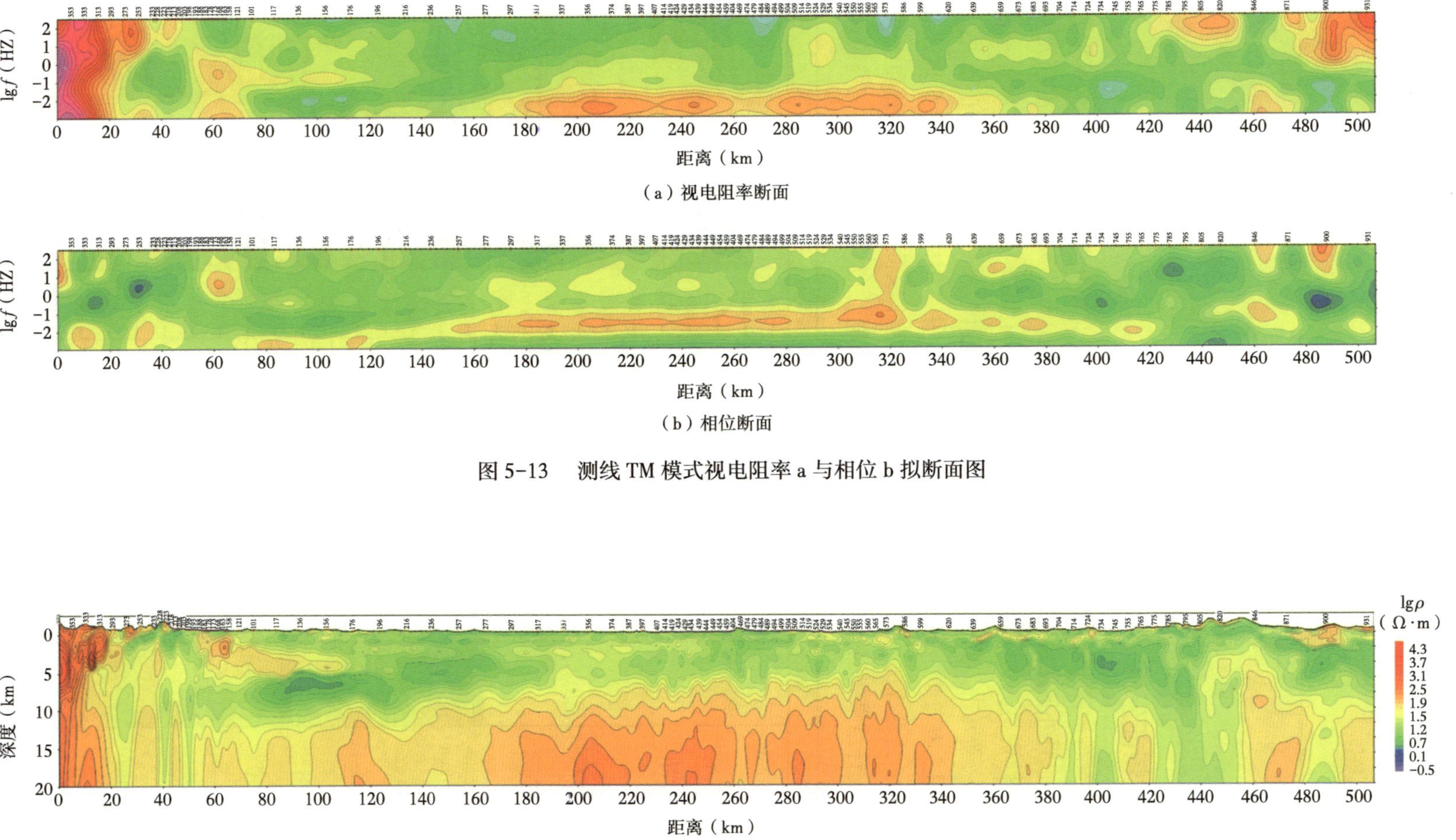

图 5-13 测线 TM 模式视电阻率 a 与相位 b 拟断面图

图 5-14 TM 模式反演电阻率剖面

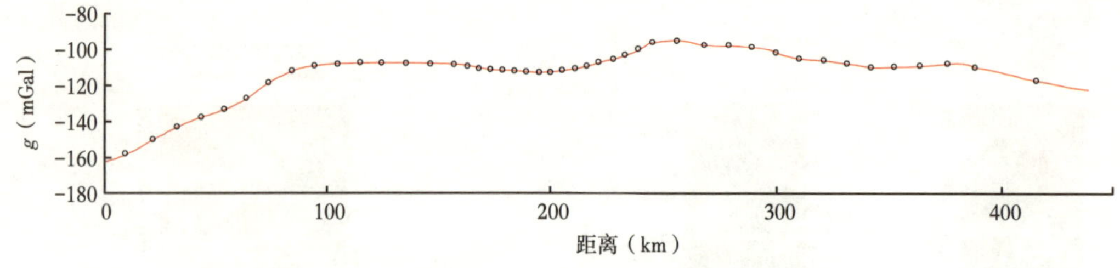

图 5-15　实测布格重力异常（中间层密度 2.65g/cm³）

（0 对应图 5-10 的 75km）

5.2.2 电性特征分析

地层电性资料来源于三个方面：野外地质露头实测、钻井电阻率统计以及收集前人研究的物性资料。野外地质露头实测包括 2013 年度大巴山野外实测，2014 年度猫儿滩、广元野外实测物性资料，2015 年都江堰—汶川物性实测和 2017 年度雅安地区汉源—甘洛—峨边一带的中—新元古界露头测试资料。钻井电阻率统计包括枫顺场构造带矿 1 井、天井 1 井、双探 1 井、矿 2 井、矿 3 井、河深 1 井、射箭 1 井，川中高石梯—磨溪地区高石 1 井、高石 2 井、高石 3 井、高石 6 井、磨溪 8 井及临近本次测线的广探 2 井和太和 1 井（图 5-16）。统计结果表明，在四川盆地存在七个主要电性层。白垩系—上三叠统须家河

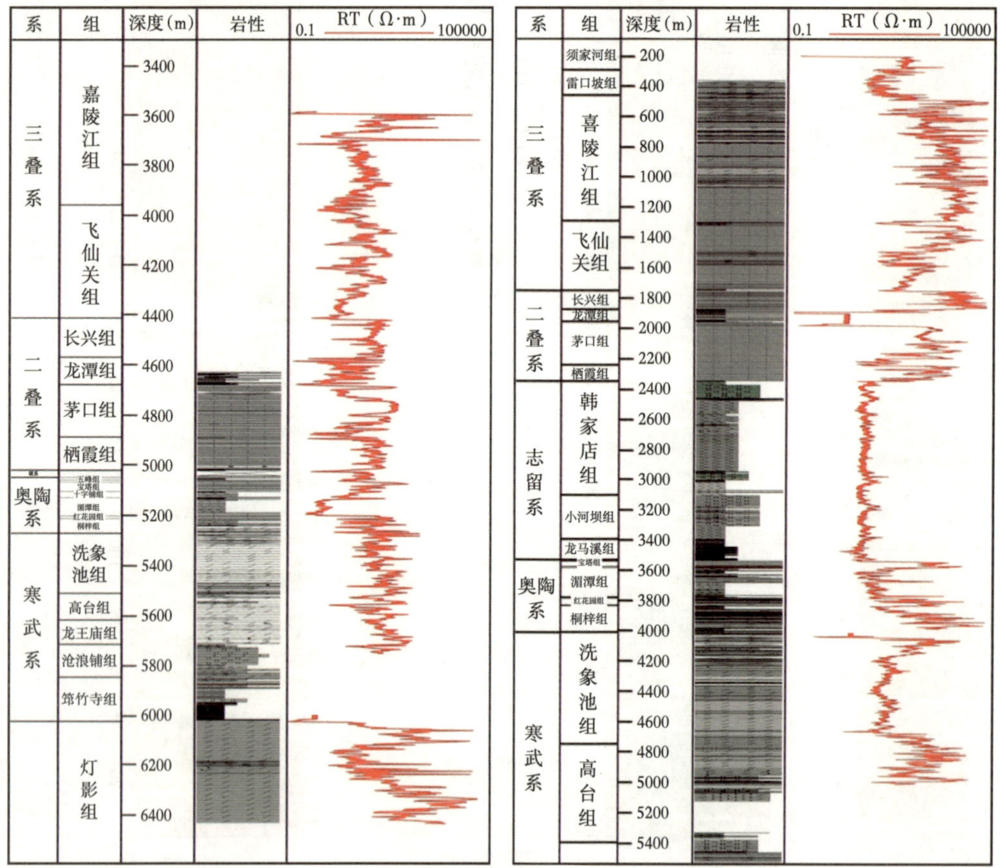

图 5-16　广探 2 井与太和 1 井综合柱状图

组电阻率最低，一般为300Ω·m。三叠系雷口坡组—嘉二段电阻率变化比较大，相对于上覆、下伏地层来说，其电阻率高，一般都达到上千欧姆米，表现为高阻特征，电阻率平均在5000Ω·m。三叠系嘉一段—飞一段电阻率较低，一般为500Ω·m，表现为低阻特征。二叠系长兴组—泥盆系电阻率较高，一般为8000Ω·m，表现为高阻特征。志留系—寒武系相对上覆地层来说，电阻率较低，一般为1000Ω·m，表现为低阻特征。震旦系电阻率为8000Ω·m，呈次高阻特征。基底元古宇为高阻，电阻率在10000Ω·m左右，表现为基底高阻特征（图5-17），其中嘉一段—飞仙关组、志留系—寒武系是两套标志性低阻层。

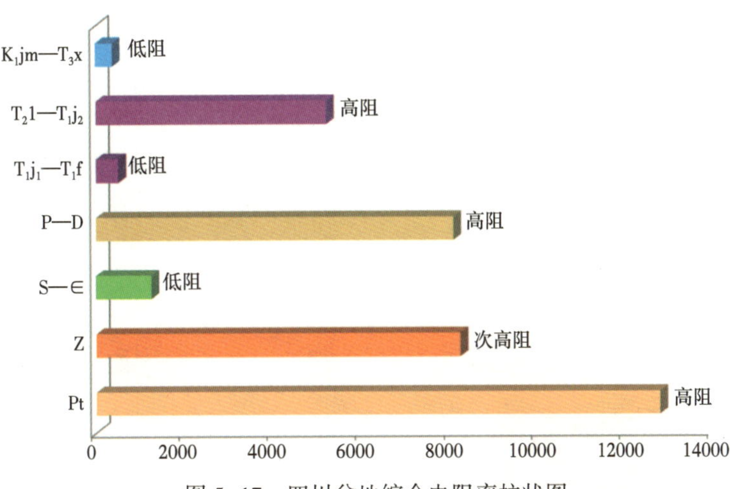

图5-17　四川盆地综合电阻率柱状图

据前人研究成果，早期裂谷应主要是下震旦统，结合2013年大巴山野外实测数据及邻区同时期地层物性数据，统计得到下震旦统及基底岩性（表5-2）与物性。可以看出深部断陷沉积岩性多样，有砂岩、页岩、泥岩及火山岩。此外，区域上该期有一套冰渍物沉积。早期断陷内沉积物主要表现为低阻特征。

表5-2　下震旦统及基底岩性表

时代	岩　性
Z_1	砂岩、页岩、泥岩、冰碛岩、火山岩
Pt_3	片岩、千枚岩、变质安山岩
Pt_2	片岩、白云岩、闪长岩
Ar—Pt_1	斜长角闪岩、角闪斜长片麻岩、混合岩等

5.2.3　电法—重力资料初步综合解释

该次MT测线横跨整个四川盆地，横向上跨越龙门山冲断褶皱带、川中平缓带、川东隔挡式褶皱带和湘鄂西隔槽式褶皱带。构造及地层结构复杂，在剖面的解释的过程中综合应用了地质露头、地震剖面、钻井及区域地质等资料。

盆地内部以华蓥山断裂为界，北部为川中平缓带，南部为川东高陡带，两个构造带地层发育情况及构造特征差异大。川中平缓带以测线上510号测点处广探2地层标定为准则，依据电阻率反演剖面横向变化（图5-18），结合地震剖面上地层的解释结果，对侏罗

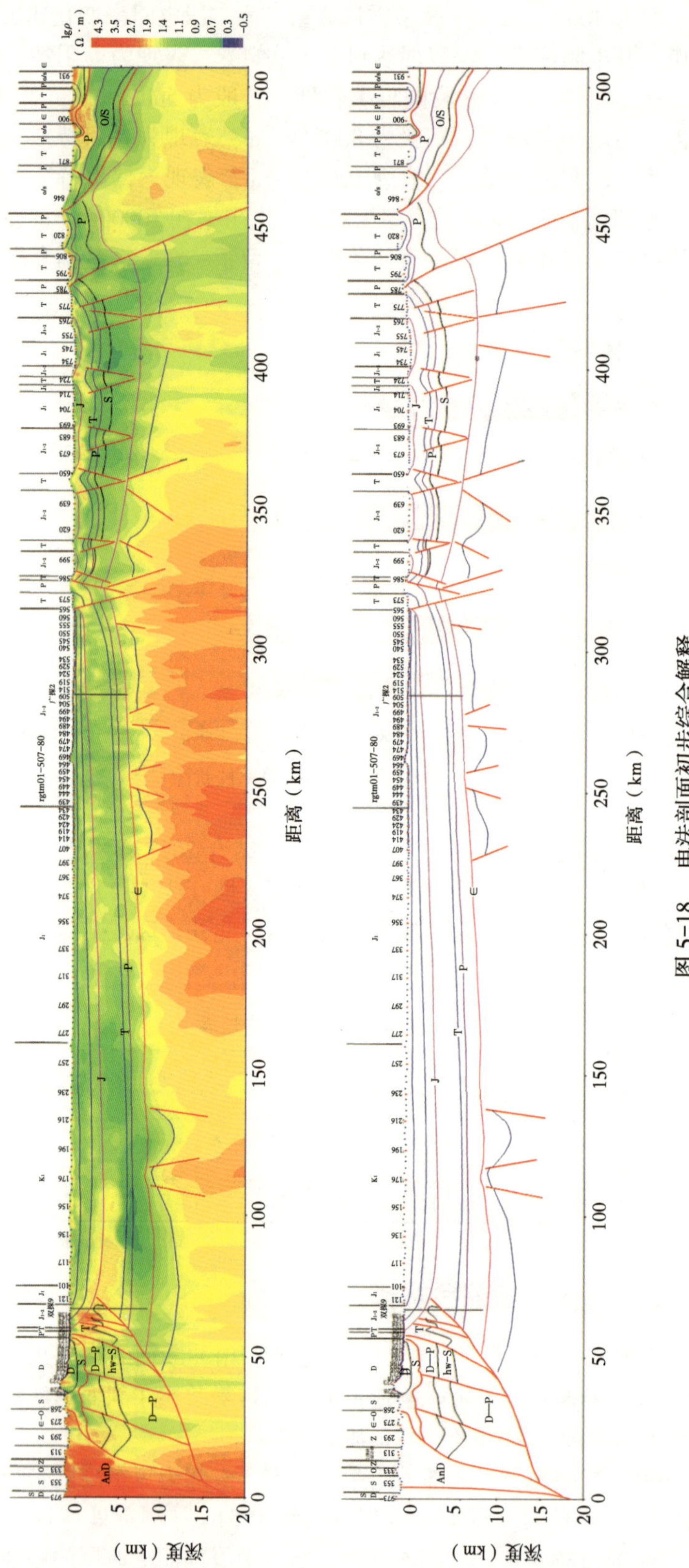

图 5-18　电法剖面初步综合解释

系（J）、三叠系（T）、二叠系（P）及寒武系（∈）四套地层的底界进行了追踪解释。川东高陡带综合太和 1 井和区域地层分布进行了解释，共解释了侏罗系（J）、三叠系（T）、二叠系（P）、志留系（S）及寒武系（∈）五套地层，其中志留系与二叠系呈不整合接触，在华蓥山附近尖灭，该区断层发育，形成多个对冲的褶皱，在寒武系和三叠系内部存在滑脱面。在龙门山冲断带和湘鄂西褶皱带发育规模较大的向盆地方向逆冲的多条断层。反演电法剖面对基底形态的反映清楚，且与重、磁资料吻合情况良好。

从 MT 数据的反演结果（图 5-18）和 MT—重力联合反演结果（图 5-19）来看，基底起伏与布格重力曲线吻合，华蓥山断裂附近基底最浅。反演剖面由北向南至华蓥断裂基底呈抬升趋势，在 405~559 号点，布格重力值略低，曲线有下凹现象，在电法反演剖面上此段寒武系底面之下出现低阻层，在联合反演解释剖面上出现低密，推测该处发育新元古界裂谷，此外在 162~182 号点附近布格曲线有着略微的升高趋势，两侧 182~222 和 101~162 号点范围布格曲线下凹，反演剖面上寒武系之下也出现低阻低密层，推测可能是裂谷；穿过华蓥山断裂往南，布格重力值逐渐变小，有两个次高段 633~673 及 815~839 号点范围，在 591~633 号点及 673~815 号点范围内布格重力曲线下凹，在电法反演剖面上，寒武系底面之下出现地层低密组，推测为新元古代裂谷。在盆地剩余异常平面图（图 5-20）上，红色实线代表了 2018 年剖面的位置，黑色实线代表了电法反演剖面中，解释出的裂谷平面位置，从图上可以看出北部和中部裂谷均落在低异常区，南部裂谷的北部落在高异常区，大部分落在低异常区，分析是由于南部裂谷北部的基底较高引起的高异常。在剩余磁力异常图（图 5-21）上，在裂谷两侧为高磁力异常，而裂谷内部为负磁力异常，推测可能是由于裂谷两侧受深大基底断裂的控制，而底部岩浆主要是沿着断裂喷出或者侵入，由此引起的高磁力异常。此外，在东方地球物理勘探有限责任公司最新处理的过中部裂谷的地震剖面上（图 5-22），裂谷也有明显的显示，剖面位置如图 5-21 所示，可以看出裂谷两侧被大的基底断裂控制，在裂谷内部有次级的小的断裂，将裂谷分为若干小块。

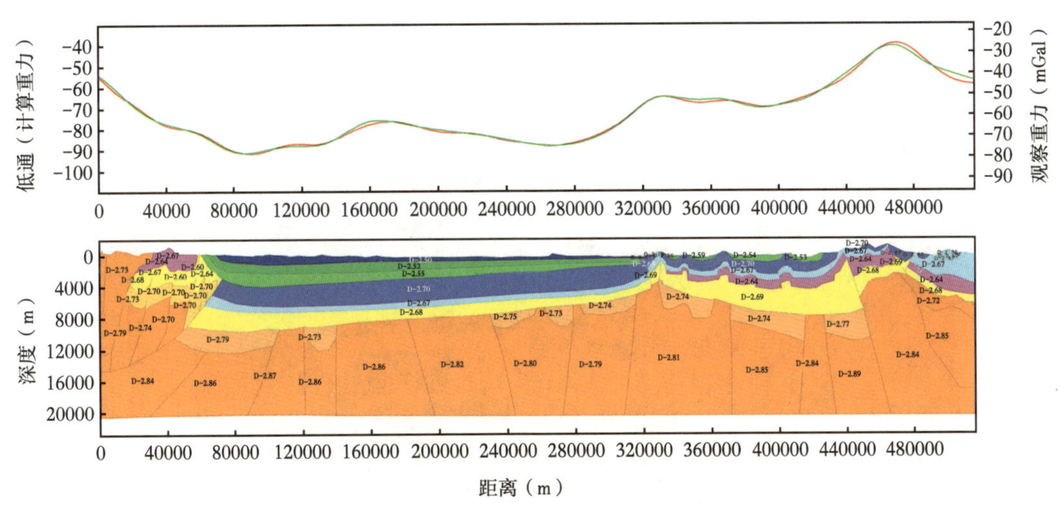

图 5-19 电法—重力联合反演解释剖面

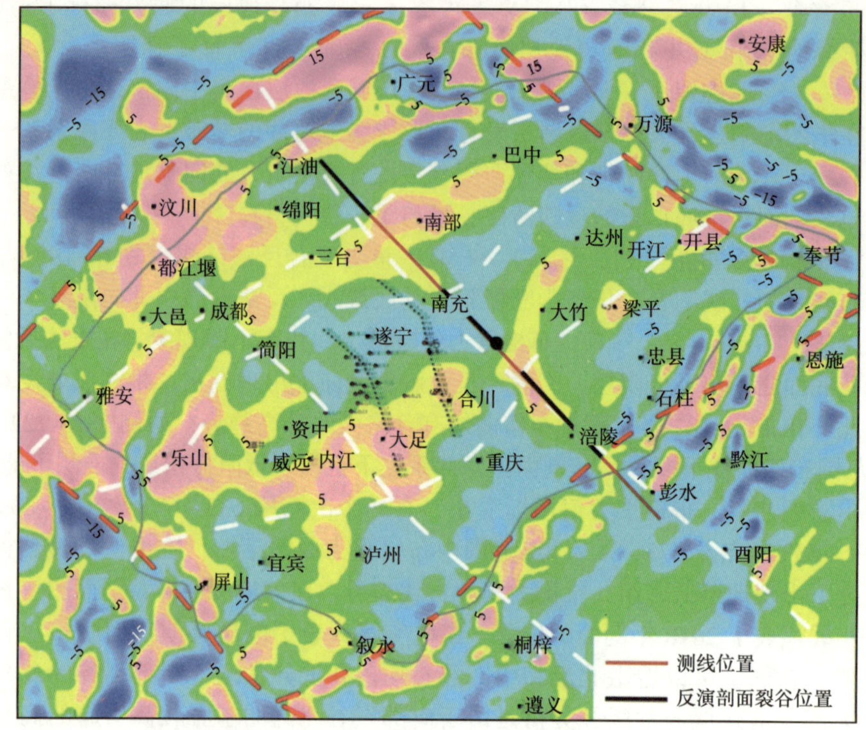

图 5-20　剩余重力异常平面图

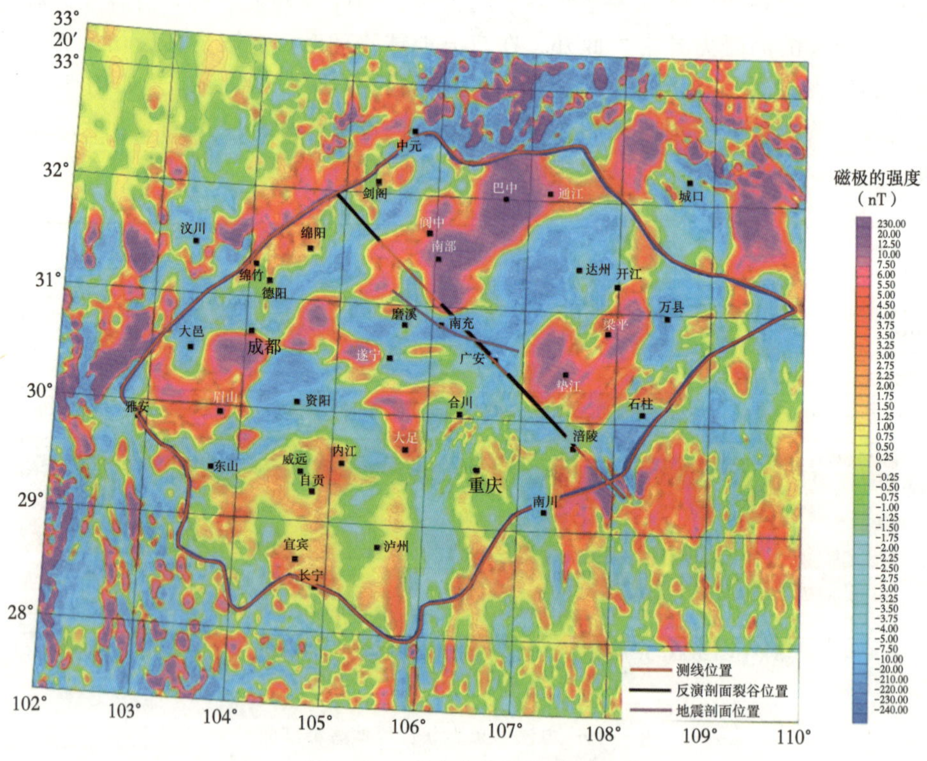

图 5-21　剩余磁力异常平面图

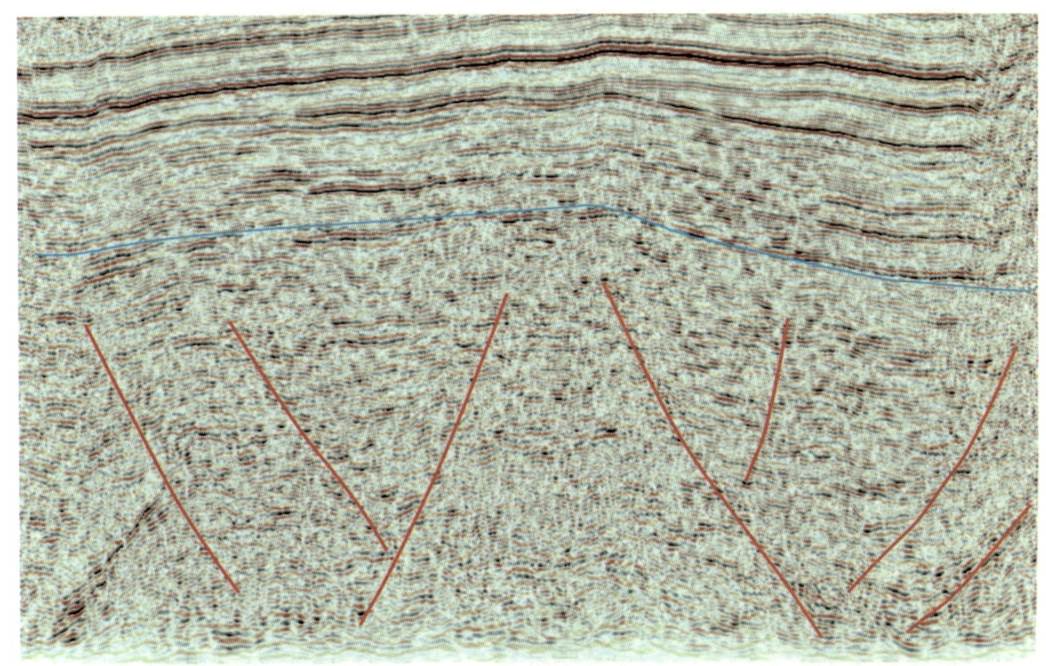

图 5-22 过中部裂谷地震剖面（剖面位置如图 5-21 所示）

通过反演的电法剖面，结合重磁平面分布及地震剖面，基本可落实北部、中部和南部三个裂谷在存在。靠近龙门山冲断带附近的北部裂谷，底部可分为两个，上部裂谷连通。中部川中隆起带的裂谷细分为三个，规模较小。南部湘鄂西褶皱带可细分为三个，裂谷规模较大，顶部裂谷连通。从裂谷分布位置开看，推测南部裂谷可能与华南裂谷的湘桂次级盆地相连，而北部裂谷可能与秦岭—大别山裂谷为一体。

5.3 四川盆地火山发育区重磁电约束反演解释

5.3.1 研究区概况

研究区于四川盆地西部，成都平原腹地，地势西高东低，按大的地貌形态可分为山地、丘陵（河流冲积坝）两种地貌类型，其中以丘陵为主，大约占总面积的 80%，山地面积约占总面积的 15%，水域（河流、水库、水网）约占 5%。研究区范围内，除了中部的近北东走向的龙泉山及岷江以西的长秋山海拔在 500~1000m 外，其他地区一般海拔在 300~500m，研究区高程影像如图 5-23 所示。

为了加快火山岩油气勘探步伐，在川西南雅安—三台地区开展物探整体部署，实施地震、重磁和时频电磁勘探，以落实资源潜力，刻画火山岩展布，明确有利相带，为钻探提供依据。

在研究区部署重磁勘探面积 16025km^2，测网 0.5km×0.5km，如图 5-23 中的红框；部署时频电磁测线 7 条，点距 200m，总长 747.6km，如图 5-23 中的蓝线。

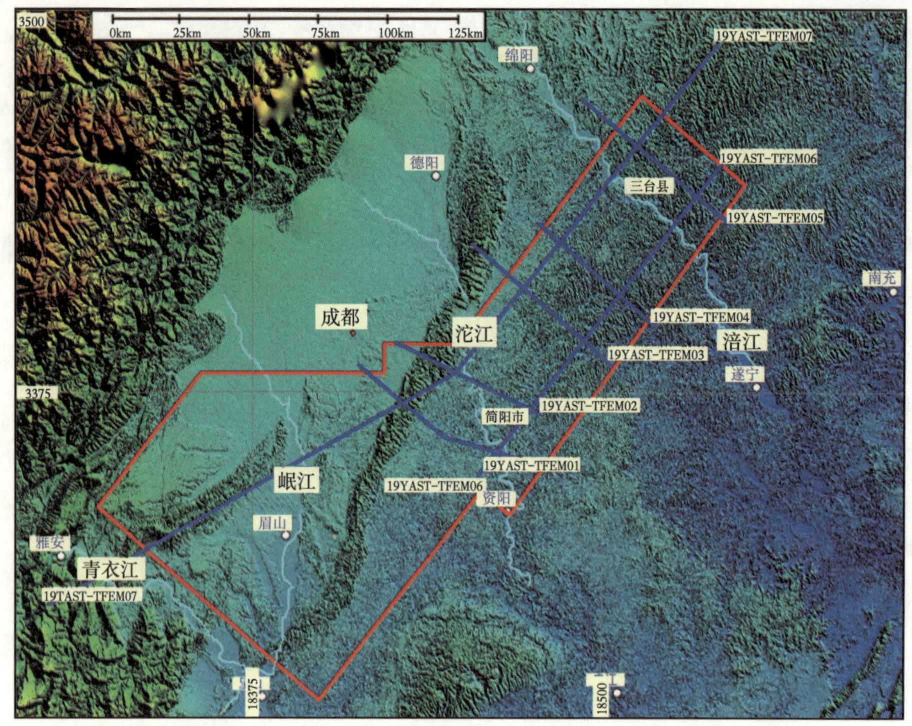

图 5-23　重磁、时频电磁勘探工区高程影像图

5.3.2　物性特征

大量采测和收集整理样品资料，分析样品 7999 块（露头样 7221 块、11 口钻井岩心样 778 块）和 143 口井测井资料，分别统计了研究区的密度、磁性和电性特征。

5.3.2.1　密度特征

综合以往和本次实测数据的统计结果，川西北与川中密度特征与测区类似，主要密度界面是南华系与元古宇、太古宇基底地层之间的密度界面。

表 5-3　2019 年实测不同地层各类岩石（层）密度、磁性特征值统计表

时代	岩性	标本数	密度（g/cm^3）			磁化率（$10^{-5}SI$）	
			地层	综合	密度差	地层	综合
K_1g	泥岩、砂岩、泥质砂岩、砂质泥岩	65	2.334			17	
K_1j	砂岩	30	2.423			14	
K_1c	长石砂岩、泥岩	30	2.452			15	
J_3p	砂质泥岩、泥岩	30	2.476	2.416		19	17.875
J_2p	长石石英砂岩、长石砂岩、泥岩	15	2.395			14	
J_2sn	泥岩	30	2.392			21	
J_2s	砂岩、粉砂质泥岩、泥岩	55	2.369			25	
T_3x	砂岩、粉砂质页岩、页岩	30	2.483		-0.21	18	

续表

时代	岩性	标本数	密度（g/cm^3）			磁化率（$10^{-5}SI$）	
			地层	综合	密度差	地层	综合
T_2l	白云岩	30	2.661			4	
T_1j	泥质灰岩、白云岩	30	2.564	2.626		5	39.25
T_1f	砂岩、砂质泥岩	30	2.664			82	
P_2s	页岩	40	2.615		-0.2	66	
$P_2\beta$	玄武岩	105	2.873			5165	
	杏仁状玄武岩	15	2.777	2.827		3113	3036.5
	火山角砾岩	25	2.681			1117	
	凝灰岩	10	2.78		0.08	2751	
P_1	石灰岩	30	2.736			2	
O_1h	石英砂岩、页岩、砂质页岩	60	2.73			21	
$\in_{2-3}e$	白云质灰岩	30	2.811			4	
$\in_1$	白云质灰岩、砂岩、页岩	30	2.659			16	
Zbd	石灰岩、白云岩	30	2.867	2.75		3	17
Zbg	石灰岩、页岩、石英砂岩	15	2.72			28	
Zb_1	砂岩、砂质泥岩	30	2.71			26	
Zbl	砂岩	5	2.683			50	
Zbh	白云岩	20	2.849		0.01	3	
Zak	砂岩、凝灰岩	35	2.704	2.74		14	398.5
Zas	流纹斑岩、酸性熔岩、玄武岩	40	2.767		-0.11	783	
Pteb	板岩、变质砂岩、大理岩、石灰岩	105	2.772			35	
	变质玄武岩	25	2.922			5180	
Pt_2	片岩、白云岩	70	2.82	2.85		39	2324.8
$Ar-Pt_1$	片麻岩、变粒岩	30	2.868			871	
	斜长角闪岩	20	2.896			5499	

测区内南华系与基底的密度差为-0.11g/cm^3。而上覆茅口组顶面密度差为0.08g/cm^3、雷口坡组顶（上三叠统底）之间虽然也有一定的密度差，达-0.21g/cm^3，但地层由于横向变化较小，引起的重力异常宽缓，不是引起区内密度变化的主要因素。综合来看，区内引起重力异常的主要因素是南华系地层的厚度变化。

密度特征：一是南华系与下伏基底密度差明显，为重力研究与火山岩发育有关的深大断裂和深层裂陷提供了物性基础；二是纵向地层密度数据库为地震重力联合反演提高深层研究精度奠定了基础。利用密度差异，通过重力勘探主要用于研究与火山岩发育密切相关的深层结构和深大断裂。

5.3.2.2 磁性特征

在2019年野外露头实测的基础上，结合YT1井、ZG2井和H6井钻井岩心磁化率实测结果，以及以往四川盆地的磁性测量资料，对区内地层的磁性特征进行了研究。

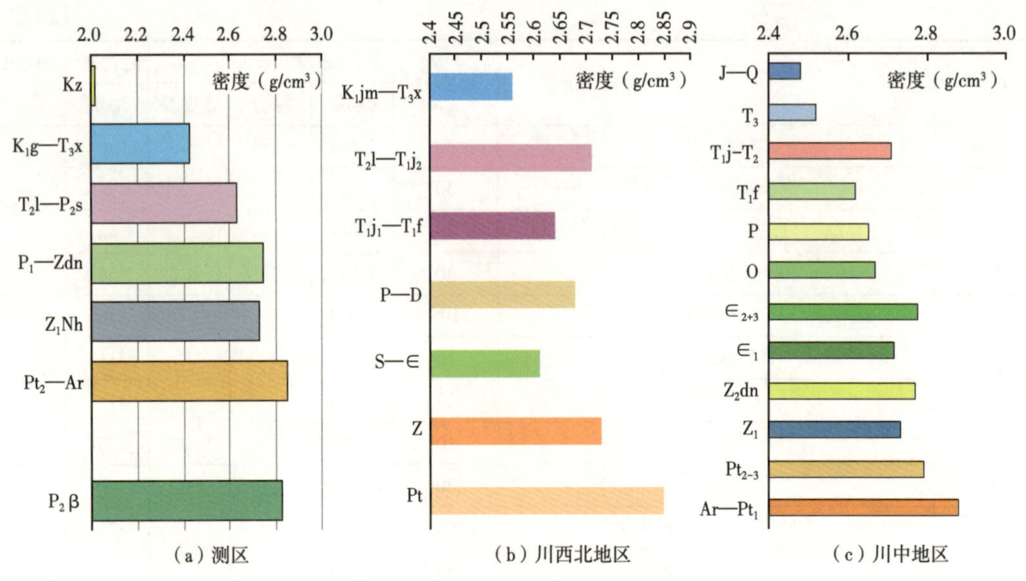

（a）测区　（b）川西北地区　（c）川中地区

图 5-24　地层密度统计结果柱状图

图 5-25 为野外实测磁化率的统计直方图，从图中以看出，二叠系火山岩（$P_2\beta$）磁化率值一般为 0.03SI，基底峨边群（Pteb）一般为 0.26SI，康定群一般大于 0.05SI。整体表现为中强磁性。是引起磁异常的主要因素。南华系在测区为 0.004SI，表现为中—弱磁，而在川西北及川中地区，磁化率值达 0.01SI 以上，表现为中—强磁性。而其他地层小于 0.001SI，表现弱磁或无磁。总体来看，测区内除了火山岩、基底变质岩具有中强磁性外，其他地层均表现为弱磁。

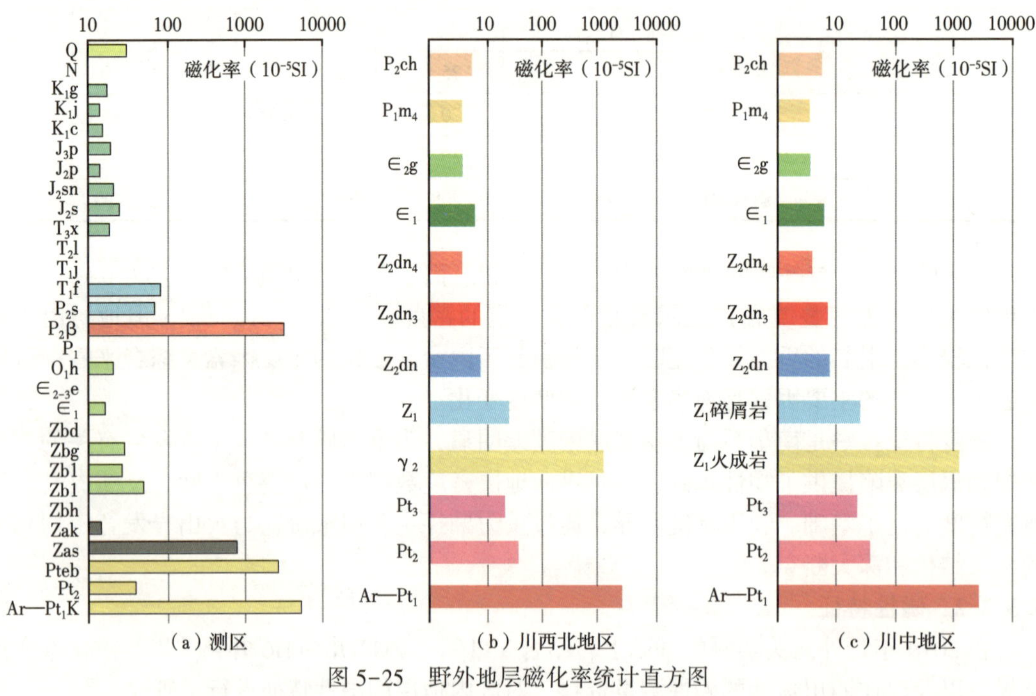

（a）测区　（b）川西北地区　（c）川中地区

图 5-25　野外地层磁化率统计直方图

从实测的钻井岩心磁性强度统计结果来看（图 5-26），沉积岩的磁化率大多小于 0.001SI；以峨眉山玄武岩为磁源体的磁化率都大于 0.001SI，明显高于沉积岩的磁性。火山岩磁性变化规律为：辉绿玢岩、玄武岩、杏仁状玄武岩磁性大于气孔玄武岩、角砾岩、凝灰岩磁性。因此可以看出，火山岩具有中—强磁性，沉积岩基本无磁性，通过磁性的强弱可有效识别火山岩。

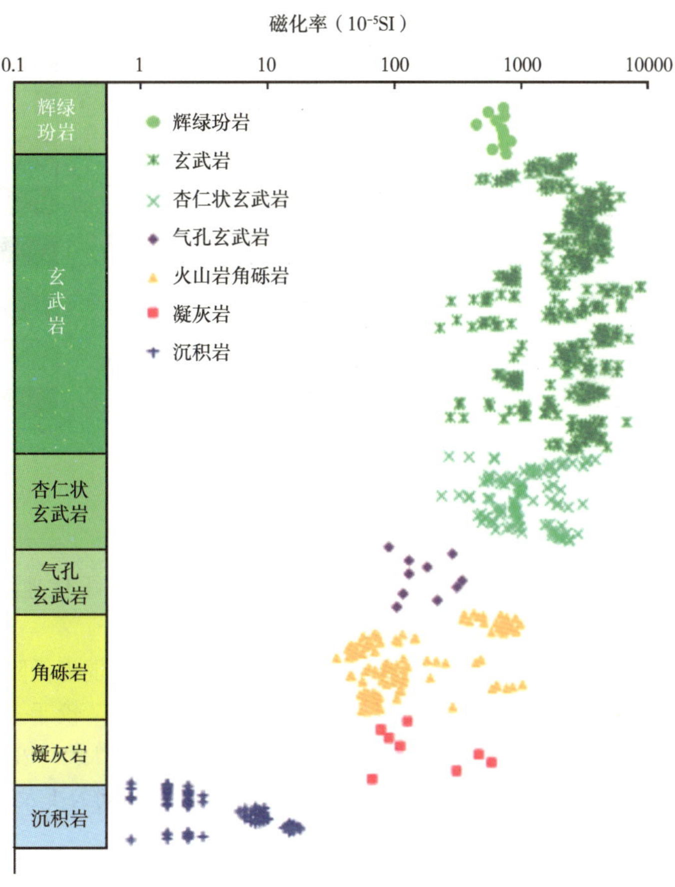

图 5-26　岩心磁化率统计散点图

结合以往四川盆地的磁性资料，研究区内引起磁异常的岩石及岩层主要是二叠系火山岩、峨边群、康定群深变质的结晶基底及岩浆岩、基性火山岩。四川盆地中的沉积岩层，由于磁性较弱，并在沉积盖层内受褶皱构造控制，一般只能引起局部的小异常，通常形成连续性较好的线状磁异常。

5.3.2.3　电性特征

根据收集的研究区及附近 32 口电阻率测井资料，结合以往川西北地区的电性特征，对电性资料进行统计分析，为后续的时频资料处理解释奠定基础。

综上，研究区与川西北及川中地区电性具有相似性，可分为八大套电性层（图 5-27）。

白垩系到三叠系须家河组表现为低阻特征，一般为几十欧姆米，局部存在砾岩体的电阻率可达 100Ω · m 以上。

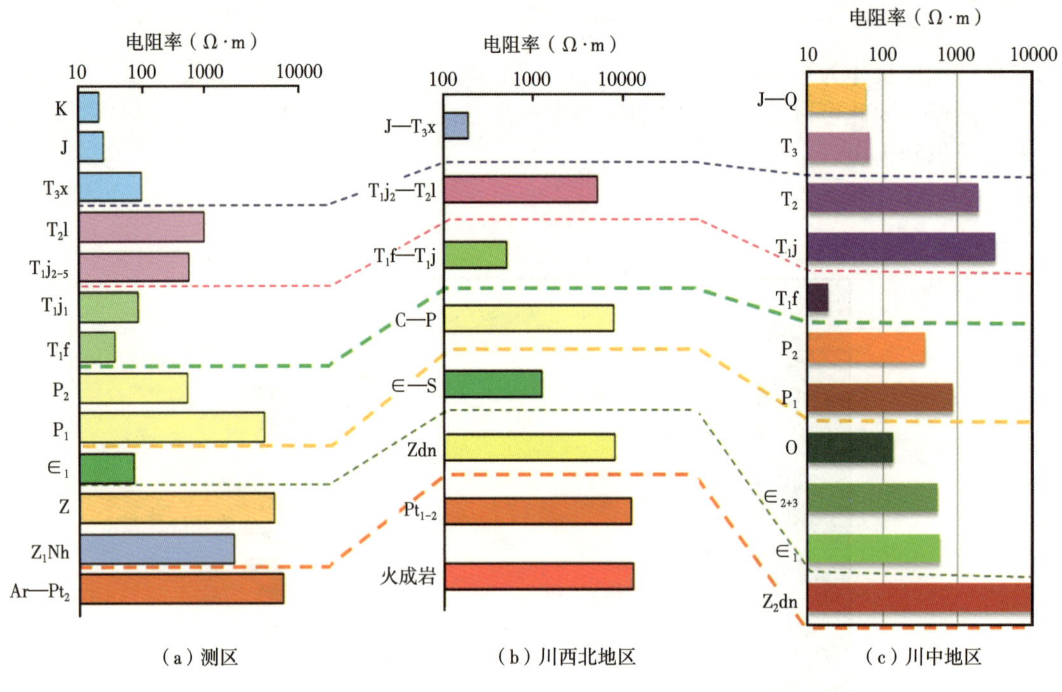

图 5-27　地层电阻率柱状图

三叠系雷口坡组到嘉二段电阻率变化比较大，相对于上覆、下伏地层来说，其电阻率高，表现为高阻特征，电阻率平均在 800Ω · m。

三叠系嘉一段到飞一段的电阻率较低，一般为 20Ω · m，表现为低阻特征。

二叠系电阻率变化较大，岩性主要以沉积岩和火山岩为主，较于上覆地层电阻率较高。工区西部电阻率相对较小，一般为 20Ω · m，往东逐渐增大，在永探 1 井附近达 60Ω · m，在磨溪 105 井一带达 1000Ω · m 以上，而在工区西南周公 1 及汉深 1 井一带一般为 500Ω · m。

寒武系相对上覆地层来说，电阻率比较低，一般为 80Ω · m，整体表现为低阻层特征。

震旦系电阻率较寒武系高，磨溪 105 井一带通常达 20000Ω · m，表现为高阻特征。

南华系表现为一套相对低阻，由于本区无钻探到震旦系以下地层的钻井资料，结合以往实测的电阻率来看，电阻率平均为 2756Ω · m。

基底电阻率一般介于 9518～11861Ω · m，平均电阻率 10336Ω · m，整体表现为高阻特征。

为了更好地研究二叠系峨眉山玄武岩段内部岩性的电阻率变化，将研究区内及邻近工区的 17 口钻遇二叠系峨眉山玄武岩层段的井进行统计分析。

研究区内的 YT1 井、YS1 井及工区外的 GS1 井、Y210 井都反映出一个明显的电阻率变化特征：火山碎屑岩层段包括凝灰岩的电阻率小于玄武岩。而统计的 17 口井的二叠系峨眉山玄武岩层段数据结果也表明火山碎屑岩（包括角砾熔岩和凝灰岩）电阻率小于玄武岩电阻率（表 5-4）。

表 5-4　17 口井的二叠系玄武岩层段电阻率统计表

岩性 / 井名	玄武岩				凝灰岩				火山角砾岩			
	厚度（m）	电阻率值（Ω·m）			厚度（m）	电阻率值（Ω·m）			厚度（m）	电阻率值（Ω·m）		
		最小	最大	平均		最小	最大	平均		最小	最大	平均
HT1	210	22	24290	2506								
MT1	23	164	18703	1874								
G2	93	26	6235	520	32	24	115	55				
GS1	111	25	1925	484								
H6	204	22	9154	476	12	10	110	45				
ZG1	302	42	3376	373								
H1	224	52	1294	371								
Y210	68	16	1902	258	45	10	185	27				
DS001-x4	50	44	1103	212								
DS001-x1	259	12	3058	153	10	35	285	109				
YT1	121	15	1994	103					123	2	39	7
Q5	11	24	774	78								
DS1	111	11	324	93	12	14	81	39				
YS1	67	25	197	82					135	1	588	20
ZG2	365	22	100	45								
Q10	55	20	244	78								
Y1	22	11	53	14								

虽然都是相同的岩性，但由于井的地理位置差异，所处的沉积环境不同，平面上电阻率值可能存在差异，但区内的钻井反映的纵向上地层电阻率相对高低变化的特征基本是一致的，这从前述的东西向及西南—北东向井划分的八大套电性层就可以看出。因此，可以根据各井电阻率相对高低的变化，来大致判断地层岩性的变化特征。

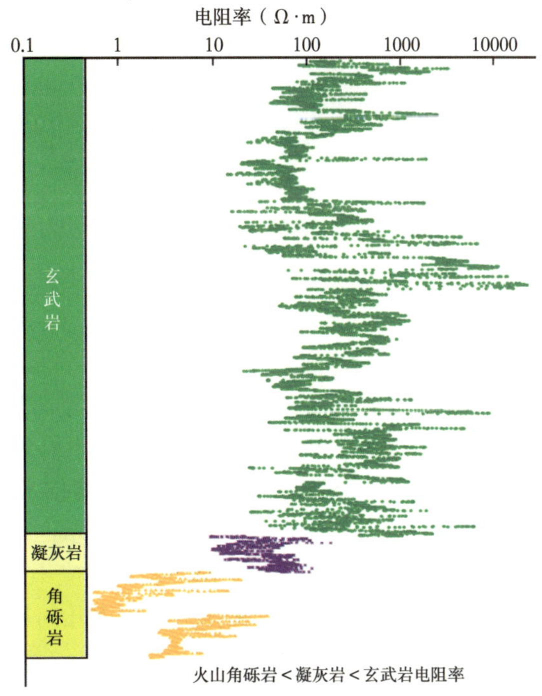

图 5-28　二叠系火山岩电性统计散点图

从二叠系火山岩电性统计散点图（图 5-28）也可以看出，火山岩角砾岩一般小于 10Ω · m，凝灰岩电阻率一般小于 100Ω · m，而玄武岩电阻率平均达 500Ω · m 以上，可见火山角砾岩、凝灰岩的电阻率小于玄武岩。因此，可以根据统计资料建立不同火山岩岩性与电阻率的关系，为利用电性结构描述火山岩储层提供依据。

5.3.3 关键处理技术

5.3.3.1 重力—地震联合剥层技术

重力—地震联合剥层技术就是利用钻井、地震等已知资料，构造地质模型，结合物性特征进行重力异常正演计算，进而从叠加重力场中分离出目标地质体的重力异常信息，并从中提取相关的地质解释信息。

具体过程是：根据已知的地震构造图、钻井、地质等资料得到各构造层的界面埋深，通过正演得到相应地层的重力响应，布格重力异常减去盖层重力响应就可得到剥层重力异常（图 5-29），而剥层重力异常是深层（目的层）构造所引起的重力异常。

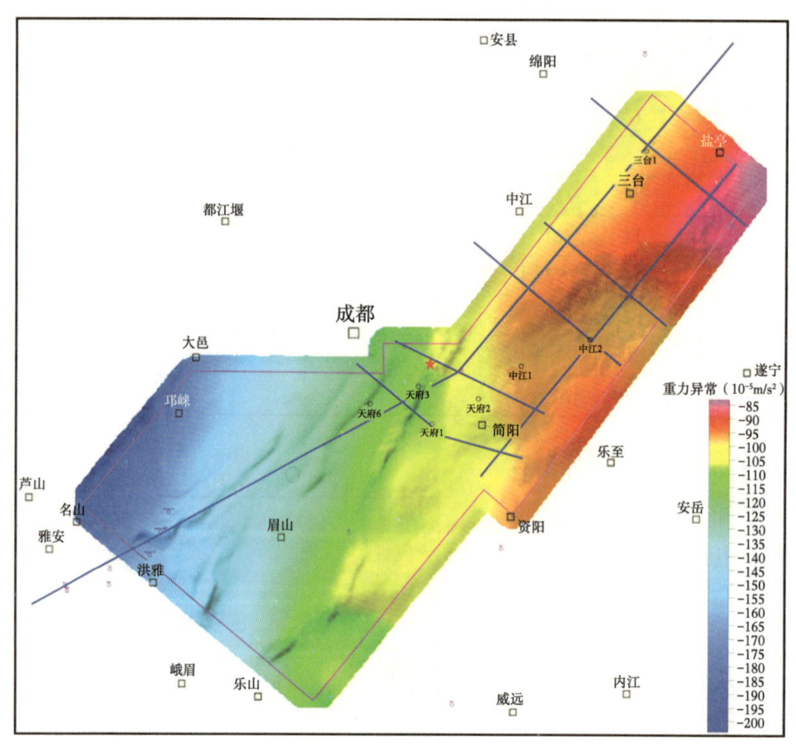

图 5-29　剥层重力异常图

在剥层重力异常的基础上进一步进行了剩余异常提取，得到了相应的异常信息（图5-30）。对深部目的层的重力异常信息提取，为地质解释提供更为具体的依据。

5.3.3.2 时频电磁高精度井震建模约束反演技术

电磁数据的自由反演常常遇到 S 等值现象，造成随着厚度的改变，电阻率也发生改变，因此所求得的反演电阻率剖面对深层反应不灵敏。时频电磁井震联合建模反演克服了 S 等值效应，通过采用地震、钻井资料约束几何模型，重点反演电阻率参数，从而减少多解性，提高目标层分辨率。

对 7 条时频测线进行了高精度井震建模约束反演，以获得二叠系火山岩目标层的电阻率剖面。实现步骤如下。

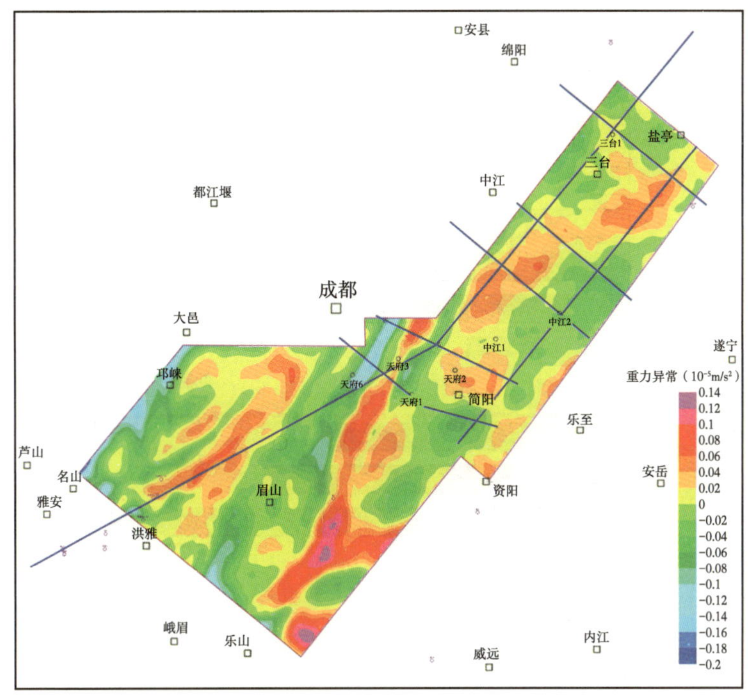

图 5-30　基底剩余重力异常图

5.3.3.2.1　构建约束反演地层模型

由于地震资料的二叠系以上地层界面可靠性强，纵向精度更高。所以根据已知的地震资料，并结合钻井得到较准确的二叠系以上构造层的层数和各层的厚度（图 5-31），而二叠系以下地层的模型建立参考了电阻率自由反演剖面的解释方案。

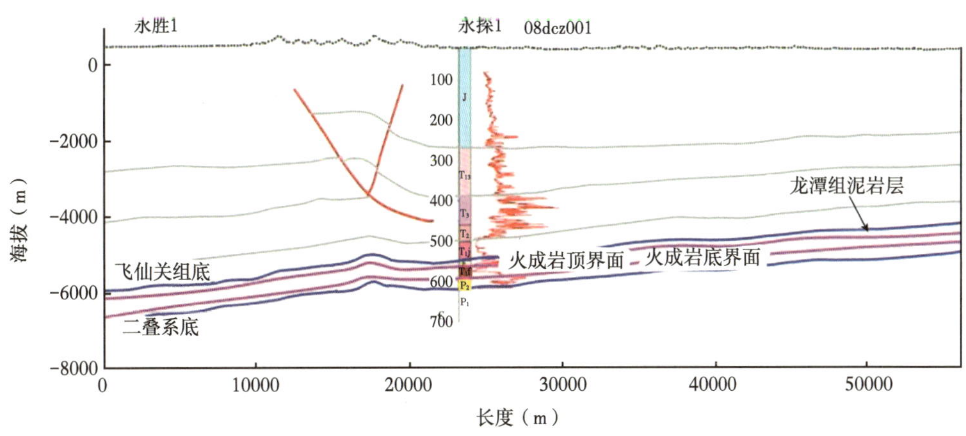

图 5-31　根据地震解释剖面构建二叠系以上地层模型

5.3.3.2.2　模型剖分后赋予初始电阻率值

建立好地层模型后先对模型进行剖分，为了兼顾反演速度和反演结果稳定性，将模型剖分为 34 层，其中二叠系地层剖分尺度较小（12 层），其他地层根据电性界面剖分，尺度较大。分析统计区内电测井资料，可以得到各地层的电阻率相对关系（图 5-32），各层初始电阻率值参考 Occam 自由反演剖面。

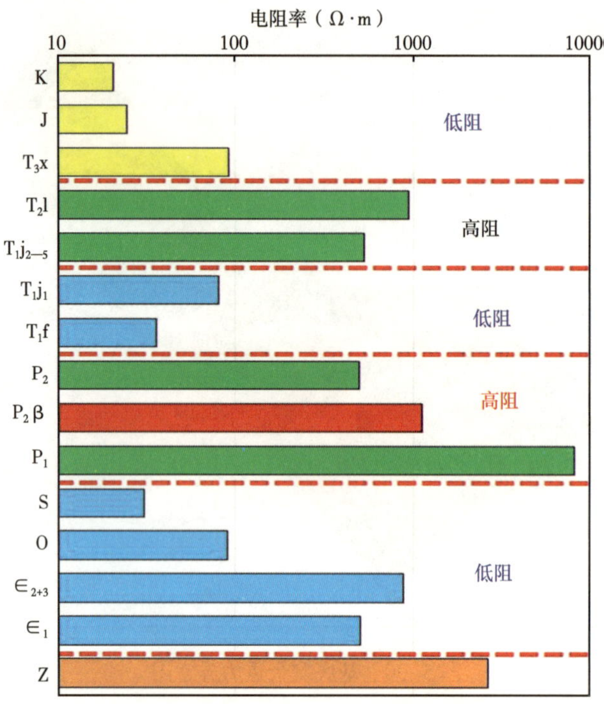

图 5-32 川西地区各地层电阻率平均值

5.3.3.2.3 确定电阻率约束范围

接下来固定层位几何参数，反演电阻率参数。每条测线需要改变电阻率约束范围，通过多次反复反演，直到反演的拟合误差为最小，根据反演结果及拟合误差 4 次调整了约束条件。从图 5-33 可以看出，经过 3 次调整后所有测点的反演拟合误差小于 1%，达到了质控要求。

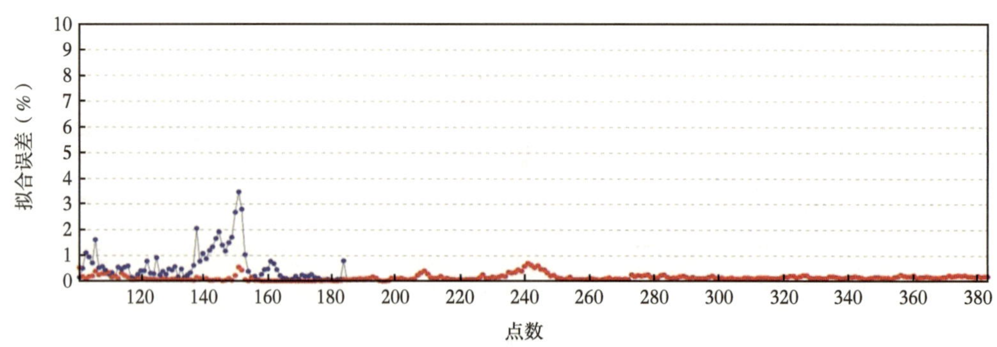

图 5-33 02 线约束反演拟合度曲线图

（蓝色为变化范围 1，红色为变化范围 4）

5.3.3.2.4 目标层弱信息提取

获得电阻率约束反演剖面（图 5-34），由于纵向比例尺太大，很难从剖面上看到火山岩目标层的电性变化规律，所以还需要进一步提取火山岩目标层信息。细化电阻率反演数据的网格尺度，为了保持剖面横向连续性，先以龙潭组泥岩顶界面为基准面做层拉平，进行剖面滤波，最后再以二叠系底界面为基准面进行层拉平。这样，从图 5-35 中可以明显看出火山岩目标层的纵横向变化规律。

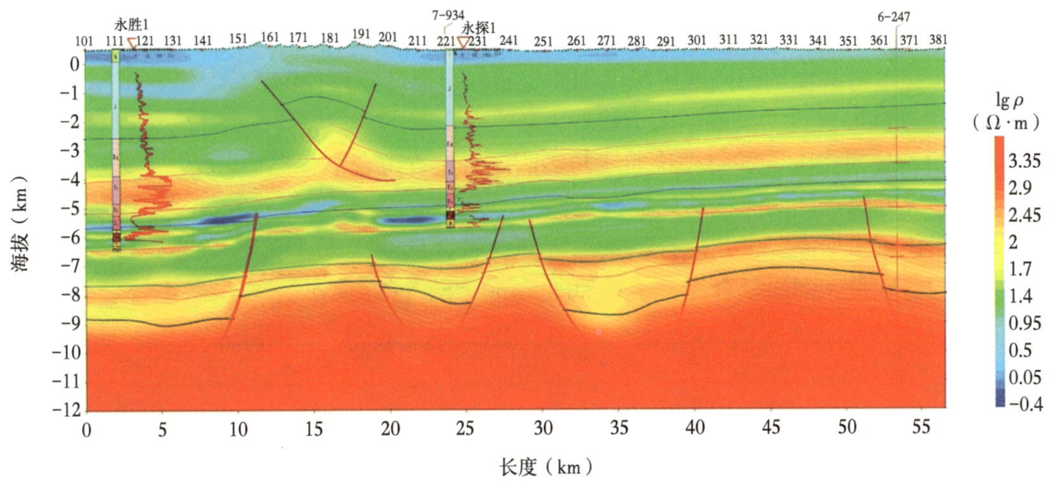

图 5-34　02 线井震建模约束反演剖面

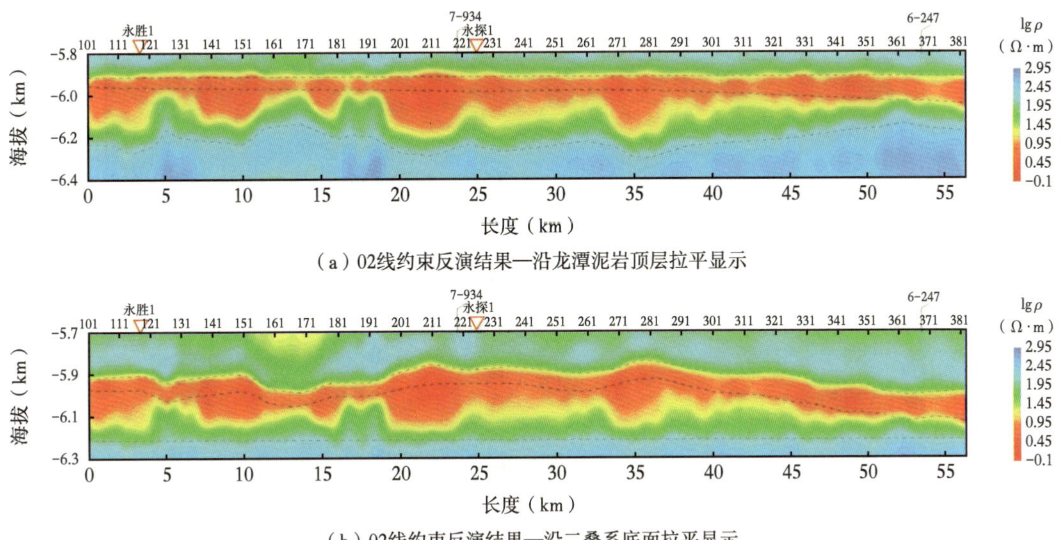

图 5-35　02 线火山岩目标层精细反演剖面

5.3.3.3　重磁电震剖面联合反演技术

由于地层岩石物性差异的存在，针对二叠纪火成岩和南华纪断陷的地质解释存在多解性，依据单一的重、磁、时频资料解释不能精准地判定岩性和层位。为了合理、准确地判定二叠系火成岩岩性和南华系断陷层分布，采用了重磁、时频及地震联合反演解释技术，对时频、地震解释的上述单方面成果依据重磁资料进行联合正演模拟和反演计算，从而得到较为合理的重磁电震各自吻合的地质解释成果。

剖面正演采用2.5维多边形正演公式，反演采用最优化选择法，采用二度半模型进行反演，选择的剖面长度远大于基底埋深。联合正反演的基本步骤：

(1) 建立模型，利用时频电磁解释剖面或地震剖面，标定剖面平面位置，依据研究区内地质、钻井及地震层速度资料标定地质模型层位；

(2) 针对地震时间剖面按层位输入密度或速度，完成时—深转换并输出地球物理模型，针对时频电磁解释剖面或地震深度剖面直接输出地球物理模型；

(3) 由平面异常数据读取剖面重磁异常数据；

(4) 进行实时正演，并将理论曲线与实测区县进行拟合，根据拟合情况，通过交互方式修正模型，并最终使两曲线达到最佳拟合。

该次工作中根据需要，共进行了重磁电剖面联合反演7条，重磁震剖面17条，穿过区内主要构造区带，剖面联合反演结果如图5-36、图5-37所示。

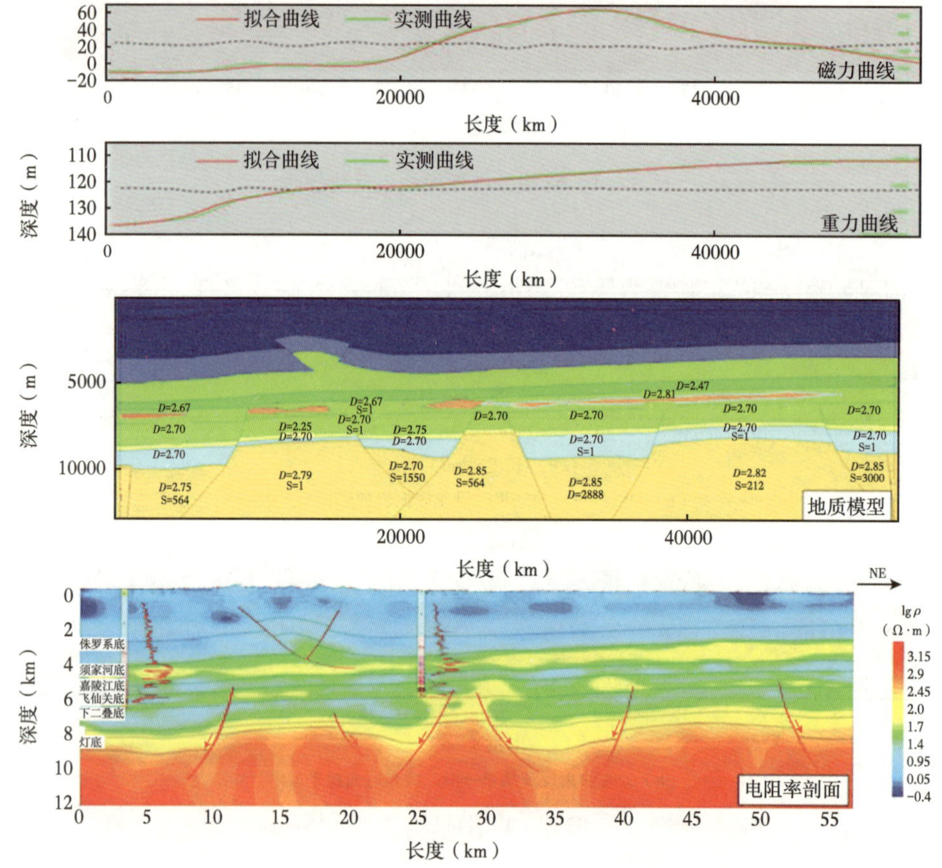

图5-36 时频电磁19YAST-TFEM02线重磁电联合反演剖面图

由展示的两条联合反演剖面可以看出，基本揭示了剖面上二叠统火成岩分布及深部地质结构特征。

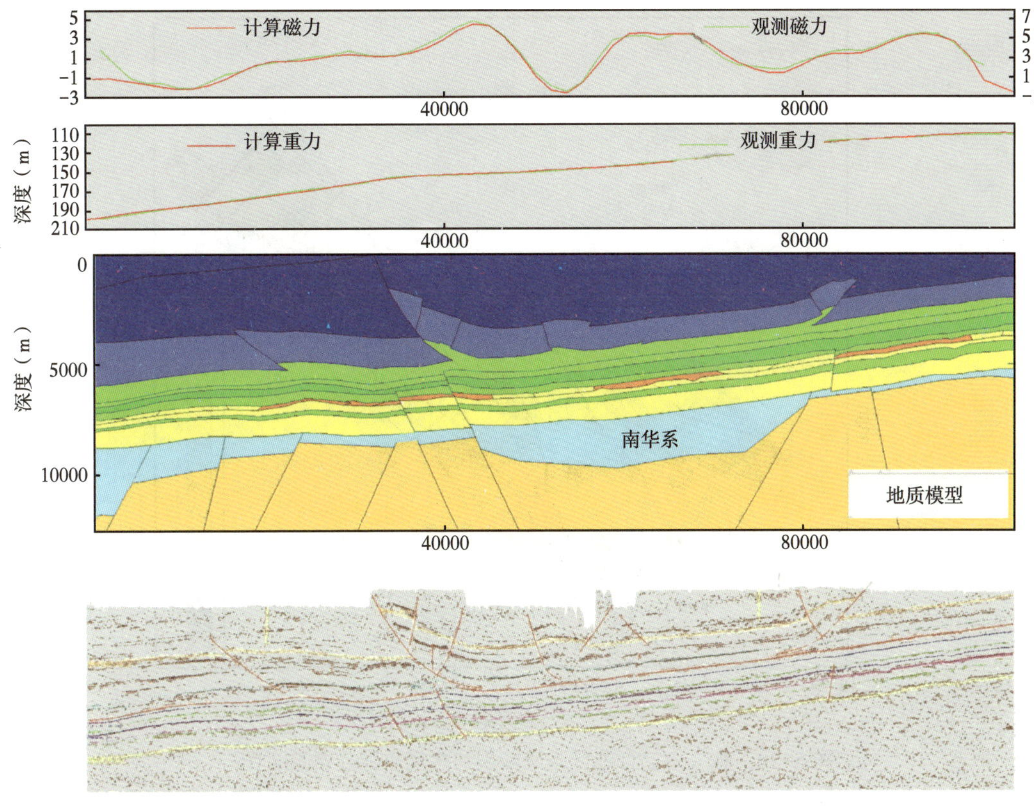

图 5-37 地震剖面 94ZY_ D9 线重磁震联合反演剖面图

5.3.4 综合解释成果

5.3.4.1 基底断裂展布特征

断裂是控制盆地形成与展布的主要因素，断裂使得地质体在三维空间发生位移和错断，在断层两侧由于地层密度变化，在重力异常上表现为重力异常变化的梯度带。断裂带附近又常伴随岩浆活动，故在断裂两侧及断层带上存在磁异常特征。断裂带附近，由于地层的错动，往往在电性剖面上表现为扭曲、突变等现象。因此，重磁电资料可以从平面上及纵向上清楚地反映出断裂的存在和展布规律。

在研究区，断裂信息提取使用的是剥层重力异常。首先使用“小子域滤波法”对重力异常进行滤波，以提高重力梯级带的横向分辨率，之后再求取重力水平总梯度异常。

小子域滤波处理和影像增强技术在提取断裂等异常信息时，具有比传统方法更为突出的效果。在提取断裂信息的同时，最大限度地保留了弱信息，为深层断裂解释提供依据。线性影像增强信息使得断裂在全区的展布、组合特征更为清楚直观。

F1 断裂：该断裂整体呈北东向，位于工区南部，贯穿整个工区，被北西向的断裂切割成大小不等的七段。在区内延伸的总长度达 244km，是划分南部坳陷与中部隆起的一条分界断裂（图 5-38、图 5-39）。

F2 断裂：该断裂在剩余重力异常上表现为不同异常界限的分区性非常明显，西北区域整体为高值异常区，东南区域为低值异常区。在重力水平总梯度异常上极大值的连线由

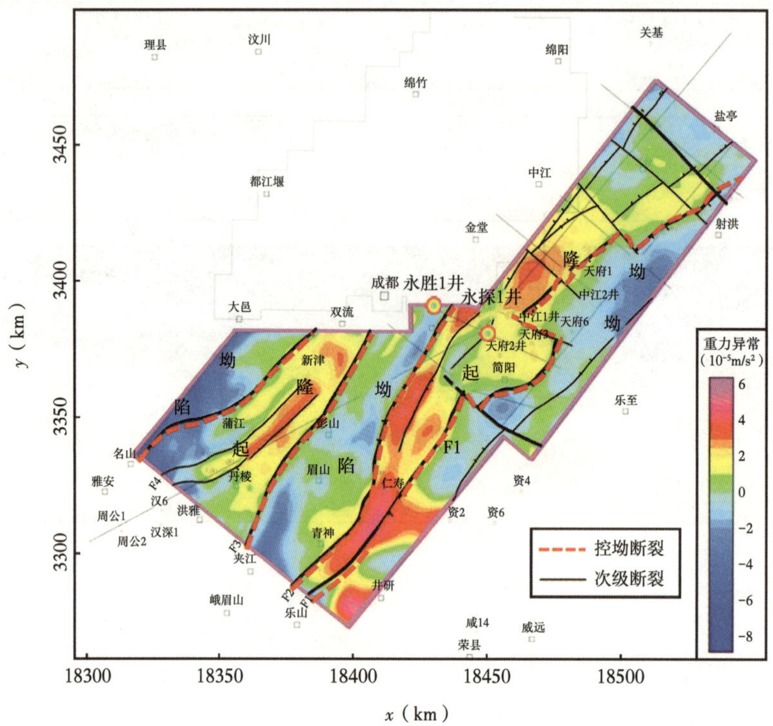

图 5-38　雅安—三台地区基底断裂与剩余重力异常迭合图

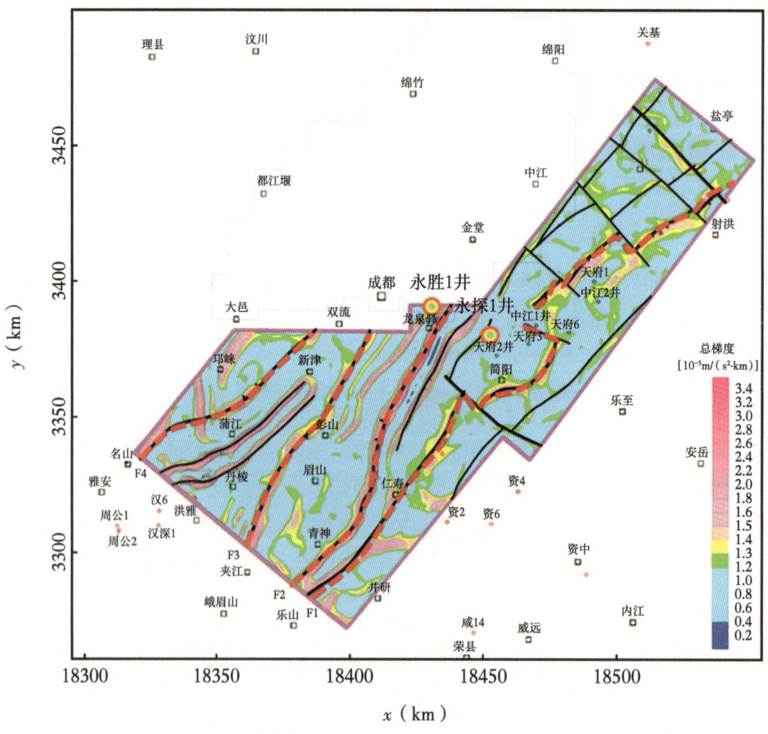

图 5-39　雅安—三台地区基底断裂与水平总梯度迭合图

北往南扭动明显，这与受北西向的断裂错动有关，由北往南大致可分为七段。在磁力异常图上，沿断裂附近，大都表现为不同磁异常的分界，东南区域磁力相对较弱，西北区域磁力相对较强。

该断裂整体呈北东向，位于工区中南部，由北往南至工区油 1 井一带向南偏转，呈北东东向，然后转入北东向。龙泉驿往北延伸出工区外，在区内延伸长度达 123km，是区内的 Ⅰ 级断裂。

F3 断裂整体呈北东向，位于工区中南部，沿彭山—成都一线分布，在区内延伸的总长度达 93km。是划分眉山坳陷与新津隆起的一条控坳断裂。

该断裂在重力水平总梯度异常上表现为极大值的连线，由成都南往彭山一线延伸出工区西南部。在剩余重力异常上，西北区域整体为高值异常区，东南区域为低值异常区，整体表现为不同异常的分区界限。在磁力异常图上，沿断裂附近，存在局部的高频磁异常分布。北部串珠状明显，南部磁异常相对宽缓。

F4 断裂呈北东向，位于工区西北角，沿双流—名山一线。在区内延伸的总长度达 84km。是划分北部坳陷与北部隆起的一条控坳断裂。

在剩余重力异常上表现为不同异常的分界线，西北区域整体表现为重力相对低值异常区，东南区域为重力相对高值异常区。在重力水平总梯度异常上近北东向的连线隐约可见。断裂附近磁异常相对较弱，仅在新津北出现一团块状的高频磁异常（图 5-40）。

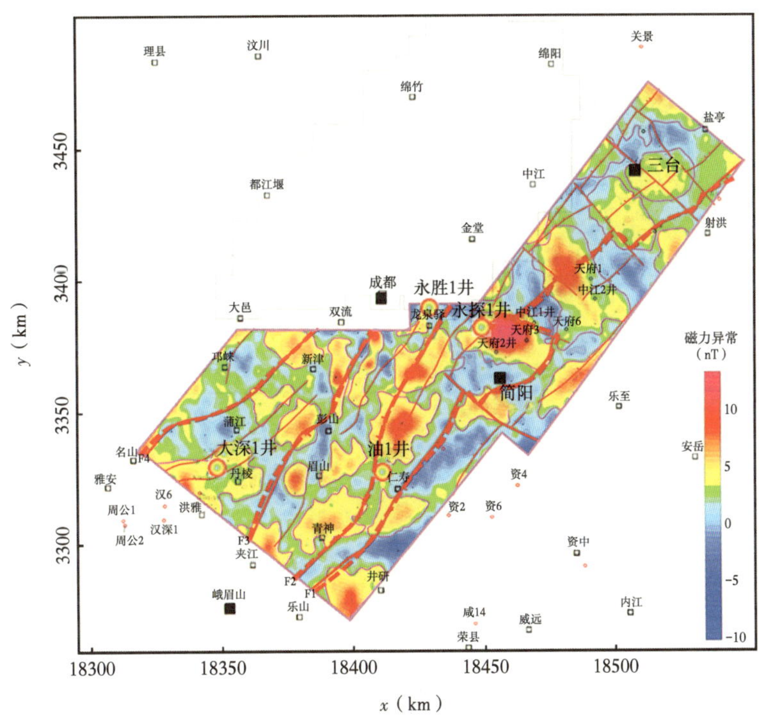

图 5-40　雅安—三台地区基底断裂与剩余磁力异常叠合图

5.3.4.2　南华系地层分布

四川盆地南华系主要指原震旦系陡山沱组下部的南沱组、莲沱组。莲沱组包含大塘坡段、古城段及莲沱段。

南华系大塘坡组具有一定的油气地质条件，南华系内部存在三种成藏组合：大塘坡段+陡山沱组泥岩，南沱组砂砾岩储层；大塘坡段泥岩，莲沱段砂岩储层；大塘坡段+陡山沱组泥岩，火山岩储层。

根据前述的物性分析，南华系与基底之间存在着密度差异，利用剥层、滤波、上延等技术，求取了反映南华系裂陷的重力异常。而前述南华系表现为相对低阻，与围岩存在明显的电性差异，根据时频电磁剖面解释结果及南华系裂陷重力异常特征，结合钻井及其他物探、地质资料，拟编了南华系厚度分布图（图 5-41）。

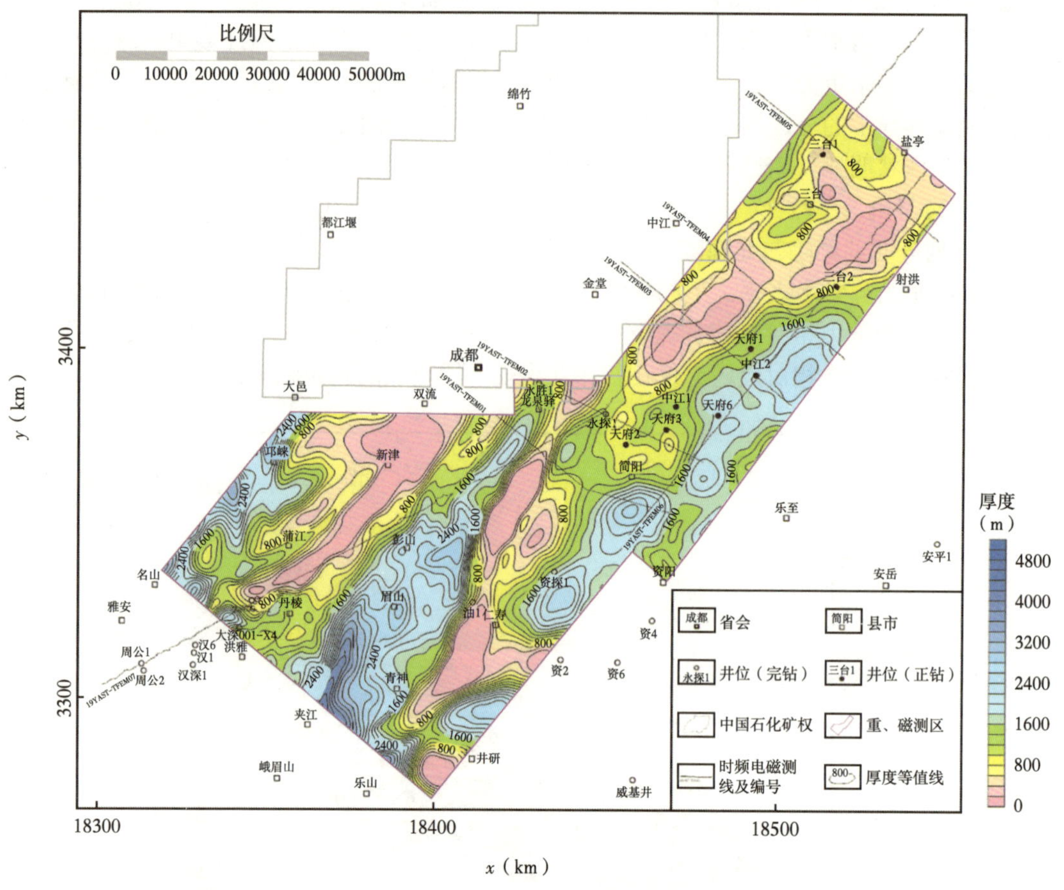

图 5-41 雅安—三台地区南华系厚度分布图

从工区内南华系厚度分布图来看，总体呈北东向展布，具有“两薄三厚”的特点。新津—丹棱，仁寿—简阳—三台两条北东向的条带相对较浅，地层厚度较薄；邛崃，眉山及简阳东一带埋深较大，地层较厚。

工区西北角邛崃—名山一带是南华系厚度增大区，靠近工区边界最厚达 3200m，主要由两个 NNE 向展布的条带组成，厚度一般为 1800~2800m。

工区西部新津—蒲江—丹棱一带，南华系厚度由西南往东北逐渐减薄。丹棱以南，蒲江以西，南华系厚度一般为 1200~1600m，呈指状往新津方向逐渐减薄至 200m 左右，在丹棱以南的大深 1 及蒲江以北一线呈现近北东向的地层减薄区，厚度一般为 200~600m。

龙泉驿—眉山—夹江一带，较新津及仁寿两侧，南华系厚度整体增大，呈北东走向，由东北往西南逐渐加厚，在北部龙泉驿附近厚度约1200m，中部眉山附近约2400m，南部夹江附近达4000m以上。

工区主体三台—简阳—仁寿一带，南华系厚度整体较薄（图5-42）。一般厚度为400~1200m，呈北东走向。南部仁寿附近普遍较薄，通常小于600m，简阳附近通常在1200m左右，北部三台附近厚度通常小于400m，存在两个局部加厚区，厚度800m左右。

射洪—简阳南部一带，南华系厚度相对增大区（图5-43），一般厚度在1600m以上。呈北东走向，由东北往西南出现四个厚度中心。北部厚度中心在射洪西南部，一般厚度约1800m；简阳南部及仁寿东部各有一个近椭圆形的厚度中心，南华系厚度都大于2000m；另外在井研的北部，还存在一个厚度中心，一般大于2400m。

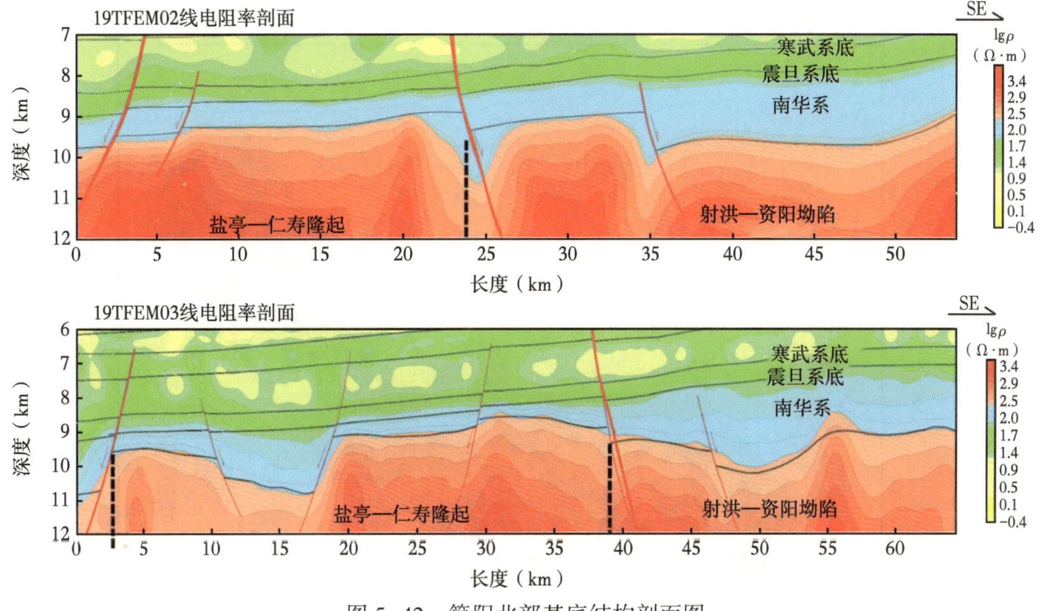

图5-42 简阳北部基底结构剖面图

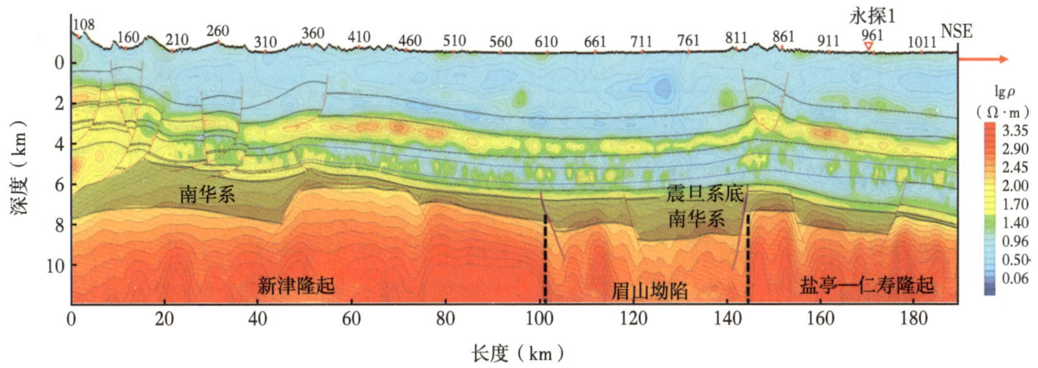

图5-43 19YAST-TFEM07剖面南段基底结构剖面图

简阳北部基底结构剖面图（图5-42）也反映出南华系在简阳—三台一带厚度较薄，在射洪—简阳南部一带厚度增大的特点。

另外，剩余重力异常和 19YAST-TFEM07 线揭示南华系向盆地边缘具有加厚的趋势。剩余重力异常在研究区南部具有向盆地边部降低的趋势。19YAST-TFEM07 剖面揭示（图 5-43），眉山坳陷内南华系较厚，新津隆起上南华系较薄，往南，南华系具有加厚的特点。

5.3.4.3 火山岩展布特征

5.3.4.3.1 火山岩磁异常特征

磁力 ΔT 化极异常主要是地下不均匀磁异常体的综合反映，浅层磁异常表现为高频，深层磁异常表现为低频。为了获取二叠系火山岩磁性体异常特征，需对磁力 ΔT 化极异常进行分离。利用插值切割、延拓和趋势分析、曲化平下延增强等技术方法组合对二叠系火山岩磁异常进行提取。从物性特征可知，分离出基底峨边群、康定群中强磁性后，正常沉积岩为无磁或弱磁，仅二叠系火山岩具较强磁性，因此求取的剩余磁力异常（图 5-44）主要揭示盖层内二叠系火山岩局部磁性体的分布。

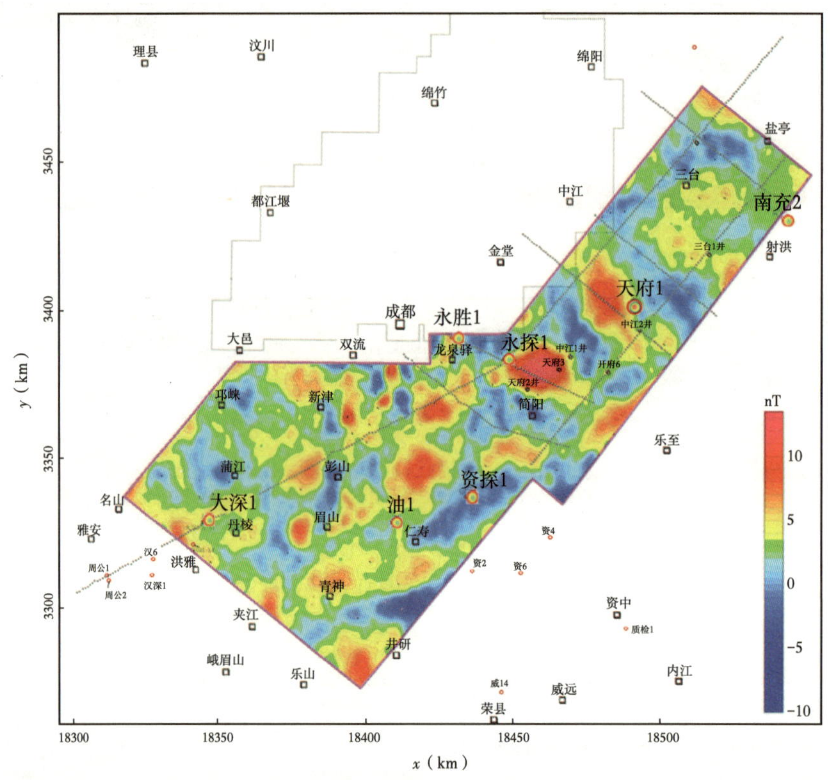

图 5-44　雅安—三台地区剩余磁力异常图

剩余磁力异常揭示，中强磁异常在油 1—天府 1 井一带分布较广，往南、北两侧逐渐减弱，说明峨眉山大火山岩省主要矿床分布、大规模岩浆作用“底侵”位置及其深浅响应逐渐减弱，这与以往的认识基本是一致的。

5.3.4.3.2 火山岩三维显示

为了研究火山岩在空间上的展布规律，开展了三维磁性反演，有助于支撑后续时频电磁和三维地震的目标勘探。反演结果如图 5-45 所示，火山岩的分布特征主要表现在以下三点：

一是雅安—三台地区火山岩发育，平面上是由多个火山岩组成。

二是中北部是火山岩的主要发育区，磁性体规模大、磁性强，中北部磁性体有局部连片的趋势。

三是南部磁性体规模小，多呈孤立分布。

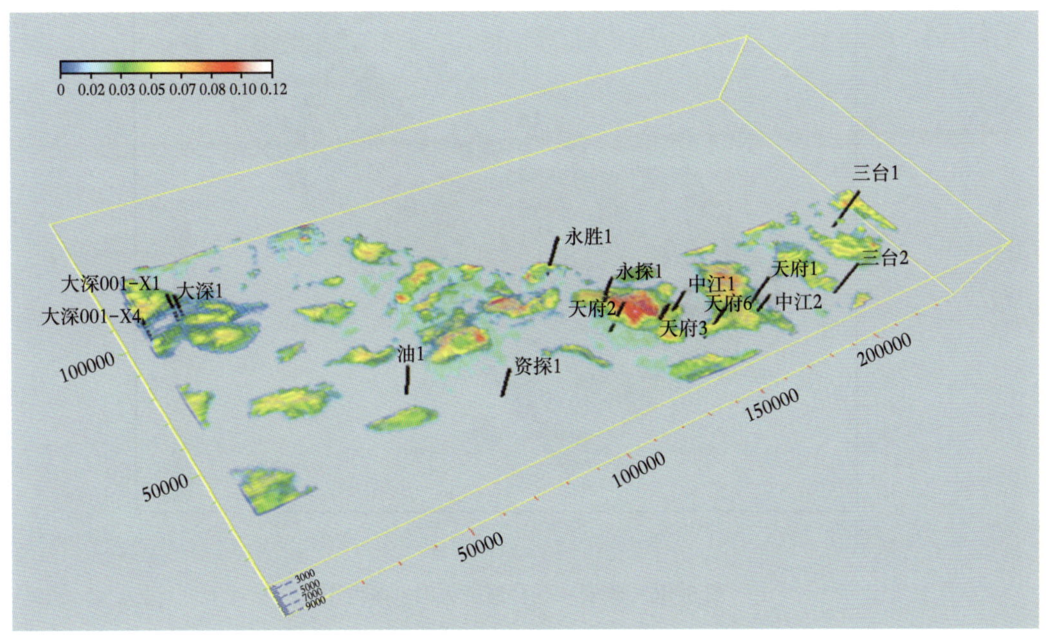

图 5-45 磁力三维反演磁性体空间分布立体图

5.3.4.3.3 火山岩机构分布

由于火山岩顶面可结合地震龙潭组底面获取，因此磁性层火山岩厚度的反演可转化成磁性下界面的反演。根据磁性数据，在井、时频电磁反演火山岩厚度约束下，反演了火山岩厚度。

需要说明的是，引起磁异常的因素很多，很多参数是不可控的，比如火山岩中磁性不均匀分布，局部地区则还存在火山岩侵入体的影响等，这都将引起计算误差。

从磁力异常、计算方法和计算结果来看，计算的厚度是在一定范围内的等效厚度，在厚度平缓变化区基本上与火山岩的厚度较接近，在磁异常剧烈变化区误差较大。因此反演计算的厚度与火山岩的真实厚度存在一定的误差，但其厚度变化与火山岩真实厚度变化趋势基本一致。

图 5-46 是测区内火山岩厚度分布图，从图上可见，火山岩厚度一般为 50~250m，具有中间厚周缘薄的分布规律，表明探区展布是火山岩的主要发育区，这与三维磁力反演结果一致（图 5-45）。对比厚度图与基底断裂图，在北东向与北西裂断裂交汇带附近磁异常发育区，火山岩厚度增大。可见火山岩的厚度分布与基底断裂活动有一定关系。推断在测区中部一带，在峨眉地裂运动时期，早期的北东、北西向两组断裂在交汇处活动剧烈，出现大面积的玄武岩喷溢。远离交会带的地区，火山岩活动逐渐减弱。火山岩厚度与永探 1 井、永胜 1 井、油 1 井等几口井的实钻结果基本是一致的。

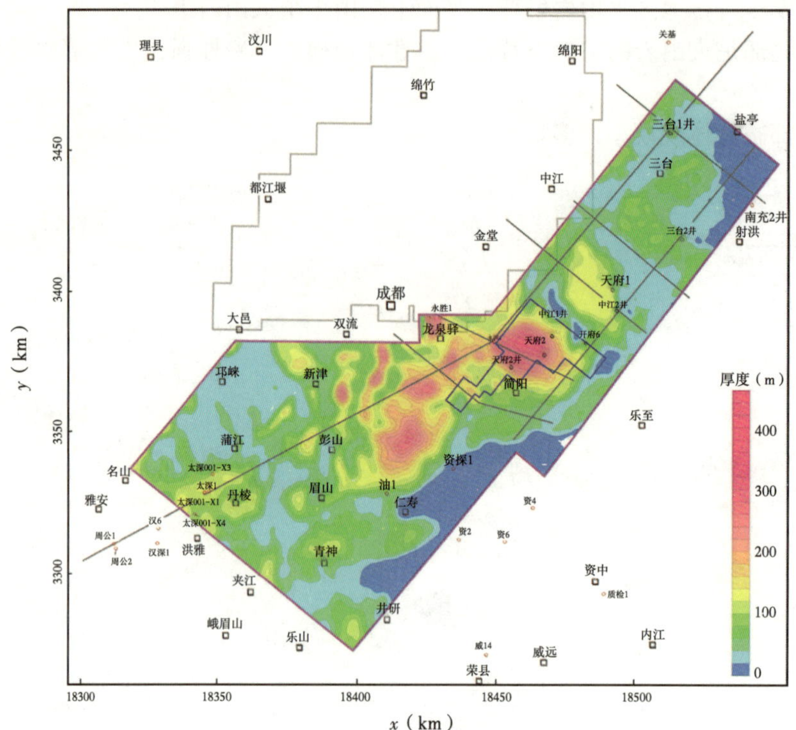

图 5-46 雅安—三台地区火山岩厚度图

根据距离火山口的远近及岩浆活动的强弱，火山岩可分为火口相、近火山口相和中远火山口相。为了查明火山机构特征，以火山岩磁力异常、电阻率分布特征为主，开展非地震、地震一体化综合研究，制定了火山机构预测标准（表 5-5）预测了火山岩的火山机构。

表 5-5 火山机构重磁电震异常特征

类型	火山岩喷出样式	相带	重力特征	磁力特征		电性	地震
				剩余磁力	局部磁力		
A	中心式（多火山口）	火口相	NE、NW 断裂交汇带	磁力高、近 EW 走向、面积大	低磁	低阻层	顶界断续强反射、内部杂乱、丘状
		近火山口相			高磁	中高电阻	顶界连续强反射、内部杂乱亚平行层状
B	裂隙式	火口相	NE 断裂附近	磁力高、NE 走向、宽度窄	高磁	低阻层	顶界断续强反射、内部杂乱、丘状
		近火山口相			中—高磁力	中高电阻	顶界连续强反射、内部杂乱亚平行层状
C	裂隙式+中心式	火口相	NE 断裂附近	磁力高、NE 走向、规模大、裙边状	高磁	低阻层	顶界断续强反射、内部杂乱、丘状
		近火山口相			宽缓中等磁力	中高电阻	顶界连续强反射、内部杂乱亚平行层状

实际预测火山机构过程中，以磁力为主，首先利用磁力和重力、时频电磁成果推断火山岩喷发样式（中心式、裂隙式、中心式+裂隙式火山岩），再根据不同火山岩喷发样式与剩余磁异常展布特征预测近火山口相分布范围；然后根据局部磁力异常、时频电磁和地震资料，细化火山岩分布区，预测火口相位置。

利用火山机构预测方法，推断解释了雅安—三台地区火山岩岩相分布图（图5-47）。结合区内基底断裂分布来看，火口相及近火山口相多位于断裂附近，是火山喷发和岩浆侵入通道，火山岩沉积相对稳定，在剩余磁力异常上两者都表现为磁力高。在局部磁力异常上，以中心式喷发的火山岩，火口相多表现为磁力低，近火山口相表现为磁力高；以裂隙式喷发的火山岩，火口相的局部磁力多表现为高磁异常，近火山口相表现为中—高磁力异常。在电性特征上，火口相一般表现为中低电阻率，近火山口相表现为高阻特征。通过综合重磁电异常特征，火口相及近火山口相主要以爆发相的火山碎屑岩及玄武岩为主，磁性较强；中远火山口相磁性相对较弱，以远离火山口的凝灰岩、沉凝灰岩等沉积为主。

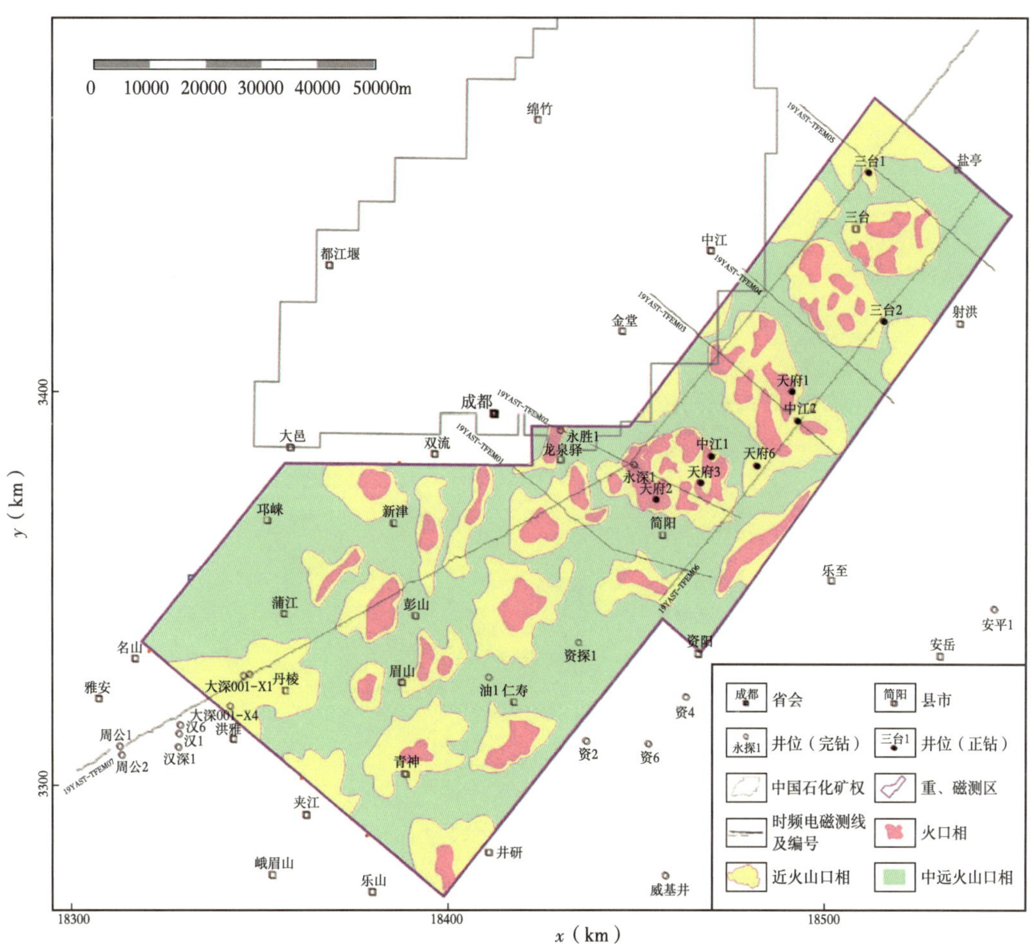

图5-47　雅安—三台地区火山岩岩相分布图

从四川盆地雅安—三台地区火山岩岩相分布图可以看出，区内分布有26个近口相火山岩，近火山口相总面积约5400km^2。简阳以北的近火山口相平面上呈不规则的团块状，多以中心式喷发为主。工区西南部的近火山口相平面上多呈不规则的带状分布，推断以裂隙式喷发为主。靠近工区中部存在中心+裂隙的喷发。总体来看，四川盆地川西南地区在峨眉地裂时期火山活动强烈，规模较大，以中基性火山岩为主，主要分布在测区中部，北东—北西向基底断裂的交会部位。

6 联合反演解释发展建议

6.1 存在问题

在对国内外重磁电震联合反演解释方法技术调研的基础上，结合近5年来对重磁电震约束和联合反演方法技术的研究和应用，认识到当前国内主要的大学和科研机构对重磁电震联合反演还存在下列问题：

(1) 目前基于岩石物理关系的联合反演方法依赖所采用的岩石物理关系的代表性和可靠性，由于地球介质为非均质性的，物性参数之间的关系多为强非线性，目前仍没有一种通用的岩石物理模型能够将不同物性参数联系起来，工业界经常使用的岩石物理关系一般为经验性的或统计性的。

(2) 基于物性结构耦合的联合反演方法是假定地下不同物性参数的空间变化关系（包括模型曲率信息、交叉梯度、模型梯度点乘积、基于局部相关性等）是一致的，且地下岩石的结构或边界能够被不同的地球物理勘探方法分辨出来。但结构耦合对于初始模型有较强的依赖性，且反演过程具有多极值特征，导致联合反演结果的不稳定性。

(3) 多物理参数联合反演的实现是建立在大量的模型正演的基础之上。对于较复杂的地质模型，目前的多物理参数（特别是电磁场）的正演算法效率仍然很低，影响了多物理参数联合反演的计算效率。在实际应用中往往只能实现两种勘探数据二维或三维的联合反演。

(4) 不论是基于岩石物理关系的联合反演，还是基于物性结构耦合的联合反演均是建立在确定性目标函数最优化的基础上。对于大区域的实际地质体，其岩石物理关系或物性结构关系是随不同地区地质条件而变化的，特别是对于深层—超深层结构，地下地质结构特征是未知的，由此建立的确定性目标函数不能客观有效地描述实际地质状况，导致所获得的最优解并不一定是地质意义上的合理解释方案。

(5) 重磁电震的约束和联合反演解释在国内的研究和应用还刚刚起步，正逐步朝着数据结合的紧密化和模型融合的深度化推进。相比于国际上联合反演技术的进步，国内重磁电震联合的发展相对滞后。目前，在统一框架下的重磁电震联合反演的成熟软件尚未形成，应用的实例更少。

6.2 发展建议

根据本系统的研究分析，提出重磁电震联合反演解释技术以下发展建议：

(1) 目前虽然已提出了一些多物理参数的二维或三维联合反演算法，而且在二维的理论模型测试和初步的实测数据应用中取得了一定的效果，但从二维到三维的升级应用中仍需要在联合策略、约束机制、反演算法和计算效率等方面进行技术攻关和创新。

（2）在实际应用中，从二维水平地形规则观测系统到三维复杂地形任意观测系统的三维建模中，需要考虑模型参数的灵活性和普适性，开展地下结构的多尺度剖分建模方法技术研究，有利于消除反演中的假频叠波假象，并减少反演结果的多解性和不稳定性。

（3）随着重磁电震联合反演解释技术的拓展应用，联合反演技术从区域勘探领域已进入到油田开发领域，为了满足当前油田企业增储上产的需求，建立和完善针对油气资源勘探和油气田开发生产的重磁电震联合反演解释配套的商业化软件，可为油田公司企业增储上产提供新技术支持。

（4）随着重磁电震勘探资料的快速增长，常规的确定性反演解释方法技术越来越显得难以有效地融合现有的重磁电震信息。随着大数据人工智能方法技术的应用拓展，对地球物理数据的智能化反演解释越来越显示出直接、快速和有效的综合优势，需要广大的科技工作者协同攻关，发展基于大数据人工智能基础上的地球物理数据识别、分类和成像的新方法技术。

（5）建立基于统一地质、地球物理模型的联合反演。利用物性参数之间的相互转换，建立统一的地质、地球物理模型，从而沟通各种方法之间的相互联系，可以利用综合信息与地质模型之间的内在联系，达到相互补充、相互约束，减小反演的多解性。

（6）建立基于统一数学—地质、地球物理模型的联合反演。通过多种物探信息统一的数学—物理模型，进行多种物探信息统一的数据处理和反演成像。利用扩散场和波动场之间的关系，经过数学变换，将多种物探方法的数学物理模型统一成共同的数学物理模型，进行统一的数据处理和反演成像。

参考文献

A A 考夫曼, G V 凯勒, 1987. 大地电磁测深法［M］. 刘国栋，晋凯，邓前辉，等译. 北京：地震出版社.

蔡军涛, 陈小斌, 赵国泽, 2010. 大地电磁资料精细处理和二维反演解释技术研究（一）—阻抗张量分解与构造维性分析［J］. 地球物理学报, 53（10）：2516-2526.

常宏, 金章东, 安芷生, 2009. 青海南山隆起的沉积证据及其对青海湖—共和盆地构造分异演化的指示［J］. 地质论评, 55（1）：49-57.

陈必光, 2014. 地热对井裂隙岩体中渗流传热过程数值模拟方法研究［M］. 北京：清华大学出版社.

陈召曦, 孟小红, 刘国峰, 等, 2012. 基于 GPU 的任意三维复杂形体重磁异常快速计算［J］. 物探与化探, 36（1）：117-121.

冯锐, 郑书真, 1987. 对华北岩石圈构造的综合研究［J］. 科学通报,（22）：1723-1727.

韩骑, 胡祥云, 程正璞, 等, 2015. 自适应非结构有限元 MT 二维起伏地形正反演研究［J］. 地球物理学报, 58（12）：4675-4684.

韩思旭, 李勇, 陈卫营, 等, 2016. 基于 CUDA 并行计算的大地电磁二维有限元数值模拟研究［J］. 地球物理学进展, 31（3）：1095-1102.

何委徽, 王家林, 于鹏. 2009. 地球物理联合反演研究的现状与趋势分析［J］. 地球物理学进展, 24（2）：530-540.

胡建德, 蔡纲. 1984. 用三角形二次插值有限元法计算二维大地电磁测深曲线［J］. 石油地球物理勘探, 19（4）：358-367.

胡祥云, 霍光谱, 高锐, 等, 2013. 大地电磁各向异性二维模拟及实例分析［J］. 地球物理学报, 56（12）：4268-4277.

胡祥云, 李焱, 杨文采, 等, 2012. 大地电磁三维数据空间反演并行算法研究［J］. 地球物理学报, 55（12）：3969-3978.

胡祖志, 陈英, 何展翔, 等, 2010. 大地电磁并行模拟退火约束反演及应用［J］. 石油地球物理勘探, 45（4）：597-601.

胡祖志, 何展翔, 杨文采, 等, 2015. 大地电磁的人工鱼群最优化约束反演［J］. 地球物理学报, 58（7）：2578-2587.

胡祖志, 胡祥云, 何展翔, 2006. 大地电磁非线性共轭梯度拟三维反演［J］. 地球物理学报, 49（4）：1226-1234.

胡祖志, 胡祥云, 2005. 大地电磁三维反演方法综述［J］. 地球物理学进展, 20（1）：214-220.

胡祖志, 胡祥云, 吴文鹂, 等, 2005. 大地电磁二维反演方法对比研究［J］. 煤田地质与勘探, 33（1）：64-68.

嵇艳鞠, 黄廷哲, 黄婉玉, 等, 2016. 起伏地形下各向异性的 2D 大地电磁无网格法数值模拟［J］. 地球物理学报, 59（12）：91-101.

江铭炎, 袁东风. 2012. 人工鱼群算法及其应用［M］. 北京：科学出版社.

姜光政, 高堋, 饶松, 等, 2016. 中国大陆地区大地热流数据汇编（第四版）［J］. 地球物理学报, 59（8）：2892-2910.

敬荣中, 鲍光淑, 陈绍裘, 2003. 地球物理联合反演研究综述［J］. 地球物理学进展, 18（3）：535-540.

敬荣中. 2002. 地球物理非线性联合反演方法研究［D］. 长沙：中南大学.

李传涛, 2012. 利用重力数据反演亚洲岩石圈的三维密度结构［D］. 北京：中国地质大学（北京）.

李德春, 杨书江, 胡祖志, 等, 2012. 三维重磁电震资料的联合解释［J］. 石油地球物理勘探, 47（2）：353-359.

李林果, 李百祥, 2017. 从青海共和—贯德盆地与山地地温场特征探讨热源机制和地热系统［J］. 物探与化探, 41（1）: 29-34.
李晓磊, 2003. 一种新型的智能优化方法—人工鱼群算法［D］. 杭州: 浙江大学.
李晓磊, 路飞, 田国会, 等, 2004. 组合优化问题的人工鱼群算法应用［J］. 山东大学学报（工学版）, 34（5）: 64-67.
李晓磊, 邵之江, 钱积新, 2002. 一种基于动物自治体的寻优模式: 鱼群算法［J］. 系统工程理论与实践, 22（11）: 32-38.
李泽林, 姚长利, 郑元满, 2019. 基于 Lp 范数稀疏优化算法的重力三维反演［J］. 地球物理学报, 62（10）: 3699-3709.
梁家驹, 2014. 蜀南地区上奥陶统—下志留统页岩气储层特征及评价［D］. 北京: 中国地质大学（北京）.
刘洁, 张建中, 2020. 重震联合反演框架及应用新进展［J］. 地球物理学进展, 35（2）: 743-752.
刘小军, 2007. 大地电磁聚焦反演成像方法研究［D］. 上海: 同济大学.
柳建新, 童孝忠, 郭荣文, 等, 2012. 大地电磁测深法勘探［M］. 北京: 科学出版社.
孟林, 张健, 张训华, 等, 2016. 西南次海盆洋壳温度变化对岩石热导率的影响［J］. 海洋地质与第四纪地质, (2): 109-119.
孟元林, 赵紫桐, 焦金鹤, 等, 2012. 共和盆地页岩油气地球化学特征［J］. 中国石油大学学报自然科学版, 36（5）: 32-37.
彭国民, 刘展, 2020. 电磁和地震联合反演研究现状及发展趋势［J］. 石油地球物理勘探, 55（2）: 465-474.
彭淼, 谭捍东, 姜枚, 等, 2013. 基于交叉梯度耦合的大地电磁与地震走时资料三维联合反演［J］. 地球物理学报, 56（8）: 2728-2738.
齐焕芳, 徐源浩, 2015. 用于压缩感知信号重建的 SL_0 改进算法［J］. 电子科技, 28（4）: 27-30.
秦策, 王绪本, 赵宁, 2017. 基于二次场方法的并行三维大地电磁正反演研究［J］. 地球物理学报, 60（6）: 2456-2468.
石艳玲, 黄文辉, 魏强, 等, 2016. 电磁井震约束反演识别川中深层裂谷［J］. 石油地球物理勘探, 51（6）: 1233-1240.
史明娟, 徐世浙, 刘斌, 1997. 大地电磁二次函数插值的有限元法正演模拟［J］. 地球物理学报, 40（3）: 421-430.
孙延贵, 2004. 西秦岭—东昆仑造山带的衔接转换与共和坳拉谷［D］. 西安: 西北大学.
汤吉, 王继军, 陈小斌, 等, 2005a. 阿尔山火山区地壳上地幔电性结构初探［J］. 地球物理学报, 48（1）: 196-202.
汤吉, 詹艳, 赵国泽, 等, 2005b. 青藏高原东北缘玛沁—兰州—靖边剖面地壳上地幔电性结构研究［J］. 地球物理学报, 48（5）: 1205-1216.
汤井田, 任政勇, 化希瑞, 2007. Coulomb 规范下地电磁场的自适应有限元模拟的理论分析［J］. 地球物理学报, 50（5）: 1584-1594.
王斌, 何世豪, 李百祥, 等, 2010. 青海共和盆地地热资源分布特征兼述 CSAMT 在地热勘查中的作用［J］. 矿产与地质, 24（3）: 280-285.
王昌桂, 吕友生, 2004. 共和盆地—— 一个值得研究的新盆地［J］. 新疆石油地质, 25（5）: 471-473.
王海燕, 高锐, 卢占武, 等, 2017. 四川盆地深部地壳结构——深地震反射剖面探测［J］. 地球物理学报, 60（8）: 2913-2923.
王家林, 吴健生, 1995. 中国典型含油气盆地综合地球物理研究［M］. 上海: 同济大学出版社.
王俊, 孟小红, 陈召曦, 等, 2013. 交叉梯度理论及其在地球物理联合反演中的应用［J］. 地球物理学进展, 38（4）: 2094-2103.
王谦身, 2003. 重力学［M］. 北京: 地震出版社.

王青，刘云鹤，殷长春，等，2019. 基于模型空间压缩的大地电磁三维反演研究［J］. 地球物理学报，62（2）：752-762.

王绪本，毛立峰，高永才，2004. 电磁导数场概率成像方法研究［J］. 成都理工大学学报（自然科学版），31（6）：679-684.

王永涛，陶德强，廉国芬，等，2016. 重磁电处理解释系统 GeoGME V2.0［J］. 石油科技论坛，35（增刊）：13-15.

魏国齐，杨威，张健，等，2018. 四川盆地中部前震旦系裂谷及对上覆地层成藏的控制［J］. 石油勘探与开发，45（2）：179-189.

文百红，杨辉，张连群，等，2020. 重磁优化下延成像深部物性结构预测［C］. 2020 年中国地球科学联合年会，18-21.

谢兴兵，周磊，严良俊，等，2016. 时移长偏移距瞬变电磁法剩余油监测方法及应用［J］. 石油地球物理勘探，51（3）：605-612.

徐世浙，1994. 地球物理中的有限单元法［M］. 北京：科学出版社.

严波，刘颖，叶益信，2014. 对偶加权后验误差估计的 2.5 维直流电阻率自适应有限元正演［J］. 物探与化探，38（1）：151-156.

严维德，2015. 共和盆地干热岩特征及利用前景［J］. 科技导报，33（19）：54-57.

严维德，王焰新，高学忠，等，2013. 共和盆地地热能分布特征与聚集机制分析［J］. 西北地质，46（4）：223-230.

杨辉，1998. 重力、地震联合反演基岩密度及综合解释［J］. 石油地球物理勘探，33（4）：496-502.

杨辉，王小牧，2002a. 大地电磁与地震资料仿真退火约束联合反演［J］. 地球物理学报，45（5），723-734.

杨辉，戴世坤，宋海斌，等，2002b. 综合地球物理联合反演综述［J］. 地球物理学进展，15（2）：262-271.

姚长利，郝天珧，管志宁，等，2003. 重磁遗传算法三维反演中高速计算及有效存储方法技术［J］. 地球物理学报，46（2）：252-258.

殷长春，齐彦福，刘云鹤，等，2014，频率域航空电磁数据变维数贝叶斯反演研究［J］. 地球物理学报，57（9）：2971-2980.

殷长春，孙思源，高秀鹤，等，2018. 基于局部相关性约束的三维大地电磁数据和重力数据的联合反演［J］. 地球物理学报，61（4）：358-367.

于鹏，戴明刚，王家林，等，2008. 密度和速度随机分布共网格模型的重力与地震联合反演［J］. 地球物理学报，51（3）：845-852.

于鹏，王家林，吴健生，等，2006. 地球物理联合反演的研究现状和分析［J］. 勘探地球物理进展，29（2）：87-93.

于鹏，王家林，吴健生，等，2007. 重力与地震资料的模拟退火约束联合反演［J］. 地球物理学报，50（2）：529-538.

于鹏，张罗磊，王家林，等，2008. 重磁电震资料联合反演黔中隆起物性结构［J］. 同济大学学报：自然科学版，36（3）：406-412.

余辉，邓居智，陈辉，等，2019. 起伏地形下大地电磁 L-BFGS 三维反演方法［J］. 地球物理学报，62（8）：3175-3188.

袁道阳，张培震，刘小龙，等，2004. 青海鄂拉山断裂带晚第四纪构造活动及其所反映的青藏高原东北缘的变形机制［J］. 地学前缘，11（4）：393-402.

袁桂琴，熊盛青，孟庆敏，等，2011. 地球物理勘查技术与应用研究［J］. 地质学报，85（11）：1744-1805.

原源，汤井田，任政勇，等，2015. 基于非结构化网格的任意复杂 2DRMT 有限元模拟［J］. 地球物理学报，58（12）：375-385.

张宏飞，陈岳龙，徐旺春，等，2006. 青海共和盆地周缘印支期花岗岩类的成因及其构造意义［J］. 岩石学报，22（12）：2910-2922.

张瑞斌，陈玉华，1994. 共和盆地构造背景及发震构造探讨［J］. 高原地震，6（4）：39-44.

张旭，2016. 重磁勘探在河北迁安铁矿资源评价中的应用研究［D］. 吉林：吉林大学.

赵贵福，尉亮，李百祥，等，2016. 从青海共和—贵德盆地地热勘查成果探讨干热岩综合地球物理勘查技术［J］. 甘肃地质，25（2）：62-67.

周丽芬，2012. 大地电磁与地震数据二维联合反演研究［D］. 北京：中国地质大学（北京）.

Abubakar A，Habashy T M，Druskin V L，et al. 2008. 2. 5D forward and inverse modeling for interpreting low-frequency electromagnetic measurements［J］. Geophysics，73（4）：F165-F177.

Ala G，Francomano E，Tortorici A，et al. 2006. Asmoothed particle interpolation scheme for transient electromagnetic simulation［J］. IEEE Trans. Magn，42（4）：647-650.

Alexander A，Kaufman，George V，et al. 1987. The magnetotelluric sounding method［M］. New York：Elsevier Scientific Publishing Company.

Amestoy P R，Guermouche A L，Excellent J-Y，et al. 2006. Hybrid scheduling for the parallel solution of linear systems［J］. Parallel computing，32（2）：136-156.

Amestoy P R，Puglisi C，2002. An unsymmetrized multifrontal LU factorization［J］. SIAM Journal on Matrix Analysis and Applications，24（2）：553-569.

Anderson W L，1982. Fast Hankel transforms using related and lagged convolutions. ACM Transactions on Mathematical Software，8（4）：344-368.

Astic T，Oldenburg D W，2018. Petrophysically guided geophysical inversion using a dynamic Gaussian mixture model prior［C］//SEG International Exposition and Annual Meeting（October 2018），Anaheim，California，USA.

Auken E，Nebel L，Sorensen K I，et al，2002. EMMA－a geophysical training and education tool for electromagnetic modeling and analysis［J］. Journal of Environmental & Engineering Geophysics，7（2）：57-68.

Avdeev D，Knizhnik S，2009. 3D integral equation modeling with a linear dependence on dimensions［J］. Geophysics，74（5）：F89-F94.

Becken M，Ritter O，Bedrosian P A，et al，2011. Correction between deep fluids，tremor and creep alone the Central San Andreas fault［J］. Nature，380（7375）：87-90.

Birch F，1960. Velocity of Compressional Waves in Rocks to 10 Kilobars：1. Journal of Geophysical Research［J］，65（4）：1083-1102.

Birch F，1961. The velocity of compressional waves in rocks to 10 kilobars：2［J］. Journal of Geophysical Research，66（7）：2199-2224.

Bosschart R A，Seigel H O，1972. Advances in deep penetration airborne electromagnetic methods：Conf［C］// 24 International Geological Congress，section 9：37-48.

Brocher T M，2005. Empirical relations between elastic wavespeeds and density in the Earth's crust［J］. Bulletin of the Seismological Society of America，95（6）：2081-2092.

Cao Xiao-Yue，Yin Chang-Chun，Zhang Bo，et al，2018. 3D magnetotelluric Inversions with unstructured finite-elelment and limited-memery quasi-Newton methods［J］. Applied Geophysics. 15（3-4）：556-565.

Carcione J M，Ursin B，2007. Cross-property relations between electrical conductivity and the seismic velocity of rocks. Geophysics，72（5）：193-204.

Chave A, Cox C, 1982. Controlled electromagnetic sources for measuring electrical-conductivity beneath the oceans: 1-Forward problem and model study [J]. Journal of Geophysical Research, 87 (B7): 5327-5338.

Chen J, Hoversten G M, Key K, et al, 2012. Stochastic inversion of magnetotelluric data using a sharp boundary parameterization and application to a geothermal site [J]. Geophysics, 77 (4): E265-E279.

Christensen N I, Mooney W D, 1995. Seismic velocity structure and composition of the continental crust: A global view [J]. Journal of Geophysical Research, 100 (B6): 9761-9788.

Constable S C, Parker R L, Constable C G, 1987. Occam's inversion: A practical algorithm for generating smooth models from electromagnetic sounding data [J]. Geophysics, 52 (3): 289-300.

Davydycheva S V, Druskin, Habashy T, 2003. An efficient finite-difference scheme for electromagnetic logging in 3D anisotropic inhomogeneous media [J]. Geophysics, 68 (5): 1525-1536.

De Stefano M, Golfré Andreasi F, Re S, et al, 2011. Multiple-domain, simultaneous joint inversion of geophysical data with application to subsalt imaging [J]. Geophysics, 76 (3): 69-80.

Demirci I, Candansayar M E, Soupios P, et al, 2016. Joint Inversion of Direct Current Resistivity, Radio magnetotelluric and seismic refraction data: its implementation on hydrogeological problems [J]. Electromagnetic Induction Workshop.

Doetsch J, Linde N, Binley A, 2010. Structural joint inversion of time-lapse crosshole ERT and GPR traveltime data [J]. Geophysical Research Letters, 37 (24): 24404.

Druskin V, Lieberman C, Zaslavsky, 2010. On adaptive choice of shifts in rational Krylov subspace reduction of evolutionary problems [J]. SIAM Journal on Scientific Computing, 32 (5): 2485-2496.

Elliott P, 1998. The principles and practice of FLAIRTEM [J]. Exploration Geophysics, 29 (1/2), 58-60.

Farquharson C G, Craven J A, 2009. Three-dimensional inversion of magnetotelluric data for mineral exploration: An example from the Mcarthur River Uranium deposit, Saskatchewan, Canada [J]. Journal of Applied Geophysics, 68 (4): 450-458.

Faust L Y, 1953. A velocity function including lithology variation [J]. Geophysics, 18 (3): 271-288.

Fitterman D V, Stewart M T, 1986. Transient electromagnetic sounding for groundwater [J]. Geophysics, 51 (4): 995-1005.

Franke A, Börner R U, Spitzer K, 2007. Adaptive unstructured grid finite element simulation of two-dimensional magnetotelluric fields for arbitrary surface and seafloor topography [J]. Geophysical Journal International, 171 (1): 71-86.

Fregoso E, Gallardo L A, 2009. Cross-gradients joint 3D inversion with applications to gravity and magnetic data [J]. Geophysics, 74 (4): L31-L42.

Freund R W, 2003. Model reduction methods based on Krylov subspaces. Acta Numerica, 12: 267-319.

Gallardo L A, 2007. Multiple cross-gradient joint inversion for geospectral imaging [J]. Geophysical Research Letters, 34 (19): 19301.

Gallardo L A, Fontes S, Meju M, et al, 2012. Robust geophysical integration through structure-coupled joint inversion and multispectral fusion of seismic reflection, magnetotelluric, magnetic, and gravity images: Example from Santos Basin, offshore Brazil [J]. Geophysics, 77 (5): 237-251.

Gallardo L A, Meju M A, 2004. Joint two-dimensional DC resistivity and seismic travel time inversion with cross-gradients constraints [J]. Journal of Geophysical Research: Solid Earth, 109 (109): 03311.

Gallardo L A, Meju M A, 2007. Joint two-dimensional cross-gradient imaging of magnetotelluric and seismic traveltime data for structural and lithological classification [J]. Geophysical Journal International, 169 (3): 1261-1272.

Gallardo L A, Meju M A, 2011. Structure-coupled multiphysics imaging in geophysical sciences [J]. Reviews of

Geophysics, 49 (49): 58-66.

Gallardo L A, Meju M A, 2003. Characterization of heterogeneous near-surface materials by joint 2D inversion of dc resistivity and seismic data [J]. Geophysical Research Letters, 30 (13): 1658.

Gardner G, Gardner L, Gregory A, 1974. Formation velocity and density: the diagnostic basis for stratigraphic traps [J]. Geophysics, 39 (6): 770-780.

Gassmann F, 1951. Elastic waves through a Packing of spheres [J]. Geophysics, 16: 673-682.

Goldman M, Tabarovsky L, Rabinovich M, 1994. On the influence of 3-D structures in the interpretation of transient electromagnetic sounding data [J]. Geophysics, 59 (6): 889-901.

Gould N I M, Scott J A, Hu Y. 2007, A numerical evaluation of sparse direct solvers for the solution of large sparse symmetric linear systems of equations [J]. ACM Transactions on Mathematical Software, 33 (2): 10.

Grayver A, Streich R, Ritter O, 2013. Three-dimensional parallel distributed inversion of CSEM data using a direct forward solver [J]. Geophysical Journal International, 193 (3): 1432-1446.

Haber E, Oldenburg D W, Shekhtman R, 2007. Inversion of time domain three-dimensional electromagnetic data [J]. Geophysical Journal International, 171 (2): 550-564.

Han S X, Li Y, Chen W Y, et al, 2016. Simulation study of magnetotelluric 2D finite element numerical calculation based on CUDA parallel [J]. Progress in Geophysics (in Chinese), 31 (3): 1095-1102.

Hu W, Abubakar A, Habashy T M, 2009. Joint electromagnetic and seismic inversion using structural constraints [J]. Geophysics, 74 (6): 99-109.

Hu X Y, Huo G P, Gao R, et al, 2013. The magnetotelluric anisotropic two-dimensional simulation and case analysis [J]. Chinese J. Geophys. (in Chinese), 56 (12): 4268-4277.

Jacobs D A H, 1986. A generalization of the conjugate-gradient method to solve complex systems [J]. IMA Journal of Numerical Analysis, 6 (4): 447-452.

Ji Y J, Huang T Z, Huang W Y, et al, 2016. 2D anisotropic magnetotelluric numerical simulation using mesh free method under undulating terrain [J]. Chinese J. Geophys. (in Chinese), 59 (12): 4483-4493.

Key Kerry, Weiss, 2006. Adaptive finite-element modeling using unstructured grids the 2D magnetotelluric example [J]. Geophysics, 71 (6): 291-299.

Lelièvre P G, Oldenburg D W, 2009. A comprehensive study of including structural orientation information in geophysical inversions [J]. Geophysical Journal International, 178 (2): 623-637.

Li Y, Key K, 2007. 2D marine controlled-source electromagnetic modeling: part 1-an adaptive finite-element algorithm [J]. Geophysics, 72 (2): 51-62.

Li Y, Pek J, 2008. Adaptive finite element modelling of two-dimensional magnetotelluric fields in general anisotropic media [J]. Geophysical Journal International, 175 (3): 942-954.

Li Y. 2002. A finite-element algorithm for electromagnetic induction in two-dimensional anisotropic conductivity atructures [J]. Geophysical Journal International, 148 (3): 389-401.

Liu J X, Tong X Z, Guo R W, et al, 2012. Magnetotelluric sounding exploration: data processing, inversion and interpretation [J]. Beijing: Science Press.

Ludwig J W, Nafe J E, Drake C L, 1970, Seismic refraction, in The Sea, A. E. Maxwell (Editor), Vol. 4, Wiley-Interscience, New York, pp. 53-84.

Mackie R L, Smith J T, Madden T R, 1994. Three-dimensional electromagnetic modeling using finite difference equations: the magnetotelluric example [J]. Radio Science, 29 (4): 923-935.

Martí Anna, 2014. The role of electrical anisotropy in magnetotelluric responses: from modelling and dimensionality analysis to inversion and interpretation [J]. Surv. Geophys., 35 (1): 179-218.

Meng Z, 2016. 3D inversion of full gravity gradient tensor data using SL0 sparse recovery [J]. Journal of Applied

Geophysics, 127: 112–128.

Mogi T, 1996. Three–dimensional modeling of magnetotelluric data using finite element method [J]. Journal of Applied Geophysics, 35 (2): 185–189.

Mogi T, Kusunoki K, Kaieda H, et al, 2009. Grounded electrical – source airborne transient electromagnetic (GREATEM) survey of Mount Bandai, north–eastern Japan [J]. Exploration Geophysics, 40: 1–7.

Mogi T, Tanaka Y, Kusunoki K, et al, 1998. Development of Grounded Electrical Source Airborne Transient EM (GREATEM)[J]. ExplorationGeophysics, 29: 61–64.

Mohimani H, Babaie–Zadeh M, Jutten C, 2008. A fast approach for overcomplete sparse decomposition based on smoothed l 0 norm [J]. IEEE Transactions on Signal Processing, 57 (1): 289–301.

Molodtsov D M, Kashtan B, 2011. Joint inversion of seismic and magnetotelluric data with structural constraint based on dot product of image gradients [J]. SEG Annual Meeting: 740–744.

Molodtsov D M, Troyan V N, Roslov Y V, 2012. Joint inversion of seismic and magnetotelluric data with a differential structural constraint [J]. SEG. Annual Meeting: 1–5.

Molodtsov D M, Troyan V N, Roslov Y V, et al, 2013. Joint inversion of seismic traveltimes and magnetotelluric data with a directed structural constraint [J]. Geophysical Prospecting, 61 (6): 1218–1228.

Moorkamp M, Heincke B, Jegen M, et al, 2011. A framework for 3–D joint inversion of MT, gravity and seismic refraction data [J]. Geophysical Journal International, 184 (1): 477–493.

Nabighian M N, Ander M E, Grauch V, et al, 2005. Historical development of the gravity method in exploration [J]. Geophysics 70 (6), 63ND–89ND.

Nabighian M N, Grauch V J S, Hansen R O, et al, 2005. The historical development of the magnetic method in exploration [J]. Geophysics 70 (6), 33–61.

Nafe J E, Drake C L, 1957. Variation in depth in shallow and deep water sediments of porosity, density and the velocities of compressional and shear waves [J]. Geophysics, 22 (3): 523–713.

Newman G A, Alumbaugh D L, 2010. Three–dimensional massively parallel electromagnetic inversion–I. Theory [J]. Geophysical Journal International, 128 (2): 345–354.

Newman G A, Gasperikova E, Hoversten G M, et al, 2008. Three–dimensional magnetotelluric characterization of the Coso geothermal field [J]. Geothermics, 37 (4): 369–399.

Nur A, 1992. Critical porosity and the seismic velocities in rocks: Eos Transactions [J]. AGU, 73, 43–66.

Oldenburg D W, Haber E, Shekhtman R, 2012. Three dimensional inversion of multisource time domain electromagnetic data [J]. Geophysics, 78 (1): 47–57.

Operto S, Virieux J, Dessa J X, et al, 2006. Crustal seismic imaging from multifold ocean bottom seismometer data by frequency domain full waveform tomography: application to the eastern Nankai trough [J]. Journal of Geophysical Research, 111 (B9): 1–33.

Ovall J S, 2006. Asymptotically exact functional error estimators based on superconvergent gradient recovery [J]. Numer. Math. , 102 (3): 543–558.

Palacky G J, West G F, 1991. Airborne electromagnetic methods, in Nabighian MN (ed) electromagnetic methods in applied geophysics [J]. Society of Exploration Geophysicists.

Patella D, 1997. Introduction to ground surface self – potential tomography [J]. Geophysical Prospecting, 45 (4): 653–681.

Patro P K, Egbert G D, 2011. Application of 3D inversion to magnetotelluric profile data from the Deccan Volcanic Province of western India [J]. Physics of the Earth and Planetary Interiors, 187: 33–46.

Pawlowski, Robert S, 1994. Green' s equivalent – layer concept in gravity band – pass filter design [J]. Geophysics, 59 (1): 69–76.

Pek J, Verner T, 1997. Finite-difference modelling of magnetotelluric fields in two-dimensional anisotropic media [J]. Geophysical Journal International, 128 (3): 505-521.

Pek Josef, Santos Fernando A M, 2002. Magnetotelluric impedances and parametric sensitivities for 1-D anisotropic layered media [J]. Computers & Geosciences, 28 (8): 939-950.

Pratt R G, Shin C, Hicks G J, 1998. Gauss-Newton and full Newton method in frequency domain seismic waveform inversion [J]. Geophysical Journal International, 133 (2): 341-362.

Pratt R G, Shipp R M, 1999. Seismic waveform inversion in the frequency domain, part-1: theory and vertification in a physical scale model [J]. Geophysics, 64 (3): 888-901.

Ramirez A L, Nitao J J, Hanley W G, et al, 2005. Stochastic inversion of electrical resistivity changes using a Markov chain Monte Carlo approach [J]. Journal of Geophysical Research: Solid Earth, 110 (2): 1-18.

Ravaut C, Operto S, Improta L, et al, 2004. Multi-scale imaging of complex structures from multi-fold wide-aperture seismic data by frequency-domain full-waveform inversion: application to a thrust belt [J]. Geophysical Journal International, 159 (3): 1032-1056.

Ray A, Key K, 2012. Bayesian inversion of marine CSEM data with a trans-dimensional self parametrizing algorithm [J]. Geophysical Journal International, 191 (3): 1135-1151.

Richtmyer R D, Morton K W, 1967. Difference methods for initial value problems [M]. Interscience Publishers, a Division of John Wiley and Sons, New York-London-Sydney.

Rodi W L, 1976. A technique for improving the accuracy of finite element solutions for magnetotelluric data [J]. Geophysical Journal International, 44 (2): 483-506.

Rodi W, Mackie R L, 2001. Nonlinear conjugate gradient algorithm for 2-D magnetotelluric inversion [J]. Geophysics, 66 (1): 174-187.

Roy L, Sen M K, McIntosh K, et al, 2005. Joint inversion of first arrival seismic travel-time and gravity data [J]. Journal of Geophysics and Engineering, 2 (3): 277.

Shewchuk J R, 2002. Delaunay refinement algorithms for triangular mesh generation [J]. Computational Geometry, 22 (1): 21-74.

Shewchuk J R, 2014. Triangle: Engineering a 2D quality mesh generator and Delaunay triangulator [J]. Applied Computational Geometry Towards Geometric Engineering. Springer Berlin Heidelberg, 1148: 203-222.

Shi M J, Xu S Z, Liu B, 1997. Finite element method using quadratic element in MT forward modeling. Chinese J. Geophys., (in Chinese), 40 (3): 421-430.

Shi Y L, Hu Z Z, Huang W H, et al, 2016. The distribution of deep source rocks in the GS sag: joint MT-gravity modeling and constrained inversion. Applied Geophysics, 13 (3): 469-479.

Shin C, Yoon K G, Marfurt K J, et al, 2001. Efficient calculation of a partial derivative wavefield using reciprocity for seismic imaging and inversion. Geophysics, 66 (6): 1856-1863.

Siripunvaraporn W, 2012. Three-dimensional magnetotelluric inversion: an introductory guide for developers and users. Surv. Geophys., 33 (1): 5-27.

Song Z M, Willianson P R, Pratt R G, 1995. Frequency-domain acoustic-wave modeling and inversion of crosshole data: part Ⅱ: inversion method, synthetic experiments and real-data results. Geophysics, 60 (3): 796-809.

Strack K M, Seara J L, Gmh G, et al, 1990. LOTEM case histories in frontier areas of hydrocarbon exploration in Asia [J]. SEG Expanded Abstracts.

Sullivan D M, 2000. Electromagnetic simulation using the FDTD method [M]. IEEE Press, New York.

Sun J, Li Y, 2016. Joint inversion of multiple geophysical data using guided fuzzy c-means clustering [J]. Geophysics, 81 (3), 37-57.

Tang J T, Ren Z Y, Hua X R, 2007. Theoretical analysis of geo-electromagnetic modeling on Coulomb gauged potentials by adaptive finite element method [J]. Chinese J. Geophys. , (in Chinese), 50 (5): 1584-1594.

Tikhonov A N, Arsenin V Y, 1977. Solutions of ill-posed problems [M]. New York: Halsted Press.

Ting S C, 1981. Integral equation modeling of three-dimensional magnetotelluric response [J]. Geophysics, 46 (2): 182.

Vozoff K, Jupp D L B, 1975. Joint inversion of geophysical data [J]. Geophysical Journal of the Royal Astronomical Society, 42 (3): 977-991.

Vozoff K, Kerr D, Moore R F, et al, 1975. Murray basin magnetotelluric study [J]. Journal of the Geological Society of Australia, 22 (3): 361-375.

Wang Tai-Han, Huang Da-Nian, Ma Guo-Qing, et al, 2017. Improved preconditioned conjugate gradient algorithm and application in 3D inversion of gravity-gradiometry data. Applied Geophysics, 14 (2): 301-313.

Wannamaker P E, Stodt J A, Rijo L, 1987. A stable finite element solution for two-dimensional magnetotelluric modelling [J]. Geophysical Journal International, 88 (1): 277-296.

Waxman M H, Smits M J L, 1968. Electrical conductivities in oil-bearing shaly sands [J]. SPE Journal, 8 (2): 107-122.

Weiss J, Chester, Newman, et al, 2002. Electromagnetic induction in a fully 3-D anisotropic earth [J]. Geophysics, 67 (4): 1104-1114.

West G F, Macnae J C, 1991. Physics of the electromagnetic induction exploration method [J]. In Nabighian MN (ed) Electromagnetic Methods in Applied Geophysics. Society of Exploration Geophysicists.

Wittke J, Tezkan B, 2014. Mesh free magnetotelluric modelling [J]. Geophysical Journal International, 198 (2): 1255-1268.

Wright S, Nocedal J, 1999. Numerical optimization [M]. Springer New York.

Xu S Z, 1994. Finite element method in geophysics [M]. Beijing: Science Press.

Yan B, Liu Y, Ye Y X, 2014. 2.5D direct current resistivity adaptive finite-element numerical modeling based on dual weighted posteriori error estimation [J]. Geophysical and Geochemical Exploration (in Chinese), 38 (1): 151-156.

Yang D, Oldenburg D W, Haber E, 2013. 3-D inversion of airborne electromagnetic data parallelized and accelerated by local mesh and adaptive soundings [J]. Geophysical Journal International, 196 (3): 1492-1507.

Yuan Y, Tang J T, Ren Z Y, et al, 2015. Two-dimensional complicated radio-magnetotelluric finite-element modeling using unstructured grids [J]. Chinese J. Geophys. (in Chinese), 58 (12): 4685-4695.

Zhao C, Yu P, Zhang L, 2016. A new stabilizing functional to enhance the sharp boundary in potential field regularized inversion [J]. Journal of Applied Geophysics, 135: 356-366.

Zhdanov M S, Gribenko A, Wilson G, 2012. Generalized joint inversion of multimodal geophysical data using Gramian constraints [J]. Geophysical Research Letters, 39 (9): 9301.

Zienkiewicz O C, Taylor R L, Zhu J, 2005. The finite element method: its basis and fundamentals, sixth edition [M].

Zienkiewicz O C, Zhu J Z, 1987. A simple error estimator and adaptive procedure for practical engineerng analysis [J]. International Journal for Numerical Methods in Engineering, 24 (2): 337-357.

Zienkiewicz O, Zhu J, 1992a. Superconvergent patch recovery and a posteriori error estimates: part 1: the recovery technique [J]. International Journal for Numerical Methods in Engineering, 33 (7): 1331-1364.

Zienkiewicz O, Zhu J, 1992b. Superconvergent patch recovery and a posteriori error estimates: part 2: error estimates and adaptivity [J]. International Journal for Numerical Methods in Engineering, 33 (7): 1365-1382.